教育部高等学校生物医学工程类专业教学指导委员会"十四五"规划教材

医用电气安全技术与管理

邹任玲　胡秀枋　编著

电子工业出版社

Publishing House of Electronics Industry

北京·BEIJING

内 容 简 介

本书以国际医用电气安全标准 IEC 60601-1 及国家标准 GB 9706.1—2020 的检测标准为主线，紧紧围绕医用电气设备电气安全检测与性能检测两个方面，全面阐述了医用电气设备电气安全检测的基本原理和方法，分析了典型医用电气设备的电气安全性和故障发生的原因，研究了运用电气安全检测、电气控制方法获得安全的条件，有助于减少仪器设计和使用不当所引起的医疗事故。同时，本书还包括了我国医疗器械监督管理制度在医用电气设备的生产管理、注册管理和使用管理中的主要内容和发展趋势，以提高读者解决实际问题的相关能力。

本书可作为医疗器械相关专业本科、研究生教材，也可作为医用电子仪器制造研发人员和在医疗现场进行保养检查的临床工程师、安全技术人员及管理人员的参考书。

图书在版编目（CIP）数据

医用电气安全技术与管理 / 邹任玲，胡秀枋编著.
北京 ： 电子工业出版社，2024. 9. -- ISBN 978-7-121
-48706-4

Ⅰ．TH772

中国国家版本馆 CIP 数据核字第 20247K6L85 号

责任编辑：张小乐　　文字编辑：曹　旭
印　　刷：中煤（北京）印务有限公司
装　　订：中煤（北京）印务有限公司
出版发行：电子工业出版社
　　　　　北京市海淀区万寿路 173 信箱　　邮编：100036
开　　本：787×1092　1/16　印张：17.25　字数：442 千字
版　　次：2024 年 9 月第 1 版
印　　次：2024 年 9 月第 1 次印刷
定　　价：59.80 元

凡所购买电子工业出版社图书有缺损问题，请向购买书店调换。若书店售缺，请与本社发行部联系，联系及邮购电话：(010)88254888，88258888。

质量投诉请发邮件至 zlts@phei.com.cn，盗版侵权举报请发邮件至 dbqq@phei.com.cn。

本书咨询联系方式：(010)88254462，zhxl@phei.com.cn。

前　　言

医用电气设备是生物医学工程发展的结晶，作为生物医学工程研究的有力工具，促进了当代医学的发展。医用电气设备直接作用在人身上，其安全性关系到生命安全，备受世界各国的重视。1978年，国际电工委员会（IEC）制定出 IEC 60601-1《医用电气设备的安全　第1部分：通用要求》，我国依照自己的国情分别于1995年和2007年制定出 GB 9706.1《医用电气设备　第1部分：安全通用要求》，编者在 GB 9706.1—2007 的基础上于2008年出版了《医用电气安全工程》一书，但随着电气设备的高度发展，标准也在更新。因此，编者在 GB 9706.1—2020 的基础上，补充更新内容，系统、全面地编写了《医用电气安全技术与管理》，在一定程度上填补了医用电气设备安全技术和管理方面参考书的空白。同时，本书的出版可在一定程度上促进医用电气安全检测的普及，有利于标准的真正执行，确保医疗工作安全、正常进行，减少事故发生，推动我国医疗器械行业质量安全发展。

医用电气安全技术是一项综合性的技术，有医学工程技术的一面，也有组织管理的一面。工程技术与管理密不可分，医用电气安全技术有两个主要任务，一是研究各种电气安全事故的机理、原因、规律及特点，二是寻找解决问题的方法，研究运用电气安全检测、电气控制的方法来获得安全的条件，以及评价系统的安全性。本书以国际医用电气安全标准 IEC 60601-1 和国家标准 GB 9706.1—2020 的检测标准为主线，紧紧围绕医用电气设备电气安全检测与性能检测两个方面，增加了医用电气设备的生产、注册及使用管理的内容，全面地阐述了医用电气设备安全检测的基本原理和方法，分析了典型医用电气设备的电气安全性和故障发生的原因。同时，本书将最新的医用电气安全标准和更新的医疗设备安全，以及安全检测内容编入其中，对提高医用电气设备操作人员和开发者的安全意识有很大的帮助，减少因仪器设计和使用不当而引起的医疗事故。

本书分为9章，第1章介绍了电气安全工程基础，如工业用电概述、防雷技术、接地技术、电气火灾事故防范、静电安全、电磁场防护等；第2章介绍了能量作用在人体上的特征效应，包括人体的物理性质，力、加速度和振动，以及光和放射线对人体的作用，重点介绍了电流的生理效应；第3章介绍了医用电气设备电击防护的措施及方法；第4章具体分析了常用的几类医用电气设备的安全；第5章介绍了医用电气设备的分类与检测，包括漏电流的检测、接地线电阻的测试等技术；第6章从系统的观点来讨论医用电气设备的安全性，因为医务工作者也是医疗系统的一部分，所以分析人为因素导致医用电气设备使用的错误，有助于改进仪器，提高系统的可靠性；第7~9章阐述了我国医疗器械监督管理制度在医用电气设备的生产管理、注册管理和使用管理中的主要内容和发展趋势，对读者掌握解决实际问题的相关技能有较大的帮助。

本书可作为医疗器械相关专业本科、研究生教材，也可作为医用电子仪器制造研发人员和在医疗现场进行保养检查的临床工程师、安全技术人员及管理人员的参考书。

　　本书得到了上海市级实验教学示范中心建设教材和上海理工大学一流本科系列教材项目的支持；本书在编写过程中得到了上海理工大学周颖、郭旭东、谷雪莲、崔海坡等老师的帮助，在此表示衷心的感谢。

　　由于水平有限，加之时间仓促，书中难免存在错误和缺点，敬请读者批评指正。

编著者

2024 年 8 月

目　　录

第 1 章　电气安全工程基础 ………………………………………………………… 1
1.1　工业用电概述 ……………………………………………………………… 1
1.1.1　发电与输电 ……………………………………………………… 1
1.1.2　工业配电 …………………………………………………………… 2
1.1.3　安全电压 …………………………………………………………… 3
1.2　防雷技术 ……………………………………………………………………… 3
1.2.1　雷电的形成与危害 ……………………………………………… 3
1.2.2　防雷设备 …………………………………………………………… 4
1.2.3　防雷措施 …………………………………………………………… 6
1.3　接地技术 ……………………………………………………………………… 7
1.3.1　概述 ………………………………………………………………… 7
1.3.2　电力系统中性点接地方式 ……………………………………… 10
1.3.3　接地装置 …………………………………………………………… 11
1.4　电气火灾事故防范 ………………………………………………………… 17
1.4.1　发生电气火灾的原因 …………………………………………… 17
1.4.2　防爆电气设备的类型 …………………………………………… 19
1.4.3　爆炸性危险场所的危险等级 …………………………………… 20
1.4.4　防爆电气线路 …………………………………………………… 21
1.4.5　电气防火防爆措施 ……………………………………………… 22
1.4.6　电气火灾的灭火 ………………………………………………… 22
1.5　静电安全 ……………………………………………………………………… 24
1.5.1　静电的产生 ……………………………………………………… 24
1.5.2　静电的危害 ……………………………………………………… 24
1.5.3　静电的安全防护 ………………………………………………… 25
1.6　电磁场防护 ………………………………………………………………… 26
1.6.1　电磁辐射的危害 ………………………………………………… 26
1.6.2　电磁辐射安全标准 ……………………………………………… 28
1.6.3　防止电磁辐射危害的措施 ……………………………………… 29
思考题 ………………………………………………………………………………… 30
第 2 章　能量作用在人体上的特征效应 ………………………………………… 31
2.1　人体的物理性质 …………………………………………………………… 31
2.1.1　人体的电性质 …………………………………………………… 31
2.1.2　人体的机械性质 ………………………………………………… 33
2.2　电流的生理效应 …………………………………………………………… 34

2.2.1　低频电流的作用 ·················· 35

2.2.2　高频电流的作用 ·················· 38

2.2.3　微波的作用 ······················ 38

2.3　力、加速度和振动的作用 ················ 39

2.3.1　力的作用 ······················ 39

2.3.2　加速度的作用 ···················· 39

2.3.3　振动的作用 ······················ 39

2.4　光的作用 ···························· 41

2.4.1　激光对眼的影响和损伤 ············· 41

2.4.2　常用不同波长激光对眼的损伤 ········ 42

2.4.3　影响激光眼损伤的因素 ············· 44

2.5　放射线的作用 ························· 45

2.5.1　放射线对机体组织的损伤 ··········· 46

2.5.2　辐射防护的一般措施 ··············· 48

思考题 ···························· 49

第3章　医用电气设备电击防护 ·············· 50

3.1　直接电击防护措施 ····················· 50

3.1.1　绝缘 ··························· 50

3.1.2　屏护和间距 ····················· 56

3.2　间接电击防护措施 ····················· 57

3.2.1　TN 系统与安全分析 ··············· 58

3.2.2　TT 系统与安全分析 ··············· 60

3.2.3　IT 系统与安全分析 ··············· 61

3.3　医用室的保护接地措施 ·················· 62

3.3.1　单独接地方式 ··················· 62

3.3.2　公共接地方式 ··················· 63

3.3.3　并用方式 ······················ 63

3.3.4　患者环境的等电位接地 ············· 64

3.4　医用室电路的安全与保护 ················ 65

3.4.1　医院内场所的分组和分级 ··········· 65

3.4.2　电路安全与保护 ·················· 67

思考题 ···························· 70

第4章　常用医用电气设备的安全分析 ········· 71

4.1　医用电气设备的事故原因分类 ············· 71

4.1.1　能量引起的事故 ·················· 72

4.1.2　仪器性能的缺点和停止工作引起的事故 ·· 72

4.1.3　仪器性能恶化引起的事故 ··········· 72

4.1.4　有害物质引起的事故 ··············· 73

4.2　医用体内仪器的安全性分析 ··············· 73

4.2.1　医用体内仪器的安全性分析概述 ······· 73

    4.2.2　埋藏型心脏起搏器的安全分析 ·· 74

    4.2.3　有创血压测量的安全分析 ··· 75

    4.2.4　希氏束心电图机的安全分析 ·· 75

4.3　医用治疗仪器的安全 ·· 77

    4.3.1　医用治疗仪器可能产生的危险 ··· 77

    4.3.2　电刀的安全分析 ··· 77

    4.3.3　除颤器的安全分析 ·· 79

4.4　医用超声波仪器和激光仪器的安全分析 ·· 80

    4.4.1　超声波仪器的安全性分析 ··· 81

    4.4.2　激光仪器的安全性分析 ·· 81

4.5　医用仪器组合使用的安全性分析 ··· 82

    4.5.1　医用仪器组合使用的安全性分析概述 ·· 82

    4.5.2　有创血压测量装置与心电图机的组合使用 ······································ 82

    4.5.3　体外式心脏起搏器与心电监测器的组合使用 ···································· 84

    4.5.4　电刀与接触患者的测量仪器的组合使用 ··· 85

    4.5.5　医用系统仪器的安全性分析 ··· 85

思考题 ··· 86

第5章　医用电气设备的分类与检测 ··· 87

5.1　医用电气设备分类 ··· 87

    5.1.1　医用电气设备的防电击类型分类 ·· 87

    5.1.2　医用电气设备的防电击程度分类 ·· 90

5.2　医用电气设备安全检测的通用条件 ·· 98

    5.2.1　试验前的预处理 ··· 98

    5.2.2　试验的环境温度、相对湿度和大气压力 ··· 98

    5.2.3　试验的电压、电流、电源、频率 ··· 99

5.3　医用电气设备漏电流的容许值及其确定 ··· 100

    5.3.1　漏电流的容许值 ·· 100

    5.3.2　漏电流容许值的确定依据 ··· 102

5.4　漏电流的检测 ··· 106

    5.4.1　测量漏电流的试验条件 ·· 106

    5.4.2　对地漏电流 ··· 110

    5.4.3　接触电流 ·· 111

    5.4.4　患者漏电流 ··· 113

    5.4.5　患者辅助电流 ··· 117

5.5　接地线电阻的测试 ·· 119

    5.5.1　单线接地线的电阻测量 ··· 119

    5.5.2　三芯引线中接地芯线的电阻测量 ·· 120

    5.5.3　墙壁接地端钮间的电阻测量 ··· 120

    5.5.4　墙壁接地端钮的简易试验 ··· 120

    5.5.5　等电位接地系统的检测 ··· 120

5.6 绝缘电阻的测试 ··· 121
    5.6.1 绝缘电阻的测量 ·· 121
    5.6.2 吸收比的测定 ··· 123
5.7 电介质强度的检测 ··· 124
    5.7.1 电介质强度与击穿 ··· 124
    5.7.2 电介质强度的测试 ··· 125
    5.7.3 电介质强度测试设备 ·· 126
5.8 剩余电压及能量的检测 ··· 128
    5.8.1 剩余电压的特点和测试要求 ··· 129
    5.8.2 剩余电压测试方法 ··· 129
    5.8.3 剩余能量的测量 ··· 130
5.9 其他安全性能检测 ··· 130
    5.9.1 机械强度试验 ··· 130
    5.9.2 易燃混合气试验 ··· 131
5.10 常用电气安全检测仪 ··· 131
    5.10.1 DAS-1 型数字式电安全测定仪 ···································· 132
    5.10.2 CS2675FS 系列医用漏电流测试仪 ································ 133
    5.10.3 CS2678 接地电阻测试仪 ··· 134
    5.10.4 QA-90 自动电气安全检测仪 ······································· 134
思考题 ··· 140

第 6 章 医用电气设备的系统安全性 ·· 141
6.1 医用电气安全系统工程 ··· 141
    6.1.1 安全系统工程的概念 ·· 141
    6.1.2 安全系统工程的目标及实现 ··· 141
    6.1.3 安全系统工程的研究对象 ··· 142
    6.1.4 医用电气系统安全性 ·· 143
6.2 医用电气系统安全性定性分析 ··· 143
    6.2.1 安全检查表 ·· 143
    6.2.2 预先危险性分析 ··· 144
    6.2.3 故障模式与影响分析 ·· 145
    6.2.4 医疗事故的种类和发生因素 ··· 147
6.3 医用电气系统安全性定量分析 ··· 148
    6.3.1 概述 ··· 148
    6.3.2 FTA 使用的基本符号 ··· 149
    6.3.3 电刀造成烫伤的 FT ··· 150
6.4 医用电气设备的系统安全性评价 ··· 153
    6.4.1 安全性评价程序 ··· 154
    6.4.2 安全性评价方法 ··· 155
6.5 医疗系统安全措施 ··· 156
    6.5.1 降低事故发生概率 ··· 156

    6.5.2　加强安全管理 ··· 157

    6.5.3　医疗系统安全措施在不同阶段的要求 ····················· 157

6.6　医用电气设备的安全人机工程学 ································· 159

    6.6.1　安全人机工程学的定义 ··· 159

    6.6.2　安全人机工程学研究的内容及目的 ························· 160

    6.6.3　人机系统的安全可靠性 ··· 161

6.7　医院信息系统的安全性 ··· 163

    6.7.1　医院信息系统的形成和发展 ··································· 163

    6.7.2　医院信息系统的组成 ··· 164

    6.7.3　医疗信息系统的安全性 ··· 164

  思考题 ··· 166

第 7 章　医疗器械的生产管理 ··· 167

7.1　医疗器械管理 ··· 167

    7.1.1　医疗器械管理的基本内容 ······································ 167

    7.1.2　医疗器械管理分类 ··· 169

7.2　医疗器械生产备案与许可 ··· 171

    7.2.1　医疗器械生产备案 ··· 171

    7.2.2　医疗器械生产许可 ··· 173

7.3　生产监督 ··· 176

    7.3.1　生产企业成立监督 ··· 177

    7.3.2　生产企业分类分级监督管理 ··································· 177

    7.3.3　生产过程监督 ··· 179

    7.3.4　委托生产监督 ··· 180

  思考题 ··· 183

第 8 章　医疗器械注册管理 ··· 184

8.1　医疗器械注册与备案的基本要求 ·································· 185

8.2　医疗器械备案 ··· 185

    8.2.1　备案要求与资料 ·· 185

    8.2.2　备案流程 ··· 188

    8.2.3　备案变更 ··· 188

8.3　医疗器械标准及技术评价 ··· 189

    8.3.1　医疗器械标准 ··· 189

    8.3.2　医疗器械标准产品技术要求 ··································· 191

    8.3.3　医疗器械标准注册检验 ··· 192

    8.3.4　医疗器械临床评价 ··· 194

8.4　医疗器械产品注册 ··· 199

    8.4.1　注册申请与受理 ·· 199

    8.4.2　注册审评与决定 ·· 201

    8.4.3　注册变更与延续 ·· 204

    8.4.4　注册监督与收费 ·· 204

　　　　思考题 ·· 206

第 9 章　医用电气设备的使用管理 ·· 207

　9.1　使用管理内容与依据 ·· 207

　　　　9.1.1　医用电气设备使用管理的内容 ·· 207

　　　　9.1.2　管理部门与依据 ·· 210

　9.2　临床准入管理 ·· 211

　　　　9.2.1　医用电气设备的购置管理 ·· 211

　　　　9.2.2　医用电气设备的进货查验管理 ·· 213

　9.3　临床使用管理 ·· 215

　　　　9.3.1　医用电气设备的日常安全管理 ·· 215

　　　　9.3.2　医用电气设备的报废管理 ·· 216

　　　　9.3.3　医用电气设备信息记录与档案管理 ·· 218

　　　　9.3.4　安全管理技术人员 ·· 221

　9.4　临床保障管理 ·· 222

　　　　9.4.1　医用电气设备的安装验收保障 ·· 222

　　　　9.4.2　医用电气设备的风险评估及维护 ·· 224

　　　　9.4.3　医用电气设备的应急管理 ·· 230

　　　　思考题 ·· 231

附录 A　GB 9706.1—2020 ·· 232

主要参考文献 ·· 266

第1章　电气安全工程基础

1.1　工业用电概述

1.1.1　发电与输电

发电厂按照所利用的能源种类可分为水力、火力、风力、核能、太阳能、沼气等几种。现在世界各国建造得最多的主要是水力发电厂和火力发电厂。20多年来,核电技术发展很快。

各种发电厂中的发电机几乎都是三相同步发电机。发电机分为定子和转子两个基本组成部分。定子由机座、铁芯和三相绕组等组成,三相异步发电机与三相同步发电机的定子基本一样。同步发电机的定子常称为电枢。同步发电机的转子是磁极,有显极和隐极两种。显极式同步发电机具有凸出的磁极,显而易见,励磁绕组绕在磁极上,如图1-1所示。隐极式同步发电机是圆柱形的,励磁绕组分布在转子大半个表面的槽中,如图1-2所示。和同步发电机一样,励磁电流也是经电刷和滑环流入励磁绕组的。目前,发电机已采用半导体励磁系统,即将交流励磁机(也是一台三相发电机)的三相交流经三相半导体整流器转换为直流,供励磁用。

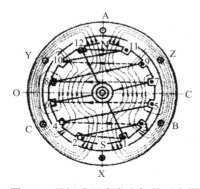
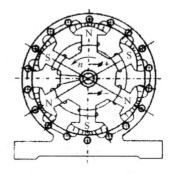

图1-1　显极式同步发电机的示意图　　　　图1-2　隐极式同步发电机的示意图

显极式同步发电机的结构较为简单,但是机械强度较低,宜用在低速情形下(转速通常为1000r/min以下)。水轮发电机(原动机为水轮机)和柴油发电机(原动机为柴油机)皆为显极式同步发电机。例如,国产550MW水轮发电机的转速为142.9r/min(极数为42)。隐极式同步发电机的制造工艺较为复杂,但是机械强度较高,宜用在高速情形下(转速为3000r/min或1500r/min)。汽轮发电机(原动机为汽轮机)多半是隐极式的。

国产三相同步发电机的电压等级有400/230V和3.15kV、6.3kV、10.5kV、13.8kV、15.75kV及18kV等多种。

大中型发电厂大多建在产煤地区或水力资源丰富地区附近,距离用电地区往往几十千米、几百千米,甚至一千千米以上。所以,发电厂生产的电能要用高压输电线输送到用电地区,然后降压分配给用户。电能从发电厂传输到用户要通过导线系统。该系统称为电力网。

现在常常将同一地区的各种发电厂联合起来组成一个强大的电力系统。这样可以提高各发电厂的设备利用率，合理调配发电厂的负载，以提高供电的可靠性和经济性。

送电距离越远，要求输电线的电压越高。我国国家标准中规定输电线的额定电压为 35kV、110kV、220kV、330kV、500kV 等。

1.1.2　工业配电

输电线末端的变电所将电能分配给各工业企业。工业企业设有中央变电所和车间变电所（小规模的企业往往只有一个变电所）。中央变电所接收送来的电能，分配到各车间，再由车间变电所或配电箱（配电板）将电能分配给各用电设备。高压配电线的额定电压有 3kV、6kV 和 10kV 三种。低压配电线的额定电压是 380/220V。用电设备的额定电压多半是 220V 和 380V，大功率发电机的电压是 3000V 和 6000V，机床局部照明设备的电压是 36V。

从车间变电所或配电箱（配电板）到用电设备的线路属于低压配电线路。低压配电线路主要有放射式和树干式两种。

放射式配电线路如图 1-3 所示。当负载点比较分散且各个负载点具有相当大的集中负载时，采用这种线路较为合适。

在下述情况下采用树干式配电线路。

（1）负载集中，同时各个负载点位于车间变电所或配电箱的同一侧，间距较小，如图 1-4 所示。

（2）负载比较均匀地分布在一条线上，如图 1-5 所示。

采用放射式或树干式配电线路时，各级用电设备常通过总配电箱或分配电箱连接。用电设备既可独立地接到配电箱上，也可连成链状接到配电箱上。距配电箱较远，但彼此距离很近的小型用电设备直接连成链状，这样能节省导线。但是，同一链条上的用电设备一般不得超过三个。

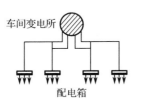　　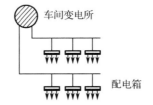　　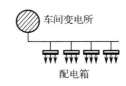

图 1-3　放射式配电线路　　　图 1-4　树干式配电线路 1　　　图 1-5　树干式配电线路 2

配电箱是放在地面上（靠墙或靠柱）的一个金属柜，其中装有刀开关和管状熔断器，配出的线路有 4~8 个。

采用如图 1-5 所示的树干式配电线路时，干线一般采用母线槽。这种母线槽直接从变电所经开关引到车间，不经过配电箱。支线从干线经出线盒引到用电设备。

放射式和树干式配电线路现在都被采用。放射式配电线路供电可靠，但敷设成本较高。树干式配电线路供电可靠性较低，因为一旦干线损坏或需要修理时，就会影响同一条线上的负载；但是灵活性较高。另外，放射式配电线路与树干式配电线路相比，前者导线细、总线路长，后者则相反。

1.1.3　安全电压

选用安全电压可以防止直接接触触电和间接接触触电。根据欧姆定律，作用于人体的电压越高，通过人体的电流越大，因此，如果能限制可能作用于人体的电压值，就能将通过人体的电流值限制在允许的范围内。这种为防止触电事故的发生而采用的由特定电源供电的电压称为安全电压。

安全电压的值取决于人体的阻抗值和允许通过的电流值。人体对交流电呈电容性。在常规环境下，人体的阻抗在 $1k\Omega$ 以上。当处于潮湿环境、出汗、承受的电压增加及皮肤破损时，人体阻抗值急剧下降。国际电工委员会（IEC）规定了人体长期承受电压的极限，称为通用接触电压极限：在常规环境下，交流（15～100Hz）电压为 50V，直流（非脉动）电压为 120V；在潮湿环境下，交流电压为 25V，直流电压为 60V。我国规定工频安全电压有效值的额定值为 42V、36V、24V、12V 和 6V。电气设备应根据使用环境、使用方式和工作人员状况等因素选用不同等级的安全电压。安全电压的供电电源（除采用独立电源外）的输入电路与输出电路之间必须进行电路上的隔离。工作在安全电压下的电路必须与其他电气系统和任何无关的可导电部分进行电气上的隔离。

1.2　防雷技术

1.2.1　雷电的形成与危害

雷电是雷云之间或雷云对地面放电的一种自然现象。在雷雨季节，地面上的水分受热变成水蒸气，并随热空气上升，在空气中与冷空气相遇，使上升气流中的水蒸气凝成水滴或冰晶，形成积云。云中的水滴受强烈气流的摩擦产生电荷（微小的水滴带负电），微小的水滴容易被气流带走形成带负电的云；较大的水滴留下来形成带正电的云。由于静电感应，带电的云层会感应出大地表面上与云块异性的电荷，当电场强度达到一定值时，就会产生雷云并向大地放电；在两块带有异性电荷的云层之间，当电场强度达到一定值时，便会发生云层之间的放电，放电时伴随着强烈的电光和声音，这就是雷电现象。

雷电会破坏建筑物、电气设备并可能造成人畜伤亡，所以必须采取有效措施进行防护。雷电的危害有 3 种基本形式。

（1）直击雷：雷电直接击中建筑物或其他物体并放电，强大的雷电流通过这些物体入地，产生破坏性很大的热效应和机械效应，造成建筑物、电气设备及其他被击中物体的损坏。当击中人、畜时可能造成人、畜死亡。

（2）感应雷：放电时能量很强，电压可达上百万伏，电流可达数万安培。强大的雷电流由于静电感应和电磁感应会使周围的物体产生危险的过电压，造成设备损坏，人畜伤亡。

（3）雷电波：当输电线路上遭受直击雷或发生感应雷时，雷电波便沿着输电线侵入变/配电所或用户电气设备。如果不采取防范措施，则强大的高电位雷电波将造成变/配电所及用户电气设备损坏，甚至造成人员伤亡。

就破坏因素而言，雷电主要有以下几方面的破坏作用。

（1）热效应：雷电温度通常很高，一般为 6000～20000℃，甚至更高。这么高的温度虽然只维持几十微秒，但当雷电碰到可燃物时，能迅速点燃可燃物。强大的雷电流通过电气设备时会引起设备燃烧、绝缘材料起火。

（2）机械效应：当雷电流通过树木或墙壁时，会使树木或墙壁中的水分受热急剧气化或分解出气体剧烈膨胀，产生强大的机械力，使树木或建筑物遭受破坏。强大的雷电流通过电气设备时会产生强大的电动力使电气设备变形损坏。

（3）雷电反击：接闪器、引入线和接地体等防雷保护装置在遭受雷击时，都会产生很高的电位，当防雷保护装置与建筑物内部的电气设备、线路或其他金属管线的绝缘距离太小时，就会产生放电现象，即出现雷电反击。当发生雷电反击时，可能会破坏电气设备的绝缘性能，使金属管被烧穿，甚至可能引发火灾和造成人身伤亡事故。

（4）雷电流的电磁感应：雷电流的迅速变化使周围空间里产生强大、变化的磁场，处于磁场中的导体就会感应出很高的电动势。这种强大的感应电动势可以使闭合回路中的金属导体产生很大的感应电流，而感应电流的热效应（尤其是导体接触不良部位的局部发热）会使设备损坏，甚至引发火灾。存放可燃物品，尤其是易燃易爆物品的建筑物将更危险。

（5）雷电流引起的跨步电压：当雷电流入地时，地面上存在跨步电压。当人在落地点周围 20m 范围内行走时，两只脚之间有跨步电压，跨步电压会造成触电事故。如果地面泥水很多，人脚潮湿，则更危险。

从上面的分析可以看出，雷电的破坏性很大，必须采取有效措施予以防范。

1.2.2　防雷设备

常见的防雷设备如下。

1．接闪器

在防雷装置中，用于接收雷电的金属导体叫作接闪器。接闪器有避雷针、避雷线、避雷带、避雷网等。所有接闪器都通过接地引下线与接地体相连，以实现可靠接地。工频接地电阻要求不超过 10Ω。

1）避雷针

避雷针通常采用镀锌圆钢或镀锌钢管制成（多采用镀锌圆钢），上部为针尖。当避雷针较长时，针体由针尖和不同管径的钢管段焊接而成。避雷针一般安装在支柱（电杆）上或其他构架、建筑物上。避雷针必须经接地引下线与接地体可靠连接。

避雷针的作用原理是它能对雷电场产生一个附加电场（这个附加电场因雷云对避雷针产生的静电感应而产生），使雷电场发生畸变，将雷云放电的通路由被保护物转到避雷针上，使雷云向避雷针放电，雷电经接地引下线和接地体把雷电流泄放到大地中。这样使被保护物免受直击雷。所以避雷针实质上是引雷针。

避雷针有一定的保护范围，以免受直击雷破坏的空间来表示。

单支避雷针的保护范围可以用一个以避雷针为轴的圆锥形空间来表示，如图 1-6 所示。

避雷针在地面上的保护半径为

$$r = 1.5h \tag{1-1}$$

式中：r ——避雷针在地面上的保护半径（m）；

h ——避雷针总高度（m）。

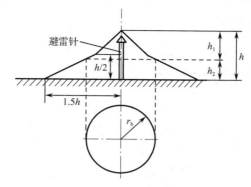

图 1-6　单支避雷针的保护范围

若保护物高为 h_2，则在水平面上的保护范围 r_b 可修正为如下表达式。

① 当 $h_2 > 0.5h$ 时，

$$r_b = (h - h_2) \cdot p = h_1 \cdot p \tag{1-2}$$

式中：r_b——避雷针在被保护物高度 h_2 水平面上的保护半径（m）；

　　　h_1——避雷针的有效高度（m）；

　　　p——高度影响系数。$h < 30$m 时，$p = 1$；30m $< h < 120$m 时，$p = 5.5/\sqrt{h}$。

② 当 $h_2 < 0.5h$ 时，

$$r_b = (1.5h - 2h_2) \cdot p \tag{1-3}$$

2）避雷线

避雷线一般用截面积不小于 35mm^2 的镀锌钢绞线制成，能够保护架空电力线路免受直击雷破坏。由于避雷线是架空敷设且接地的，所以避雷线又叫架空地线。避雷线的作用原理与避雷针相同，只是保护范围较小。

3）避雷带和避雷网

避雷带是在建筑物易受雷击的部位（屋脊、屋檐、屋角等处）装设的带形导体。避雷网是屋面上纵横敷设的避雷带组成的网络，网格大小按有关规范确定。防雷等级不同的建筑物的避雷带和避雷网要求不同。

4）接闪器接地要求

除必须符合接地的一般要求外，接闪器还应遵守下列规定。

（1）避雷针（带）与引下线之间的连接应采用焊接。

（2）对于装有避雷针的金属筒体（如烟囱），当其厚度大于 4mm 时，可作为避雷针的引下线，但筒底部应有对称的两处与接地体相连。

（3）独立避雷针及其接地装置与道路或建筑物的出入口等的距离应大于 3m。

（4）独立避雷针（线）应设立独立的接地装置；在土壤电阻率不大于 $100\Omega \cdot$ m 的地区，其接地电阻不宜超过 10Ω。

（5）其他接地体与独立避雷针的接地体的地中距离不应小于 3m。

（6）不得在避雷针构架或电杆上架设低压电力线或通信线。

2．避雷器

避雷器用来防止高电压雷电波侵入变/配电所或其他建筑物内损坏被保护设备。它与被保护设备并联，连接如图 1-7 所示。

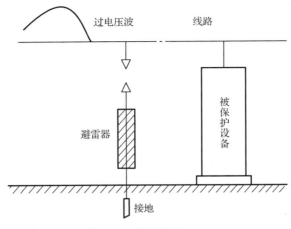

图 1-7　避雷器的连接

当线路上出现危及设备绝缘的过电压时，避雷器对地放电，从而保护设备的绝缘，避免设备遭高电压雷电波破坏。

避雷器可分为阀型避雷器、管型避雷器、氧化锌避雷器等。

3．消雷器

消雷器利用金属针状电极的尖端放电原理，使雷云电荷被中和，从而不致发生雷击现象。当雷云出现在消雷器及其保护设备（或建筑）上方时，消雷器及其附近大地都会感应出与雷云电荷极性相反的电荷。绝大多数靠近地面的雷云是带负电荷的，因此大地上感应的是正电荷。由于消雷器浅埋于地下的接地装置（称为地电收集装置）通过连接线（接地引下线）与消雷器顶端的许多金属针状电极的"离子化装置"相连，大地上的大量正电荷（阳离子）在雷电场的作用下，由针状电极发射出去并向雷云方向运动，使雷云被中和，雷电场减弱，从而防止雷击的发生。

1.2.3　防雷措施

建筑物的防雷措施应参照《民用建筑电气设计规范》制定。建筑物的防雷等级分为 3 类：第一类防雷建筑物、第二类防雷建筑物和第三类防雷建筑物。

第一类防雷建筑物是指长期存有爆炸物，一旦雷电火花发生爆炸就会引起巨大的房屋毁坏和人身伤亡事故的建筑物。例如，制造或贮存炸药、火药的建筑物；0 级或 10 级爆炸危险场所。防雷措施主要是装设独立避雷针或架空避雷线及独立的接地装置，并与建筑物保持一定的距离；建筑物内外的金属物均应多点接地；间距小于 100mm 的平行金属物及管道连接处均采用金属线跨接；供电线路宜全线采用电缆敷设，并在入口处接地；各种金属管道在进入建筑物时均应接地；在做防雷设计时应按第一类防雷建筑物的防雷措施进行设计。

第二类防雷建筑物是指长期存有爆炸物，因雷电火花而发生爆炸时不致引起巨大破坏或人身伤亡的建筑物。例如，乙炔站、电石库、煤气发生站的主厂房；1 级或 11 级爆炸危险场所。在做防雷设计时，应按第二类防雷建筑物的防雷措施进行设计。

第三类防雷建筑物是指没有爆炸物或易燃物的一切生产建筑物及民用建筑物。但雷电有导致机械破坏、着火及人身伤亡事故的危险。例如，雷害事故较多地区中的较主要建筑物；2级爆炸危险场所或 21、22、23 级火灾危险场所；高度在 15m 及以上的烟囱、水塔等孤立高耸建筑物。在做防雷设计时应按第三类防雷建筑物的防雷措施进行设计。

防雷建筑物的防雷措施主要有以下 3 种。

1．防直击雷

屋角、屋脊、屋檐上应装设避雷带，并且屋面上应装设不大于 10m×10m 的网格。突出屋面的物体应沿其顶部四周装设避雷带，在屋面接闪器保护范围之外的物体应装接闪器，并和屋面防雷装置相连。

2．防雷电波侵入

进入建筑物的各种线路及金属管道宜全线埋地引入，并在入户端将电缆的金属外皮、钢管及金属管道与接地装置连接。在电缆与架空线连接处，还应装设避雷器，并且避雷器应与电缆的金属外皮、钢管及绝缘子铁脚连在一起接地，其冲击接地电阻不应大于 10Ω。进出建筑物的各种金属管道及电气设备的接地装置应在进出处与防雷接地装置连接。

防雷接地装置应符合接地要求。应优先利用建筑物钢筋混凝土基础内的钢筋，让其作为接地体。当采用人工接地体时，接地体应围绕建筑物敷设成一个闭合的环路，其冲击接地电阻应小于 10Ω。

3．防感应雷

由雷电的静电感应或电磁感应引起的危险过电压，称为感应雷。这种危险过电压会导致建筑物及其内部设备爆炸和发生火灾事故。对于第一、第二类防雷建筑物必须考虑防感应雷的措施，对于第三类防雷建筑物一般不考虑感应雷防护，但电气设备金属外壳应接地。为了防止静电感应产生的高压，应将建筑物内的金属敷埋设备、金属管道、结构钢筋接地。接地装置可以和其他接地装置共用；防雷击电磁脉冲的接地除应符合一般防雷接地要求之外，还应符合每幢建筑物本身采用一个接地系统的要求，当互相邻近的建筑物之间有电力和电子系统的线路连通时，宜将接地装置互相连接。

根据建筑物屋顶的不同，应采取不同的防止静电的措施：对于金属屋顶，应将屋顶妥善接地；对于钢筋混凝土屋顶，应将屋面钢筋焊成 6～12m 的网格，连成通路，并予以接地；对于非金属屋顶，应在屋顶上加装边长为 6～12m 的金属网格，并予以接地。屋顶或屋顶上的金属网格的接地不得少于两处，间距为 18～30m。

为了防止电磁感应，平行管道相距不到 100mm 时，每 20～30m 应用金属线跨接；交叉管道相距不到 100mm 时，也应用金属线跨接；管道与金属设备或金属结构之间的距离小于100mm 时，也应用金属线跨接。此外，管道接头、弯头等连接处也应用金属线跨接，其接地装置可与其他接地装置共用。

1.3　接地技术

1.3.1　概述

根据用途，接地一般可分成两大类：工作接地和保护接地。

工作接地是指为了保证电气设备在系统正常运行和发生事故的情况下能可靠工作而进行的接地。例如，380/220V 低压配电网络中的配电变压器中性点接地就是工作接地，假设这种配电变压器的中性点不接地，则当配电系统中的一相导线断线时，其他两相导线电压就会升高约 $\sqrt{3}$ 倍，即 220V 升高为 380V，这样就会损坏用电设备；还有像避雷针、避雷器这样的接地也属于工作接地范畴，若避雷针、避雷器不接地或接地不好，则雷电流就不能向大地通畅泄放，这样避雷针、避雷器就不能起防雷保护作用。所以工作接地就是保证电气设备安全可靠工作的接地。

当然，需要埋设接地或接零装置的地方是很多的，如电气设备及工业企业中的某些生产设备、输电线路、通信线路和高大建筑物等。在这些不同的设备和环境里，对于接地和接零均有不同的要求和具体措施。但就接地和接零的作用来说，不外乎有两个：一个是安全，避免因电气设备绝缘损坏而发生触电危险，以及防止雷击，如电气设备的保护接地、保护接零、重复接地、静电接地和防雷接地等；另一个是保证电气设备的正常运行，如电力系统中的工作接地和无线电接收设备的静电屏蔽接地。

1. 保护接地的作用

由于线路与大地之间存在电容，当人体触及绝缘损坏的电气设备外壳时，电流流经人体形成通路，这会造成触电事故。保护接地，就是将电气设备在正常情况下不带电的金属部分与接地体之间进行良好的连接，防止当电气设备绝缘损坏或因其他原因造成外壳部分带电时发生触电事故。

对于有接地装置的电气设备，当绝缘损坏并且外壳带电时，接地短路电流将同时沿着接地体和人体两条通路流过。流过每一条通路的电流与其电阻成反比，即

$$\frac{I_{\mathrm{R}}}{I_{\mathrm{d}}} = \frac{r_{\mathrm{d}}}{r_{\mathrm{R}}} \qquad (1\text{-}4)$$

式中：I_{d} ——流经接地体的电流；
　　　I_{R} ——流经人体的电流；
　　　r_{R} ——人体的电阻；
　　　r_{d} ——接地体的接地电阻。

从式（1-4）中可以看出，接地体电阻越小，流经人体的电流就越小。通常，人体的电阻比接地体电阻大数百倍，所以流经人体的电流也比流经接地体的电流小数百倍。当接地体电阻极为微小时，流经人体的电流几乎等于零，因此人体就能避免触电。

由此可见，在一年中的任何季节施工或运行电气设备，均应保证接地电阻不大于设计电阻或规程中所规定的接地电阻，以免发生触电危险。

电气设备埋设接地装置后要安全很多。但是，与接地装置的布置形式有关，对于单根接地体或外引式接地体，由于电位分布不均匀，人体仍有触电的危险。人体距接地体越远，所受到的接触电压越大。当距接地体 20m 以上时，人体接触电气设备时所受到的接触电压将接近于接地体的全部对地电压，这是极为危险的。此外，单根接地体或外引式接地体的可靠性也比较差。而且，外引式接地体与室内接地干线相连接仅依靠两条干线。若这两条干线发生损伤，则整个接地干线就会与接地体断绝联系。当然，两条干线同时发生损伤的情况是比较少的。

2．保护接零的作用

接在 380/220V 三相四线系统中的电气设备可以采用保护接零，即将电气设备在正常情况下不带电的金属部分与系统中的零线相连接，以避免人体触电。在三相四线系统中，之所以采用保护接零，是因为在电压为 1000V 以下的中性点接地良好的系统中，无论电气设备采用保护接地与否，均不能防止人体触电。其原因如下。当电气设备外壳与大地和零线间均无金属连接时，设备外壳上将长期存在电压。当人体触及设备外壳时，就会有电流流经人体，流经人体的电流的大小为 $I_d = 220V / 1000\Omega = 0.22A$（系统中的工作接地电阻忽略不计）。当电气设备采用保护接地时，若电气设备发生短路，则 $I = V / (R_o + R_d)$（R_o 为变压器低压侧中性点的接地电阻，R_d 为电气设备的接地电阻），在电压为 1000V 以下的中性点直接接地系统中，一般地，R_o 为 4Ω，R_d 也为 4Ω。当电压为 380/220V 的系统中发生接地短路时，其短路电流为 $I = 220 / (4 + 4) = 27.5A$。为保证设备可靠地动作，接地短路电流应该不小于自动整定电流的 1.25 倍或熔断器额定电流的 3 倍，因此 27.5A 的短路电流仅能保证断开整定电流不超过 27.5 / 1.25 = 22A 的自动开关，或者熔断额定电流不超过 27.5 / 3 ≈ 9.2A 的熔断器。如果电气设备稍大，则当保护设备的额定电流大于上述数值时，保护设备可能不动作。这样在设备外壳上将长期存在对地电压，其值为

$$V_d = I_d r_d = \frac{r_d}{r_o + r_d} V \tag{1-5}$$

当 $r_o \le r_d$ 或 r_o 稍大于 r_d 时，V_d 的值对于人体都是不安全的。若使 V_d 达到安全值，如 65V，则 r_o 与 r_d 的比值必须是

$$\frac{r_o}{r_d} = \frac{V - 65}{65} \tag{1-6}$$

但是，这时其他两相的对地电压会大大地升高。在电压为 380/220V 时，其他两相的对地电压将升高到 $V' = \sqrt{(220-65)^2 + 220^2 - 2(220-65) \times 220 \times \cos 120°} = 327V$。

这种情况依旧是不安全的。而此时，变压器低压侧中性点的对地电压为 220 − 65 = 155V，当有人触及与此中性点相连接的导线时，将发生触电。因此，为了保证保护设备可靠动作而使人避免触电，在中性点直接接地 1000V 以下的系统中，必须采用接零保护。

当电气设备的外壳直接接到系统的零线上，发生碰壳（设备外壳带电）短路时，短路电流经零线成闭合回路。所以，电气设备外壳接零的作用是，将碰壳短路变成单相短路，使保护设备能可靠、迅速动作而断开故障设备。

在接零系统中，当电气设备发生接地短路时，要求保护设备必须能立即动作，不然，仍有发生触电的可能。为了保证在发生接地短路时保护设备能迅速地动作，接地短路电流必须符合下式：

$$I_d = V/Z_N \ge KI_H \tag{1-7}$$

式中：V——系统的相电压；

　　　Z_N——"相-零回路"中的阻抗，包括变压器阻抗在内；

　　　I_H——熔断器的额定电流或自动开关过电流继电器的整定电流；

　　　K——动作系数，当采用熔断器保护时，其值等于 3；当采用自动开关保护时，其值等于 1.25。

一般说来，在采用保护接零的情况下，短路电流一般超过熔断器额定电流的数倍，有时

甚至超过数十倍，特别是在很多场合中，接零系统与建筑物的金属结构、金属管道及电缆外皮等相连接，在很大程度上降低了"相-零回路"的阻抗，促使保护设备迅速动作，并能等化电位，从而降低接触电压，使安全更有保证。

无论哪种接地，接地必须良好，接地电阻必须满足规定要求，否则就起不到接地的作用。接地一般是通过接地装置来实施的。

1.3.2　电力系统中性点接地方式

电力系统中性点接地属于工作接地，是保证电力系统安全可靠运行的重要条件。按照规定，中性点应接地，假如不接地就不能保证电气设备安全可靠工作，电力系统安全运行就不能保障。

我国对电力系统中性点接地方式规定如下：35～110kV 系统采用中性点有效接地方式，35kV 及以下系统采用中性点不接地或经消弧线圈接地方式，但 380/220V 配电系统采用中性点直接接地方式。

1. 中性点直接接地系统

三相交流电的三相绕组接成星形接线时，它的公共点称为中性点，中性点引出的线称为中性线。中性点有两种运行方式，一种是中性点运行中接地，另一种是中性点不接地。在中性点运行中接地中，中性点称为零点，零点引出的线称为零线。所以平时对 380/220V 配电系统中的线路称火线（相线）和零线，这没有错，因为配电系统中配电变压器中性点是接地的，火线与零线之间的电压是 220V，火线与火线之间的电压是 380V。中性点接地后其电位便是零电位，无论哪一相断线，其他两相永远是相电压，不会变为线电压，这样每相绝缘就可以按相电压考虑，不必按线电压考虑。这对 110kV 及以上电力系统的经济意义是十分重大的，因为 110kV 以上电力系统有数量极多的电气设备，这些设备的绝缘都只按相电压考虑，设备生产制造成本大大下降，而且系统绝缘水平也只按相电压考虑。所以从经济角度考虑决定，110kV 及以上电力系统采用中性点直接接地方式，接地点数量可根据系统运行情况及接地短路电流情况确定。但是采用中性点直接接地方式后，运行中有一相接地时就会构成单相接地短路，线路会自动跳闸，对供电可靠性就有影响。为此，在线路上一般都装有自动重合闸装置。线路接地等故障的发生往往都是瞬时性的。例如，飞鸟、树枝、风及其他小动物等引起的线路故障。装了自动重合闸装置后，断路器自动跳闸后马上又自动重合一次，往往可以立即恢复送电。据统计，重合闸重合成功率达 80% 以上，这对改善供电可靠性起了很大的作用。

中性点直接接地系统因为发生接地时构成单相接地短路，短路电流很大，所以中性点直接接地系统又称大接地电流系统。

目前，对于 $U_N > 220kV$ 的电力系统，中性点采用直接接地方式。美国、俄罗斯等国 110～154kV 的电力系统也采用直接接地方式。

2. 中性点不接地系统

电力系统中性点对地绝缘，这就是典型的不接地系统。如果发生单相接地，且不计元件对地的电容，则接地电流为零。实际上各元件对地都存在电容，特别是各相导体之间及相对地之间都存在沿全长均匀分布的电容，所以在不接地系统中发生单相接地时，会有电容电流存在，电容电流的大小取决于系统规模。一般在不接地系统中发生单相接地故障时，线路不会跳闸，不会影响送电。所以不接地系统的最大优点是供电可靠性相对较高。但不接地系统对绝缘水平的要求高，因为在不接地系统中发生单相接地后，相对大地电压升高 $\sqrt{3}$ 倍，所以系统绝缘及电气设备绝缘都要按线电压考虑，在绝缘上的投资相应增加。另外，系统网络规模比较大时，单相接地电容电流会很大，在接地点会产生很大的间歇电弧，会引起系统发生谐振过电压，损坏电气设备。所以当系统接地电容电流大到一定数值时，需装消弧线圈，中性点经消弧线圈接地。

3．中性点经消弧线圈接地系统

如上所述，在中性点不接地系统中，当电网规模较大，发生单相接地时，其接地电容电流比较大，会产生严重的间歇电弧，引发系统产生很高的谐振过电压。为避免发生这种情况，应采取措施，通常采用中性点经消弧线圈接地。消弧线圈是带铁芯的电感线圈，用它可以补偿接地电容电流，达到减小接地电流、防止产生间歇电弧、避免发生谐振过电压、保护系统运行安全的目的。选择和装设消弧线圈时，一般采用过补偿方式。所谓过补偿方式就是使电感电流大于电容电流，只有这样才能在运行线路减少、线路接地电容减小使电容电流减小的情况下也不会发生系统谐振。

一般在下列情况时，应装设消弧线圈，即中性点经消弧线圈接地。

（1）发电机直配系统的接地电容电流大于 5A 时。

（2）20～60kV 系统的接地电容电流大于 10A 时。

（3）6～10kV 系统的接地电容电流大于 30A 时。

消弧线圈在电网中的装设地点应符合下列要求。

（1）应保证电网在任何运行方式下，断开一两条线路时，大部分电网不致失去补偿。

（2）不应将多台消弧线圈集中安装在电网中一处，并且应尽量避免电网中只装一台消弧线圈。

（3）消弧线圈宜接在 Yd 或 Y/Y/d 接线的变压器中性点上。消弧线圈容量不应超过变压器三相总容量的 50%，并不得大于三绕组变压器的任一绕组容量。如果需要将消弧线圈接在 Y/Y 接线的变压器中性点上，则消弧线圈容量不应超过变压器三相总容量的 20%。但不应将消弧线圈接在零序磁通经铁芯闭路的 Y/Y 接线的变压器上。选择消弧线圈时，其额定电压、补偿容量、分接头允许电流及中性点位移电压都应符合要求。

1.3.3　接地装置

电气设备的任何部分与土壤间进行良好的电气连接，称为接地。与土壤直接接触的金属体或金属体组，称为接地体或接地极。连接于接地体与电气设备之间的金属导线，称为接地线。接地线和接地体合称为接地装置。

接地线可分为接地干线和接地支线。接地体按其布置方式可分为外引式接地体和环路式接地体。若按形状，接地体则有管形、带形和环形几种基本形式。若按结构，接地体则有自然接地体和人工接地体之分。用来作为自然接地体的有：上下水金属管道；与大地有可靠连接的建筑物或构筑物的金属结构；埋设于地下且数量不少于两根的电缆金属包皮及埋设于地下的各种金属管道（可燃液体及可燃或爆炸气体管道除外）。用来作为人工接地体的，一般有钢管、角钢、扁钢和圆钢等钢材。如果在具有化学腐蚀性的土壤中接地，则应采用镀锌钢材或铜质的接地体。

当电气设备发生接地短路时，电流通过接地体向大地做半球形散开，形成一个近似的半球形分布。在距接地体越近的地方电阻越小，在距接地体越远的地方电阻越大。实验证明：在距单根接地体或碰地处 20m 以外的地方，电流分布范围已非常大，大地的电阻可忽略，不再有电压降。换句话说，该处电位已近于零。电位等于零的地方，称为电气上的"地"。当接地体不是单根而是多根时，上述 20m 的距离可稍微增大。

电气设备的接地部分，如接地外壳、接地线、接地体等，与大地零电位点之间的电位差，称为接地时的对地电压。在接地电流回路上，一人同时触及的两点间所呈现的电位差，称为接触电压。接触电压在越接近接地体或碰地处越小，越远离接地体处或碰地处越大。在距接地体或碰地处约 20m 以外的地方，接触电压最大，可达到电气设备的对地电压。接触电压通常以水平方向 0.8m 和垂直方向±1.8m 计算。当人触及发生"碰壳"的电气设备时，接触电压等于电气设备的对地电压和脚所站立的地方的电位之差。电气设备接地部分的对地电压与接地电流之比，称为接地装置的接地电阻。为了降低接地电阻，往往将多根单一接地体以金属体并联的方式组成复合接地体或接地体组。由于各单一接地体间的埋置距离往往等于单一接地体长度而远小于 40m，因此当电流流入各单一接地体时，将受到相互制约，从而妨碍电流的流散。这种影响电流流散的现象，称为屏蔽作用。

1．接地电阻

埋在地里的电极中会流过电流。表示电流流过难易程度的量为接地电阻。接地电极被埋置在地里，接地电阻是由接地电极的大小、材料、形状和电极周围土壤的电阻率等决定的。假如大地土壤的电阻率和金属一样低，那么接地电阻将与接地电极和大地土壤的接触电阻大致相等，但实际上大地土壤的电阻率相当大，所以接地电阻的特性还是比较复杂的。

1）半球状接地电极的电阻

设半球状接地电极的半球面与地面贴合。这个电极的球心为 o，半径为 r。周围的土壤是均匀的，电阻率为 ρ。接地电阻 R_∞ 和距离电极 r_d 区域内的电阻 R_d 的比为

$$\frac{R_d}{R_\infty} = 1 - \frac{r}{r_d} \qquad (1\text{-}8)$$

电阻区域如表 1-1 所示。接地电阻实际上集中在电极周围的区域内。在电极半径 10 倍区域内的电阻为总接地电阻的 90%，即电阻集中在这个区域内。为表示接地电阻集中的概念，把这个区域称为电阻区域，即认为接地电阻存在于电极周围的电阻区域内。接地电阻可分为两部分，一部分是距离电极 r_d 区域内的电阻 R_d，另一部分是比 r_d 远的区域内的电阻 R_f，即

表 1-1　电阻区域

r_d/r	R_d/R_∞
1	0
2	0.5
5	0.8
10	0.9
20	0.95
50	0.98
100	0.99

$$R_\infty = R_d + R_f \qquad (1\text{-}9)$$

推理可得

$$R_f = R_\infty - R_d = \rho/2\pi r_d \qquad (1\text{-}10)$$

当接地电极上有接地电流 I 流过时，在距中心为 r_d 的点上电位升高值为

$$V_d = IR_f = \rho I/2\pi r_d \qquad (1\text{-}11)$$

这样，在接地电极附近埋置另外的接地电极时，电流流入另外一个电极使其电位升高，为防止接地电极间的互相干扰，埋置电极时要求接地电极间留有一定程度的距离。

2）土壤的电阻率

如果接地电极的大小、形状一定，则接地电阻与电极周围土壤的电阻率成正比。土壤的电阻率随土质和含水量的不同而不同，表 1-2 是不同土质土壤的电阻率。

土壤的电阻率随温度的变化而变化，特别是当土壤中所含的水分被冻结时，电阻率产生显著变化。因此，土壤的电阻率不定，随多种因素不断变化。土壤的电阻率一般夏天低、冬天高。

在求半球状接地电极的接地电阻时，把土壤作为均匀物质，但大地通常呈层状分布，不同地层的土质各不相同，所以土壤的电阻率随着深度变化。

表 1-2　不同土质土壤的电阻率

土　质	电阻率/（Ω·m）
水田湿地（黏土质）	0～150
耕地（黏土质）	10～200
水田，旱田（地表面是土，下面是砂）	100～1000
山地	200～2000
山地（岩石地带）	2000～5000
河岸，河床遗址（积砂）	1000～5000

3）电极周围土壤的接地电阻

在土壤的电阻率超过 $1000\Omega\cdot m$ 的地方，无论用多大的接地电极都很难降低接地电阻。在这种情况下，如果把接地电极周围的土壤换成电阻率低的土壤，就能使接地电阻降下来。因为接地电阻集中在电阻区内，所以减小电阻区内的电阻率就能减小接地电阻。

增加电极周围土壤含水量或增加电解质含量能降低电阻率，也能降低接地电阻。为此，可以采用特殊的化学药品来处理土壤，这类化学药品称为接地电阻降低剂。

使电极周围土壤电阻率降低的效果至少相当于加大接地电极。按这种说法，我们可以把起到加大接地电极作用的部分称为模拟接地体，把原埋置电极看作模拟接地体的连接端。

4）实际的接地电极

为理论计算方便，常以半球状接地电极作为例子讨论，但实际上棒形或板形等电极使用更多。另外，在大规模的接地工程中还可以埋置地线。

（1）棒形电极：

$$R = \frac{\rho}{2\pi l}\ln\frac{4l}{d} \tag{1-12}$$

式中，ρ 为电阻率；l 为棒形电极长度；d 为棒形电极直径。

（2）板形电极（垂直埋置）：

$$R = \frac{\rho}{8}\sqrt{\frac{\pi}{A}} \tag{1-13}$$

式中，A 为板形电极面积。

（3）板形电极（水平埋置）：

$$R = \frac{\rho}{4}\sqrt{\frac{\pi}{A}} \tag{1-14}$$

（4）埋置地线（把裸电线水平埋置在地里）：

$$R = \frac{\rho}{2\pi k}\ln\frac{k^2}{dt} \tag{1-15}$$

式中，k 为地线长度；t 为裸电线埋在地里的深度。

5）建筑结构体接地电极

在特殊的场合中，利用建筑物的钢筋、铁架作为接地电极，效果很好。通常，混凝土吸水性高、含水量大。因为混凝土进行凝固时会游离出碱，所以潮湿状态下的混凝土电阻率相当低，约为几十欧米（Ω·m）。因此，建筑物的地下部分成为一个大型的接地电极，具有很低的接地电阻。

建筑结构体接地电极的接地电阻估算方法是，把地下部分的外表面积取为 A（m^2），现考虑用一个和这个面积相等的半球来替代，这个半球的半径取为 r，半球表面积 $A = 2\pi r^2$。

已知半径为 r 的半球状接地电极的接地电阻 $R_\infty = \dfrac{\rho}{2\pi r}$，所以

$$R_\infty = \frac{\rho}{\sqrt{2\pi A}} \tag{1-16}$$

当表面积为 A 的地下部分和与它面积相同的半球状接地电极的作用相同时，式（1-16）为这个建筑物的接地电阻。因为实际的地下部分并不是半球状的，所以式（1-16）并不十分准确，但可以知道一个大概的值。

6）接地电阻的测定方法

求接地电极的电阻，理论上需要测量接地电极上通过的电流和以无限远点作为标准的电极电位，但是这是不可能实现的。为了测量接地电极上通过的电流，我们可以使用辅助电极。如图 1-8（a）所示，埋置接地电极 a 和辅助电极 b，当电流 I 沿箭头方向流动时，地面上的电位如图 1-8（b）所示。

当接地电极 a、b 间的距离 l 特别长，且 a、b 的电阻区没有重合时，电位分布曲线的中间部分呈水平状态。把水平部分作为测量标准，当 a、b 的电位为 E_a、E_b 时，不难算出 a、b 的接地电阻 R_a、R_b 分别为

$$R_a = \frac{E_a}{I}, \quad R_b = \frac{E_b}{I} \tag{1-17}$$

当电极间的距离 l 较小，且两个电极的电阻区会重合时，电位分布曲线上将不会出现水平部分，E_a 和 E_b 就不可能互相分开。

在实际测量接地电阻时，为了测量电极电位，取电位分布曲线上的水平部分作为测量标准，这就需要使用测量电位用的辅助电极了。如图 1-9 所示，被测量的对象接地电极以 E 表示，测量电流用的辅助电极以 CE 表示，测量电压用的辅助电极以 PE 表示，各电极间的距离特别长，当 E 和 CE 之间有电流 I 通过时，在 PE 和 E 间有电压 V，这时得出接地电阻 R 为

$$R = \frac{V}{I} \tag{1-18}$$

式（1-18）所得电阻与辅助电极的电阻无关。这意味着，在测量接地电阻时，辅助电极的接地电阻可以不被考虑。测量电流用的辅助电极 CE 的电阻不影响电位分布曲线的水平部分和 PE 与 E 间的电压。即使 PE 的接地电阻与电压表的内阻相比充分小，也没有问题。辅助电极的接地电阻不影响测量的准确性，所以这种接地测量方法是常用的方法。我们把这种方法称为电压降落法。

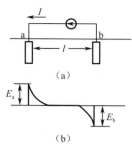

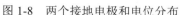

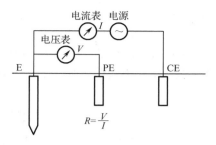

图 1-8　两个接地电极和电位分布　　　图 1-9　接地电阻的测量（电压降落法）

7）土壤电阻率的推测

埋置已知形状、大小的接地电极，测出它的接地电阻就能推测出其周围土壤的电阻率 ρ。例如，测量埋置长度为 l、直径为 d 的棒形接地电极的接地电阻，测得 R 后，就可以由式（1-19）得出电阻率 ρ。

$$\rho = R \cdot 2\pi l / \ln \frac{4l}{d} \qquad (1\text{-}19)$$

将建筑结构体的地下部分作为大型接地电极时，电阻区很大。因此，为测量接地电阻，需要在远处埋置辅助电极，并需要把测量用的电线加长接到辅助电极上。如果被测接地电极周围有充分的空地，则这个方法是可行的，但一般比较困难。如果能测得土壤的电阻率，就可以通过计算求出接地电阻了。

测量已知形状和大小的接地电极的接地电阻并用它来计算土壤的电阻率是很方便的。但是，土壤不一定是均质的，在土壤浅层和深层分别埋置电极得出的土壤电阻率可能不同。这种方法计算土壤的电阻率只能得出粗略值。

8）对地电压和接触电动势

电流通过接地体向大地做半球形流散。因为半球面积与半径的平方成正比，所以半球面积随着远离接地体而迅速增大，与半球面积对应的土壤电阻随着远离接地体而迅速减小，至离接地体 20m 处，半球面积已达 2500m^2，土壤电阻小到可忽略不计。这就是说，可以认为在离开接地体 20m 以外，电流不再产生电压降了。或者说，远离接地体 20m 处，电压几乎降低为零。电气工程上说的"地"通常就是这里的地，而不是接地体周围 20m 以内的地；所说的"对地电压"，通常是带电体与大地之间的电位差，也是对离接地体 20m 以外的大地而言的。简单地说，对地电压就是带电体与电位为零的大地之间的电位差。显然，对地电压等于接地电流和接地电阻的乘积。如果接地体由多根钢管组成，则当电流自接地体流散时，至电位为零处的距离可能超出 20m。因此，当电流通过接地体流入大地时，接地体具有最高的电压；离开接地体后，电压逐渐降低，电压下降的速度也逐渐降低。

接触电动势是指接地电流自接地体流散，在大地表面形成不同电位时，设备外壳与水平距离 0.8m 处之间的电位差。接触电压是指加于人体某两点之间的电压，如图 1-10 所示。当设备漏电，电流 I_E 自接地体流入地下时，漏电设备对地电压为 U_E，a 触及漏电设备外壳，接触电压即 a 手与脚之间的电位差为 U_C，如图 1-10 所示。如果忽略人双脚下土壤的流散电阻，则接触电压与接触电动势相等；如果不忽略人双脚下土壤的流散电阻，则接触电压低于接触电动势。对地电压曲线的形状为双曲线。

跨步电动势是指地面上水平距离为 0.8m（人的跨距）的两点之间的电位差。跨步电压在流过电流的地面上，加于人两脚之间的电压如图 1-10 中的 U_{W1} 和 U_{W2} 所示。如果忽略脚下土壤的流散电阻，跨步电压与跨步电动势相等。人的跨步一般按 0.8m 考虑；大牲畜的跨步通常按 1.0～1.4m 考虑。在图 1-10 中，b 紧靠接地体，承受的跨步电压最大；c 离开了接地体，承受的跨步电压要小一些。如果不忽略脚下土壤的流散电阻，跨步电压将低于跨步电动势。

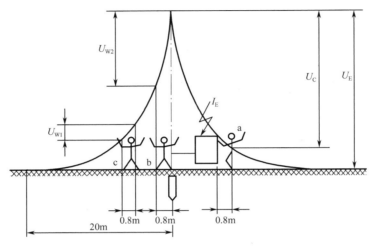

图 1-10　接触电压和跨步电动势示意图

2. 接地装置的安装

无论是工作接地还是保护接地，都是通过接地装置与大地连接的。接地体按其结构分为自然接地体和人工接地体两类。其中，人工接地体是指人为埋入地下的金属导体，它有垂直安装和水平安装两种方式。水平安装是指将接地体水平埋入土壤中；垂直安装前，需要先按设计图规定的接地网路线挖沟。地表层容易冰冻，冰冻层会使接地电阻增大；并且地表层容易被挖掘，会损坏接地装置。因此，接地装置应埋在地表层以下，埋设深度一般不应小于 0.6m，相邻接地体之间的距离不能小于 2 倍接地体长度。接地体与建筑物之间的距离不能小于 1.5m，接地体应与地面垂直。

安装接地干线时要注意以下问题：接地干线应水平或垂直敷设，在直线段不应有弯曲现象。安装位置应便于检修，并且不妨碍电气设备的拆卸与检修。接地干线与建筑物或墙壁间应有 15～20mm 的间隙。水平安装时，接地干线离地面的距离一般为 200～600mm。对于接地线支持卡子之间的距离，水平部分为 1～1.5m，垂直部分为 1.5～2m，转角部分为 0.3～0.5m。在接地干线上应按设计图纸做好接线端子，以便连接接地支线。接地线从建筑物内引出时，可从室内地坪下引出，也可从室内地坪上引出。安装接地支线时应注意：多个设备与接地干线相连接时必须每个设备用一根单独的接地支线，不允许几个设备合用一根接地支线，也不允许几根接地支线并接在接地干线的一个连接点上。明敷的接地支线在穿越墙壁或楼板时应穿管保护；当固定敷设的接地支线需要加长时，连接必须牢固可靠；用于移动式电气设备的接地支线不允许中间有接头；接地支线的每一个连接，都应设置在明显处，以便于检修；携带式用电设备应用专用芯线接地，此芯线严禁同时用于通过工作电流，严禁利用其他用电设备的零线接地，零线和接地线应分别与接地网相连接。

1.4 电气火灾事故防范

1.4.1 发生电气火灾的原因

由于电气线路、电动机、油浸式电力变压器、开关、电灯等电气设备在结构、运行上各有特点，所以面临的火灾的危险性不同，危险产生的原因也不同。但总体上，除设备缺陷、安装不当等设计和施工方面的原因外，设备运行中电流产生的热量及各种电火花或电弧是引起火灾的直接原因。

电气设备在运行时总是要发热的。正确设计、正确施工、正确运行的电气设备在稳定运行时，即发热与散热平衡时，最高温度不会超过允许范围。例如，裸导线和塑料绝缘线的最高温度一般不超过 70℃；橡皮绝缘线的最高温度一般不超过 65℃；变压器的上层油温不超过 85℃；电力电容器外壳温度不超过 65℃；电动机定子绕组的最高温度对应于所采用的 A 级、E 级或 B 级绝缘材料，分别为 95℃、105℃或 110℃，定子铁芯的最高温度分别为 100℃、115℃或 120℃。电气设备正常的发热是允许的。但当电气设备的正常运行遭到破坏时，发热量增加，温度升高且超过允许范围，可能会引发火灾。电气火灾的发生可能与以下几种不正常情况有关。

1. 危险温度

危险温度是由电气设备过热导致的。电气设备发热主要是因为电流流过时会产生热量。导致电气设备过热并产生危险温度的原因如下。

1）短路

发生短路时，线路中的电流增加为正常时的几倍甚至几十倍，而产生的热量又与电流的平方成正比，使得温度急剧上升，大大超过允许范围。如果温度达到可燃物的引燃温度，则引起燃烧，从而导致火灾。

当电气设备的绝缘老化变质，或者受到高温、潮湿或腐蚀作用而失去绝缘能力时，可能会发生短路事故。当绝缘导线直接缠绕、挂在铁钉或铁丝上时，由于磨损和锈蚀，绝缘很容易被破坏，形成短路。

引起电气设备短路的原因如下：①设备安装不当或工作人员疏忽，使电气设备的绝缘受到机械损伤；②雷击等过电压作用于电气设备，使绝缘被击穿；③额定电压太低，不能满足工作电压的要求，导致绝缘因承受过高的电压而被击穿；④维护不及时，导电粉尘或纤维进入电气设备；⑤管理不严，小动物或植物损坏设备；⑥在安装和检修工作中，出现接线和操作错误。此外，雷电的电流极大，有类似于短路电流但比短路电流更强的热效应，也能引起火灾。

2）过载

当电气线路或设备上通过的电流超过其允许数值时，称为过载。

过载也会引起电气线路或设备过热。造成过载的原因大体上有如下 3 个。

（1）设计时选用的线路或设备不合理，或者没有考虑适当的余量，以致在正常负载下出现过热。

（2）管理不严，乱拉乱接，使用不合理，使线路或设备的负载超过额定值；或者线路或设备连续使用时间过长，超出设计能力。注意：如果油断路器的断流容量不能满足要求，则可能引发火灾。

（3）设备故障运行会造成线路或设备过载，如三相电动机缺一相运行或三相变压器不对称运行均可能造成过载。

3）接触不良

电气设备上相互连接和接触的部分是电路中的薄弱环节，是过热现象的高发部位。

不可拆卸接头连接不牢、焊接不良，或者接头处混有杂质，都会因增加接触电阻而使接头过热。

可拆卸接头连接不好或因振动而松动也会导致接头发热。

对于活动触头，如刀开关的触头、接触器的触头、插式熔断器（插保险）的触头、插销的触头、灯泡与灯座的接触处等，如果没有足够的接触压力，或者接触表面粗糙不平，则会造成触头过热。

对于铜铝接头，由于铜和铝理化性能不同，接头处易因电解作用而腐蚀，从而导致接头过热。

电刷的滑动接触要保持足够的压力，还要使接触面保持光滑和清洁，以防产生过大的火花。

4）散热不良

电气设备温升不仅和发热量有关，还和热量散失条件有关。环境温度过高，对电气设备的使用不当，或者散热设施工作条件的不正常，如变压器油量不足、电动机通风道堵塞等，都会使散热条件恶化，造成设备温度过高。

5）铁磁材料损耗

在交流电流的作用下，磁滞损耗和涡流损耗会产生热量。而材料性能不佳、工艺不精、装配质量差及磁通密度过高等原因，都可能使损耗增大，进而产生高温。

6）绝缘材料的绝缘劣化

绝缘材料的绝缘劣化后，漏电流、介质损耗增加，这会导致绝缘损坏；如果绝缘持续劣化，在电场的作用下可能发生电击穿，进而使温度升高。

7）电热器具和照明灯具的使用

大部分的危险温度是电加热设备在工作时其外表面有较高的温度所引起的。例如，电熨斗、白炽灯泡等，这些设备平时的工作温度就在几百摄氏度以上，在使用不当时，如安全间距不够、安全措施不妥，常会引起火灾。

电炉电阻丝的工作温度高达 800℃，可引燃与之接触的或附近的可燃物。电炉连续工作时间过长，将因温度过高（恒温炉除外）烧毁绝缘材料，引燃起火；电炉电源线容量不够，可导致发热起火；电炉丝使用时间过长，截断后继续使用，将增加发热，乃至引燃成灾。

电烤箱内物品烘烤时间太长、温度过高都可能引起火灾。在使用红外线加热装置时，如果误将红外光束照射到可燃物上，则可能引起燃烧。

灯泡和灯具工作温度较高，如果安装、使用不当，则可能引起火灾。白炽灯泡表面温度随灯泡大小和生产厂家不同而差异很大。200W 的灯泡紧贴纸张时，十几分钟即可将纸张点燃。高压水银荧光灯的表面温度与白炽灯相差不多，约为 150～250℃。卤钨灯灯管表面温度较高，1000W 卤钨灯灯管表面温度可达 500～800℃。

当供电电压超过灯泡额定电压、大功率灯泡的玻璃壳发热不均匀，或者凉水溅到灯泡上时，都能引起灯泡爆碎，炽热的钨丝落在可燃物上将引起可燃物质的燃烧。

灯座内接触不良将使接触电阻增大，温度上升，过高时可引燃可燃物。日光灯镇流器运行时间过长或质量不好将使发热加剧，温度上升，如果超过镇流器内绝缘材料的引燃温度，则可能引燃成灾。

8）漏电流

漏电流一般不大，线路保险丝不会动作。如果漏电流沿线路大致均匀分布，则发热量分散，火灾危险性不大；如果漏电流集中在某一点，则很容易造成火灾。漏电流经常因为经过金属螺钉或钉子引起木制构件起火。

2．电火花和电弧

电火花是电极间的击穿放电，电弧是由大量密集的电火花汇集而成的。一般电火花温度很高，特别是电弧，温度可高达 3000～6000℃。

电火花和电弧的极高温度不仅能引起绝缘物质的燃烧，还能使导体金属熔化、飞溅，构成严重的火灾隐患。

电火花产生的原因可分为如下几种。

（1）工作原因：电气设备正常工作和操作过程中产生火花，如电刷与滑动处的微小火花、插销拔出或插入时的火花、开关切合时的火花等。

（2）事故原因：当电气设备发生故障及不正常操作时，产生火花、电弧，如短路、绝缘损坏、误操作等。

（3）外来原因：雷电、静电、高频感应产生电火花等。

（4）机械碰撞高温工作器件等原因：外界存在的爆炸性混合物或变压器周围不合理堆放的易燃物，都是促成电气设备发生火灾的可能原因。

1.4.2　防爆电气设备的类型

1．按照使用环境分类

Ⅰ类：煤矿、井下用电气设备。

Ⅱ类：工厂用电气设备。

2．按照防爆结构分类

（1）隔爆型（标志 d）：具有隔爆外壳，能承受内部的爆炸性混合物的爆炸而不致受到损坏，而且通过外壳任何结合面或结构孔洞，不致使内部爆炸引起外部爆炸性混合物爆炸的电气设备。

（2）增安型（标志 e）：在正常时不产生火花、电弧或高温的设备上采取措施以提高安全程度的电气设备。

增安型电气设备的绝缘带电部件的外壳防护应符合 IP44，裸露带电部件的外壳防护应符合 IP54。引入电缆或导线的连接件应保证与电缆或导线连接牢固、接线方便，同时还需要防止电缆或导线松动、自行脱落、扭转，并能保持良好的接触压力。在正常工作条件下，连接件的接触压力不得因温度升高而降低；连接件不得带有可能损伤电缆或导线的棱角；正常紧固不得产生永久变形和自行转动；不允许用绝缘材料部件传递接点压力；用于连接多股导线的连接件，需要采取措施防止导线分股；使用铝导线时，应采用铜铝过渡接头。

（3）充油型（标志 o）：把可能产生火花、电弧或危险温度的带电零部件浸在绝缘油里，使之不能点燃油面上爆炸性混合物的电气设备。

（4）正压型（标志 p）：向外壳内充入正压的清洁空气、惰性气体，或者连续通入清洁空气，以阻止爆炸性混合物进入外壳内部的电气设备。

（5）本质安全型（标志 i）：在正常运行或发生故障的情况下产生的火花或热效应均不能点燃爆炸性混合物的电气设备。

（6）充砂型（标志 q）：把细粒材料充入外壳，壳内出现的电弧、火焰传播，或者壳壁、颗粒表面的温度，均不能点燃壳外爆炸性混合物的电气设备。

充砂型设备的外壳应有足够的机械强度，防护等级不得低于 IP44。细粒填充材料应填满外壳内所有空隙，颗粒直径为 0.25～1.6mm。填充时，细粒材料含水量不得超过 0.1%。

（7）无火花型（标志 n）：在正常运行条件下不产生电弧或火花，也不产生能点燃周围爆炸性混合物的表面温度或灼热点的电气设备。

（8）特殊型（标志 s）：结构上不属于上述类型的防爆电气设备。

1.4.3　爆炸性危险场所的危险等级

为了正确选用电气设备、电气线路和各种防爆设施，必须正确划分所在环境的危险等级。

爆炸性气体危险场所（本书简称为"爆炸性危险场所"）的危险等级反映场所内爆炸性气体混合物出现的频繁程度和持续时间。我国的国家标准与国际电工委员会（IEC）的标准规定一致，根据爆炸性气体混合物出现的频繁程度和持续时间将爆炸性危险场所划分为 3 个等级，即 0 区、1 区和 2 区。

① 0 区：在正常情况下，爆炸性气体混合物连续或长期存在的场所。

② 1 区：在正常情况下，爆炸性气体混合物有可能出现的场所。

③ 2 区：在正常情况下，爆炸性气体混合物不可能出现，或者即使出现也只是短时间存在的场所。

这里的正常情况是指正常的开车、运转、停车、易燃物质产品的装卸、密闭容器盖的开闭，以及安全阀、排放阀和所有工厂设备都在其设计参数要求范围内工作的状态。

在上述 3 个等级的爆炸性危险场所中，0 区是最为危险的环境，但除了封闭的空间，如密闭的容器、储油罐等内部气体空间，很少存在 0 区。虽然爆炸性气体混合物的浓度高于爆炸上限，但是将存在进入空气而使浓度降到爆炸极限范围内可能性的环境仍划分为 0 区。例如，固定盖顶的液体储罐，当液面以上空间未充惰性气体时应划分为 0 区。在 3 个区域中，2 区危险性相对较小。

对于具有潜在爆炸危险性的环境，一般基于等级定义和相关要素进行划分，主要考虑以下几个方面。

① 存在爆炸性气体的可能性。

② 爆炸性气体的释放量。

③ 爆炸性气体的特性（如气体的密度等）。

④ 环境条件（主要指通风，还包括气压、温度、湿度等）。

⑤ 远离释放源的距离。

当符合下列条件时，可划分为非爆炸性危险场所。

① 没有释放源且易燃物质不可能侵入的区域。

② 易燃物质可能出现的最高体积浓度不超过爆炸下限的 10%。

③ 在生产过程中，使用明火的设备附近或炽热部件表面温度超过区域内易燃物质引燃温度的设备附近。

④ 在生产装置外，露天或敞开设置的输送易燃物质的架空管道地带（但其阀门等的密封处除外）。

1.4.4　防爆电气线路

在爆炸性危险场所中，电气线路的安装位置、配线方式、隔离密封、导线材料选择、允许载流量和连接方法等均应与危险等级相适应。

1．安装位置

电气线路应当敷设在爆炸危险性较小或距离释放源较远的位置。当爆炸性危险气体比空气重时，电气线路应在高处敷设，可将电缆直接埋地敷设或采用电缆沟充砂敷设；当爆炸性危险气体比空气轻时，电气线路宜在低处敷设，电缆可采用电缆沟敷设。

10kV 及以下的架空线路不得跨越爆炸性危险场所；当架空线路与爆炸性危险场所邻近时，其间距不得小于杆塔高度的 1.5 倍。

2．配线方式

在爆炸性危险场所中主要采用防爆钢管配线和电缆配线。固定敷设的电力电缆应采用铠装电缆；固定敷设的照明、通信、信号和控制电缆可采用铠装电缆和塑料护套电缆；非固定敷设的电缆应采用非燃性橡胶护套电缆。

3．隔离密封

敷设电气线路所用的沟道及其保护管、电缆或钢管在穿过不同危险等级的爆炸性危险场所之间的隔墙或接板时，应使用非燃性材料隔离密封。

隔离密封盒的位置应尽量靠近隔墙，隔墙与隔离密封盒之间不允许有管接头、接线盒或其他任何连接件。

隔离密封盒的防爆等级应与爆炸性危险场所的危险等级相适应。隔离密封盒不应作为导线的连接线或分线用。在可能引起凝结水的地方，应选择排水型的隔离密封盒。钢管配线的隔离密封盒应采用粉末密封填料密封。

电缆与电缆保护管口之间应使用密封胶泥进行密封。在两级区域交界处的电缆沟内应充砂、填充阻火墙材料或加设防火隔墙。

4．导线材料选择

当配电线路的导线连接及电缆的封端采用压接、熔焊或钎焊时，电力线路可以用 $4mm^2$ 及以上的铝芯导线或电缆，照明线路可以用 $2.5mm^2$ 及以上的铝芯导线或电缆。爆炸性危险场所宜采用交联聚乙烯、聚乙烯、聚氯乙烯或合成橡胶绝缘的电线，以及采用耐热、阻燃、耐腐蚀绝缘的电缆，不宜采用油浸纸绝缘电缆。

有剧烈振动处，应选用多股铜芯软线或多股铜芯电缆。

在爆炸性危险场所中，低压电力和照明线路所用电线和电缆的额定电压不得低于工作电压，并且不得低于500V。工作零线应与相线有同样的绝缘能力，并应在同一护套内。

5．允许载流量

为避免可能的危险温度，爆炸性危险场所导线的允许载流量应低于非爆炸性危险场所导线的载流量。导体允许载流量不应小于熔断器熔体额定电流、断路器长延时过电流脱扣器整定电流或电动机额定电流的1.25倍。高压线路应按短路电流进行热稳定校验。

6．连接方法

爆炸性危险场所的电气线路不得有非防爆类型中间接头。但若电气线路的连接是在与该场所危险等级相适应的防爆类型的接线盒或接头盒的内部，则不属于此种情况。爆炸性危险场所铜、铝导线的连接应采用钢铝过渡接头。

选用电气线路时，还应当注意：干燥无尘的场所可采用一般绝缘导线；潮湿、特别潮湿或多尘的场所应采用有保护的绝缘导线（如铅皮导线）或一般绝缘导线穿管敷设；高温场所应采用有瓷管、石棉、瓷珠等耐热绝缘的耐燃线；有腐蚀性气体或蒸气的场所可采用铅皮线或耐腐蚀的穿管线；移动电气设备应采用橡皮套软线或其他软线等。

1.4.5　电气防火防爆措施

电气防火防爆是综合性措施，大体上包括：选用合理的电气设备，保持必要的防火间距，保持电气设备正常运行，保持通风良好，采用耐火设施，装设良好的保护装置等措施。一般的防火防爆措施对防止电气火灾和爆炸也是有效的。

保持电气设备安全运行除保持电压、电流、温升不超过允许范围外，还包括保持良好的绝缘和良好的连接等内容。

需要强调的是，必须保持电气设备绝缘良好。否则，除可能造成人身事故外，还可能因漏电流、短路火花或短路电流等造成火灾或设备事故。

在运行中，应保持各导电部分连接可靠、接触良好。活动触头表面要光滑，并要保证足够的压力，以保持接触良好；固定触头，特别是铜、铝触头，要接触紧密，保持良好的导电性能。在爆炸性危险场所中，可拆卸的连接接头应有防松措施。铜、铝导线之间的连接应采用铜铝过渡接头（除照明灯具外）；铝导线的连接应采用压接、熔焊或钎焊，而不能采用简单的缠绕接法。

保持设备清洁有利于防火。设备脏污或灰尘堆积既降低设备的绝缘性能，又妨碍通风和冷却。特别是在正常运行时有火花产生的电气设备，很可能因过分脏污而发生火灾。因此，从防火的角度考虑，也要求定期或经常清洁电气设备。

此外，爆炸性危险场所及其内部电气设备的保护装置必须齐全、可靠、整定合理。

在爆炸性危险场所中，从设备到工具，从电器到仪表，从开关到线路，各单元都必须符合防火防爆要求，以实现整体防火防爆。

为了防火防爆，必须采取综合性的安全措施。除上述措施外，还可根据条件采取加强通风、装设危险气体报警装置、采用耐火设施等安全措施。

1.4.6　电气火灾的灭火

电气火灾是指由电气原因引起的火灾事故。它在火灾事故中占有很大比例。电气火灾除可能造成人身伤亡和设备损坏外，还可能造成大面积或长时间停电，给国民经济带来重大损失。因此，电气防火防爆是安全管理工作的重要内容。

发生电气火灾的原因可以概括为两条：现场有可燃易爆物质；现场有引燃引爆条件。因此，应从这两方面采取防范措施，防止电气火灾事故的发生。

从灭火角度考虑，电气火灾有如下两个特点：一是着火后电气设备可能是带电的，如果不注意则可能引起触电事故；二是有些电气设备（如电力变压器、多油断路器等）本身充有大量的油，可能喷油甚至爆炸，造成火焰蔓延，扩大火灾范围。

1．切断电源以防触电

当电气设备发生火灾时，如果没有及时切断电源，则在下列情况下可能发生触电。

（1）扑救人员身体或所持器械可能触及带电部分，造成触电。

（2）使用导电的灭火剂，如水枪射出的直流水柱、泡沫灭火器射出的泡沫等，引起触电。

（3）在火灾发生后，电气设备可能因绝缘损坏而"碰壳"短路，也可能因电线断落而接地短路，使正常时不带电的金属构件、地面等带电，也可能导致接触电压或跨步电压触电。

因此，在发现火灾后，首先要设法切断电源。切断电源时应注意以下几项。

（1）在火灾发生后，由于受潮或烟熏，开关设备的绝缘性能会降低，因此拉闸时最好用绝缘工具操作。

（2）对于高压线路，应先操作油断路器，而不应先操作隔离开关切断电源。对于低压线路，应先操作磁力启动器，而不应先操作闸刀开关切断电源，以免引来弧光短路。

（3）切断电源的范围要选择适当，防止断电后影响灭火工作和扩大停电范围。

（4）剪断电线时，应对三相线路的非同相电线在不同部位剪断，以免造成短路。剪断空中电线时，剪断位置应选择在电源方向的支持物附近，以防止电线剪断后掉落造成接地短路或触电事故。

电气设备在切断电源后的灭火方法，与一般火灾的灭火方法相同。

2．带电灭火安全要求

有时为了争取灭火时间，来不及切断电源，或者因为生产需要等其他原因，不允许切断电源，需要带电灭火。带电灭火的安全要求如下。

（1）选择适当的灭火剂。二氧化碳、四氧化碳、二氟一氯一溴甲烷（1211）、二氟二溴甲烷或干粉灭火器的灭火剂都是不导电的，可用于带电灭火。泡沫灭火器的灭火剂（水溶液）有一定的导电性，对绝缘有一定影响，不宜带电灭火。

（2）用水枪灭火器灭火时宜采用喷雾水枪。这种水枪通过水柱的漏电流较小，带电灭火较安全。

（3）人体与带电体之间保持安全距离。用水灭火时，水枪喷嘴至带电体的距离应满足：电压 110kV 以下不小于 3m；220kV 以上不小于 5m。

（4）对架空线路等空中设备进行灭火时，人与带电体之间的仰角应不超过 45°，以防导线断落危及灭火人员的安全。

（5）设置警戒区。如果带电导线断落地面，则需要划出警戒区。

1.5 静电安全

1.5.1 静电的产生

静电是由两种物质相互摩擦而产生的。当两种不同的物质相互摩擦时，失去电子的物质带正电，得到电子的物质带负电。这种因摩擦而产生的电叫作静电。另外，当两种物质紧密接触后再分离、物质受压或受热、物质发生电解，以及物质受到其他带电体的感应等时，也可能产生静电。

在日常生活中，常见的静电现象有以下几种。

（1）使用皮带将动力传送给生产机械，当传动皮带在金属滑轮上滑动时，皮带和金属滑轮之间发生摩擦产生静电。在金属滑轮上产生的电荷，可以很迅速地经过机身导入大地，但是在皮带上产生的电荷，由于皮带是绝缘体，长期停留在皮带的表面，并逐渐积累，形成高电位，产生放电现象。

（2）在吸取、灌注和储运易燃液体（汽油、乙醇）的过程中，易燃液体和金属管摩擦会产生静电，静电电压可达几千伏，当电压达到 300V 以上时，就会使汽油蒸气发生爆炸，所以这种静电是非常危险的。

（3）粉尘在空间浮动和空气相互碰撞摩擦，都会产生静电，当静电电位达到一定限度，而附近又有接地金属体时，就会出现放电现象并引起火灾和爆炸。尤其是在炎热、干燥的季节，如果室内温度过高、湿度又很低，则静电放电最容易发生。

（4）运送汽油的汽车在开动时，油箱里的汽油不停地晃动，汽油和油箱壁发生冲撞和摩擦，产生静电，油箱因此产生许多电荷并带电。而汽车的轮胎是绝缘的，于是这些电荷就在油箱上积聚起来，积聚多了就有可能产生火花，引起汽油爆炸。

（5）当人体与大地绝缘时，由于衣料（涤纶纤维布料等）与人体或其他物体（人造革皮椅等）发生摩擦，人体可带上静电，人体静电可达数千伏。此外，人体因静电感应也可能带上静电。

（6）飞机飞行时，与空气流摩擦，也可以产生高达数万伏的静电电压。

1.5.2 静电的危害

足够多的静电，会使局部电场强度超过周围介质的击穿场强而产生火花，如果现场有爆炸性混合物且其浓度已达爆炸极限，这时火花就会引起爆炸事故和火灾事故。虽然静电能量较小，静电电击一般不会直接造成人身伤害，但可能引起二次伤害，使人精神紧张。在生产过程中，静电作用往往会影响生产和产品质量，静电危害如表 1-3 所示。

表 1-3 静电危害

危害原因	危害种类	危害内容	举　例
放电作用	爆炸及火灾	液体爆炸或起火	汽油、煤油、乙醇、苯等液体的运载、搅拌、过滤、喷出、流出等过程中发生爆炸和火灾
		粉尘爆炸或起火	金属粉末、药品粉末、树脂粉末、燃料粉末、农作物粉末等在生产过程中发生爆炸和火灾

续表

危害原因	危害种类	危害内容	举 例
放电作用	爆炸及火灾	气体、蒸气爆炸或起火	易燃液体的蒸气或气体高速喷射时产生静电火花，引起爆炸和火灾
	人身伤害	使人遭受电击	橡胶厂压延机静电电压很高，容易发生电击
		因电击引起的二次伤害	电击可能引起坠落或摔倒等二次事故，也可能使工作人员精神紧张，影响工作
	妨碍生产	引起电气远程误动作	影响电子计算机正常工作
		静电火花使胶片感光	影响胶片质量
力学作用	妨碍生产	纤维发生缠结，吸附尘埃等	影响纺织品质量
		使粉体吸附于设备	影响粉体的过滤和输送
		印刷时纸张不齐，不能分开	影响印刷速度和质量

1.5.3　静电的安全防护

静电的安全防护一方面是控制静电的产生，另一方面是防止静电的积累，主要有以下几种方法。

1）静电控制法

（1）对于皮带传动的生产机械，保持传动皮带的正常拉力，以防止打滑。

（2）对于齿轮传动的生产机械，使齿轮接触灵活，减少摩擦。

（3）灌注液体的管道伸至容器底部或紧贴侧壁，以避免液体冲击和飞溅。

（4）降低气体、液体或粉尘物质的流速。

2）自然泄漏法

使静电从带电体上自行消散，具体方法有以下几种。

（1）易于产生静电的机械零件尽可能采用导电材料制造。必须使用橡胶、塑料和化纤时，可在加工工艺中或配方中适当改变材料成分，如掺入导电添加剂炭墨、金属粉末、导电杂质等材料。

（2）在绝缘材料的表面喷涂金属粉末或导电漆，形成导电薄膜。

（3）在不影响产品质量的情况下，适当提高空气的相对湿度，物质表面吸湿后，导电性增加，这样可加速静电的自然泄漏。一般情况下，空气相对湿度在 70%左右时可防止静电的大量积累。此方法仅适用于表面易于吸湿的物质。

（4）对于表面不易吸湿的化纤和塑料等物质，可以采用各种抗静电剂，这些抗静电剂的主要成分是以油脂为原料的表面活性剂，能赋予物质表面以吸湿性和电离性，从而增加导电性能，提高静电自然泄漏的效果。

3）静电中和法

静电中和法是利用极性相反的电荷中和（消除）静电的方法，具体方法有以下几种。

（1）根据不同物质相互摩擦能产生不同极性静电的原理，对生产过程中能产生静电的机械零件进行适当的选择和组合，使摩擦产生的正、负电荷在生产过程中自行中和，破坏其静电积累的条件。

（2）在胶片生产和印刷行业中，空气湿度不宜过大。对此可以装设消静电器，用于产生异性电荷并以电晕方式中和静电。

（3）利用放射性同位素，在不需要电源的情况下，放射 α、β 粒子，离化空气，中和静电。这种方法稳定性好、效率高，在易燃易爆的条件下也比较安全。

（4）向粉尘物质输送管道中喷入"离子风"，中和静电电荷，以防止爆炸。

4）防静电接地

采用防静电接地后能有效防止静电积累，下列生产设备应可靠接地。

（1）输送、生产可燃粉尘的设备和管道。

（2）生产、加工易燃和可燃气体的设备和储罐。

（3）输送易燃液体和可燃气体的管道及各种闸门。

（4）灌油设备和油槽车。

（5）通风管道上的金属网过滤器。

（6）其他能产生静电的生产设备。

（7）金属管道上的接地线，当因法兰上填料的绝缘而使电路中断时，应在法兰上设置金属连接线。

用非导电材料制作的管道，必须在管外或管端缠绕铜丝或铝丝，铜丝或铝丝的末端应可靠地固定在金属管道上，并与接地系统可靠连接。

5）其他防护方法及注意事项

（1）当防静电的接地装置与电气设备接地共用接地网时，接地电阻值应符合电气设备接地的规定；当防静电的接地装置采用单独专用接地网时，每一处接地体的接地电阻值不应大于 100Ω。

（2）设备、机组、储罐、管道等的防静电接地线，应单独与接地体或接地干线相连，不能相互串联接地。

（3）容量大于 $50m^3$ 的储罐，其接地点不应少于两处且间距不应大于 $30m$，并应在罐体底部周围对称地与接地体连接，接地体应连接成环形的接地网。

（4）易燃或可燃液体的浮动式储罐的罐顶与罐体之间，应用截面积不小于 $25mm^2$ 的软钢绞线或铜软线跨接，并且其电气装置电缆的钢铠、金属包皮应在引入储罐处可靠地与罐体相连接。

（5）沿钢筋混凝土制的储罐或储槽内壁敷设的防静电接地体，应与引入的金属管道及电缆的钢铠、金属包皮相连接，并应引至罐、槽的外壁与接地体连接。

（6）对露天敷设的可燃气体、易燃或可燃液体的金属管道做防感应雷接地时，管道每隔 $20\sim25m$ 有一处接地，每处接地电阻值不应大于 10Ω。

（7）对于引入爆炸危险场所的金属管道，配线的钢管、电缆的钢铠及金属包皮均应在场所的进口处接地。

（8）凭皮带传动的机组及皮带的防静电接地刷、防护罩，均应接地。

1.6　电磁场防护

1.6.1　电磁辐射的危害

电磁辐射会造成所谓的"电磁波污染"，即电磁辐射的强度在超过人体或环境所能承受的限度时会产生危害，被称为电磁辐射污染。电磁辐射无色、无味、无形、无踪，可以穿透包括人体在内的多种物质，无处不在，是除大气污染、水污染和噪声污染外的主要污染之一。

电磁辐射的危害主要包括对电气设备的干扰和对人体健康的负面影响两大方面。近年来，人体受到电磁辐射影响的例子多有发现，不过影响程度与人受到的辐射强度及积累时间有关，目前尚未较大范围地反映出来，所以还没有引起人们的普遍重视。有关研究表明，电磁辐射的致病效应随着电磁波频率的增加而增大。当频率超过 10 万赫兹时，电磁辐射可对人体健康造成潜在威胁。在这种环境下工作、生活过久，电磁辐射使人体组织内分子原有的电场发生变化，对组成脑细胞的各种生物分子造成一定程度的破坏，产生过多的过氧化物等有害代谢物，甚至使脑细胞的 DNA 序列改变，制造出一些非生理性的神经递质。如果长期暴露在辐射量超过安全剂量的电磁环境中，则人体细胞就会被大面积伤害或杀死。同时，人体是导体，可以吸收电磁场的能量。在电磁场的作用下，人体组织的分子会发生取向排列，在排列过程中相互碰撞消耗的磁场能量会转化为内能，引起热效应。电磁场强度越大，热效应越明显；电磁振荡频率越高，热效应越明显。不同频率的电磁波对人体的影响程度排序为，微波>超短波>短波>中波>长波。电磁辐射干扰人体生物电信息的传递。电磁辐射实质上是一种能量的传递，它对环境的影响程度取决于能量的强弱，表示其强度的主要参数有功率、功率密度、电场强度、电磁场强度、磁感应强度、比吸收率等。

功率是表示电磁辐射能力的物理量，功率越大，辐射的电磁场强度越高，反之则越低，单位是瓦（W）。

功率密度指单位面积内所接收或发射的电磁能量，单位是瓦/米^2（W/m^2），在高频电磁环境评估时，功率密度常用 mW/cm^2 表示。

电场强度是用来表示空间各处电场的强弱和方向的物理量，距离带电体近的地方电场强，距离带电体远的地方电场弱。电场强度的单位是伏/米（V/m），在输电线和高压电气设备附近的工频电场强度通常用 kV/m 表示。

电磁场强度是用来表示空间各处电磁场强弱与方向的物理量，单位是安/米（A/m）。

磁感应强度表示单位体积/面积的磁通量，用于描述电磁场能量的强度，单位是特斯拉或高斯（T 或 Gs）。

比吸收率（SAR）是生物体每单位质量所吸收的电磁辐射功率，即吸收剂量率，它的单位是 W/kg。SAR 是衡量电磁辐射对人体作用时可能对人体产生伤害程度的参数。

总体来说，电磁辐射对人体的危害具体体现在以下方面。

1）中枢神经系统

研究表明，人脑对电磁场非常敏感。人脑实质上是一个低频振荡器，极易受到频率为数十赫兹的电磁场干扰。外加电磁场可以破坏生物电的自然平衡，使生物电传递信息受到干扰，使人出现头晕、头疼、多梦、失眠、易激动、易疲劳、记忆力减退等主要症状，还可以使人出现舌颤、脸颤及脑电图频率和振幅偏低等客观症状。

2）血管系统

人们已经观察到电磁辐射会引起血压不稳和心律不齐，高强度微波连续作用可使人心率加快、血压升高、呼吸加快、喘息、出汗等，严重时可以使人出现抽搐和呼吸障碍，甚至使人死亡。

3）血液系统

在电磁场的作用下，人体常会出现多核白细胞、中性粒细胞、网状白细胞增多且淋巴细胞减少的现象。人们还发现，某些动物在低频电磁场的作用下可能会患白血病，在血液生化指标方面，出现了胆固醇偏高和胆碱酯酶活力增强的趋势。长期处于高强度电磁场中，会使血液、淋巴液和细胞原生质发生改变，影响人体的循环、免疫、激素分泌、生殖和代谢功能，严重的还会加速人体的癌细胞增殖，诱发癌症及糖尿病、遗传性疾病等病症，对于儿童还可能诱发白血病。

4）内分泌系统

在电磁场的作用下，人体可发生甲状腺机能抑制、皮肤肾上腺功能障碍。其影响程度取决于电磁辐射强度和辐射时间。

5）生殖系统

动物实验证明，白鼠在电磁场的作用下，生殖能力会受到一定程度的影响。当大功率微波作用于人类时，可能会对生殖系统造成不利影响，这需要进一步的研究来确认。当父母一方长期受到微波辐射时，可能会导致子女畸形发病率增加，不过这也需要足够的科学证据来论证。

6）视觉系统

电磁辐射对视觉系统的影响表现为使眼球晶体混浊，严重时会造成白内障，这是不可逆的器质性损害，影响视力。另外，当装有心脏起搏器的患者处于高强度的电磁环境中时，心脏起搏器的正常使用会受到影响，甚至危及生命。

可见，电磁辐射对人类健康的危害极大，必须采取一定的防护措施，尤其是在高强度电磁环境（电磁场）中工作的人更要防止电磁辐射的危害。

归纳下来，电磁辐射对人体的影响程度一般与以下因素有密切关系。

（1）电磁场强度越高，对人体的影响越严重。

（2）电磁波频率越高，人体内偶极子激励程度越剧烈，对人体的影响越严重。

（3）在其他参数相同的情况下，脉冲波比连续波对人体的影响严重。

（4）电磁辐射的时间越长，对人体的影响越严重。

（5）电磁辐射的面积越大，人体吸收的能量越多，影响越严重。

（6）温度太高和湿度太大，不利于人体散热，会使电磁辐射的影响加重。

（7）电磁辐射对人体的影响，女性要比男性重些，儿童要比成人重些。

高频、微波电磁辐射除对人体有危害外，还会产生高频干扰，影响通信、测量、计算机等电子设备正常工作，甚至造成事故。有时还会因电磁感应产生火花，造成火灾或爆炸等严重事故。所以对于电磁辐射，尤其是强度大、频率高的电磁辐射，一定要采取有效措施，做好防护。

1.6.2 电磁辐射安全标准

为了防止电磁辐射污染，保障人们的健康，并促进伴有电磁辐射的各种装置的应用和发展，我国制定了关于电磁辐射的安全标准。电磁辐射对人体的影响程度与辐射时间有着十分密切的关系，辐射时间不同，允许辐射强度也不同。尽管标准规定了不同条件下辐射强度的限值，但是如果条件允许，则应将实际辐射强度控制在更低的数值上。

目前，国外衡量电磁辐射对人体作用的通用技术标准有两个：一个是欧洲使用的 2W/kg，标准测量单位是 10g；另一个是美国使用的 1.6W/kg，标准测量单位是 1g。我国在国家标准 GB 8702—2014《电磁环境控制限值》中给出了职业辐射和公众辐射的 SAR 限值。

（1）职业辐射：在每天 8 小时的工作时间内，任意连续 6 分钟的全身平均 SAR 应小于 0.1W/kg。

（2）公众辐射：在 1 天 24 小时内，任意连续 6 分钟的全身平均 SAR 应小于 0.02W/kg。

SAR 的测量是在屏蔽室中进行的，而生活空间中无线电波的复杂程度远超于此，SAR 的概念与实际情况差距较大。

我国为了控制电磁辐射对环境的污染、保护人民健康、促进电磁技术发展，制定了国家标准《电磁环境控制限值》。该标准没有采用国际流行的 SAR，而是采用电场强度（V/m）和功率密度（$\mu W/cm^2$）衡量电磁辐射的强度，适用于一切人群经常居住和活动场所的环境电磁辐射，不包括职业辐射和射频、微波治疗需要的辐射。

在这个标准中，环境电磁辐射容许辐射强度标准被分为两级。

一级标准：安全区，指在该环境电磁辐射强度下长期居住、工作、生活的一切人群（包括婴儿、孕妇、老人和患者），均不会受到任何有害影响的区域。

二级标准：中间区，指在该环境电磁辐射强度下长期居住、工作和生活的一切人群（包括婴儿、孕妇、老人和患者），具有潜在不良反应的区域。在此区域内，可建造工厂和机关，但不许建造居民住宅、学校、医院和疗养院等。

1.6.3　防止电磁辐射危害的措施

防止电磁辐射危害的措施主要有电磁屏蔽、电磁接地、电磁吸收、吸收防护和滤波等。

所谓电磁屏蔽，就是利用导电或导磁材料将电磁波限制在某一规定的空间范围内，阻止电磁辐射向被保护区扩散的技术措施。具体方法是采用屏蔽体包围电磁干扰源，抑制电磁干扰源对周围接收器的干扰，或者采用屏蔽体包围接收器，避免干扰源对接收器造成干扰。屏蔽装置在有了良好的接地以后，可以提高屏蔽效果，在中波波段较为明显。

电磁接地包括高频设备外壳接地和屏蔽接地。电磁接地不仅应符合一般电气设备接地的要求，还应符合电磁接地的特殊要求。

防止电磁辐射危害需要做好屏蔽与接地，采取屏蔽与接地措施时要注意下列事项。

（1）对高频电磁波的屏蔽，需用良导体材料，如铝、铜及铜镀银等。

（2）由于高频电流的集肤效应，涡流仅在屏蔽盒的表面薄层流过，故屏蔽盒不需要很厚，一般取 0.2～0.8mm。

（3）屏蔽盒应尽量避免出现切口或缝隙，以免影响屏蔽效果。若必须开口，则切口或缝隙的尺寸一般为波长的 1/10～1/5。

（4）屏蔽体的边角要光滑，避免尖端效应。

（5）屏蔽网有一定的屏蔽效果。网孔越密、线径越粗的屏蔽网的屏蔽效果越好。

（6）屏蔽室的缝隙、门窗及通风孔道等要采取防漏措施。

（7）微波防护还可采用石墨粉、炭粉、铁粉、合成树脂等材料制作的能吸收电磁场能量的屏蔽，也可与普通屏蔽配合使用。

（8）屏蔽体只适合有一点和接地线相连接。接地线应尽可能短，最好不是 1/4 波长的奇数倍，矩形截面的接地线比圆形截面的好。

（9）当高频设备功率较大或屏蔽装置较接近其他设备时，屏蔽装置最好单独接地，以免对别的设备产生电磁干扰。

（10）屏蔽层与电磁辐射源的间距要合适。对于高频输出变压器，水平间距不小于200mm，垂直间距不小于50mm。对于辐射源为高频振荡回路的屏蔽层，间距可以再大些；如果有良好的高频电气接触性能和良好的高频接地，则间距可以为100～200mm。对于高频输出线的屏蔽，间距为工作波长的1/4。

（11）高频接地是将高频电磁辐射源的屏蔽体或屏蔽部件内感应生成的高频电流通入大地，使屏蔽体本身不成为高频辐射的二次干扰源，必须根据不同频率按规定做好接地。

电磁吸收是指利用电磁匹配、谐振的原理，采用对电磁辐射能量具有吸收作用的材料，将电磁能量进行衰减，并吸收转化为热能。

吸收防护是减少微波辐射危害的一项积极有效的措施，可在场源附近将辐射能大幅降低，多用于近场区的防护。

滤波是指防止不被希望的电磁振荡沿与设备相连的任何外部连接线传播到设备，一般由滤波器来完成。滤波器可以由无源器件或有源器件组成，能够有选择地阻止有用频率以外的其他成分通过，完成滤波；也可以由铁氧体材料等有损耗材料组成，吸收不需要的频率成分，达到滤波的目的。电抗滤波器由串联和并联RLC元件组成，常见的滤波器网络配置有L型、T型和Π型，这些网络利用电路的谐振特性，对所需信号通路中的干扰呈现出高阻抗，从而阻止干扰进入电路，并且利用阻抗非常低的支路将这些干扰分流到地。

思考题

1. 雷电是如何产生的？按照雷电的危害方式，它可以分为哪三种类型？
2. 什么是保护接地？什么是保护接零？它们的作用分别是什么？有什么区别？
3. 什么是工作接地、重复接地？有什么作用？
4. 什么是接地装置？接地装置包括哪些部分？
5. 引起电气火灾的直接原因是什么？应采取哪些方面的防范措施？
6. 产生静电的基本过程是什么？消除静电的危害主要从哪些方面着手？
7. 电磁辐射对人体的危害有哪些？防止电磁场危害的措施有哪些？

第2章 能量作用在人体上的特征效应

2.1 人体的物理性质

从安全性的角度来看，我们对仪器的要求首先是它放出的能量对人体不会造成伤害。为了理解能量作用的基本原理，我们需要有人体的物理性质知识。人体的物理性质应该从分子水平来理解。但从现在的仪器技术水平来看，从宏观上了解人体组织的性质也是很重要的。

2.1.1 人体的电性质

当人体内通过电流时，如果电流密度在 1mA/cm^2 以下，则可以认为它是线性电气材料。切出一小块组织或者在组织内插入电极，然后使用电桥等方法测量其阻抗，可求出该线性电气材料的常量值。

线性电气材料的性质用电导率 κ 和相对介电常数 ε_s 来表示，材料中电场 e 和电流密度 i 之间的关系如下：

$$i = (\kappa + j\omega\varepsilon_0\varepsilon_s)e \qquad (2\text{-}1)$$

其中，ε_0 为真空介电常数（$8.85\times10^{-12}\text{F/m}$）。

为了了解线性范围内人体的电气性质，考虑如图 2-1 所示的细胞模型。

细胞直径多数在数十微米内。细胞膜几乎是完全绝缘膜，其电容量约为 $1\mu\text{F/cm}^2$，而肌肉细胞膜的电容量为每平方厘米几十微法。

细胞里面和外面都充满着电解液，其组成是不一样的，细胞内液和细胞外液的电导率都约为 10mS/cm，而相对介电常数和水相同，约为 80。表 2-1 展示了人体不同组织的常量值及和外加电场频率的关

图 2-1 细胞模型

系。人体不同组织的电导率和相对介电常数的差别并不是很大，血液的电导率大一些，脂肪的电导率小一些。可见，当外加电场频率发生变化时，常量值也改变了，这是发生离散的结果。

人体内通过的电流增大后，宏观地看，电流密度在 1mA/cm^2 以上时，神经、肌肉、感觉等细胞出现兴奋现象。以神经细胞为例来说明，这恰好和电子线路中单稳态多谐振荡器相当。单稳态多谐振荡器电路如图 2-2（a）所示，其中 V_s 为电源电压，图中元件 N 的电流-电压特性如图 2-2（b）中的曲线 A 所示。B 是负载直线 $V=V_0-R\times i$，A 与 B 的交点为 P，它表示电路的静态工作点，此点的电压为 V_1，电流较小。

现在由于某种原因，电容器 C 上的电荷突然减小，设电压为 V_2，当电感器 L 的电感足够大时，电流 i_L 来不及突变，从图 2-2 中可明显地看到元件 N 的电流比 i_L 要大，电容器上的电荷越来越小，这个过程是加速进行的，电路的工作状态一下子变动到 Q 点，并暂时静止于此。

表 2-1 人体的电性质

性 质	组 织	不同外加电场频率下的常量值			
		100Hz	10kHz	10MHz	10GHz
电导率/ （mS·cm^{-1}）	骨骼肌	1.1	1.3	5	10
	脂肪	0.1	0.3	0.5	1
	肝脏	1.2	1.5	4	10
	血液	5.0	5.0	20	20
相对介电常数	骨骼肌	10^6	6×10^4	10^2	50
	脂肪	10^5	2×10^4	40	6
	肝脏	10^6	6×10^4	2×10^2	50
	血液	10^6	1×10^4	10^2	50

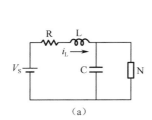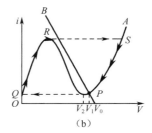

图 2-2 单稳态多谐振荡器电路及电流的变化

不久后，流过电感器 L 的电流增加。观测加于 L 上的电压，可看到电压随电流的增加而增加。若电容器上的电荷增加，则可以理解为工作状态将经过 R 到 S 再返回 P 点。

将神经细胞的动作和单稳态多谐振荡器进行比较。细胞膜内外的电势差相当于电路的电池。人体的细胞膜基于物质代谢补充能量；可以把 Na$^+$ 排出细胞膜外，把 K$^+$ 吸到细胞膜内，它起到泵的作用（可称为 Na-K 交换泵，可进行主动转运等），从而使细胞内外液体的组成产生差异。由于这种差异产生了一个相当于 70～100mV 的电池，细胞内部比细胞外部的电势低。

以某种方法（通入电流等）使膜电位发生变化，当变化不大时，膜只具有电容器的性质，当变化大时，膜的性质改变。膜对 Na$^+$ 的通透性是电压的函数。因此，将急剧产生"膜电位的变化→Na$^+$进入细胞内→膜电位的变化"这种循环，从某点开始，膜电位自动地发生大的变化。这个作用相当于图 2-2（a）中非线性负电阻元件 N 的作用，这种现象叫作细胞兴奋。

细胞兴奋发生后不久，膜对 Na$^+$ 的通透性再次减小，同时对 K$^+$ 的通透性增大，于是膜电位回到与兴奋前相近的数值。这和图 2-2 中的电路状态受到电感器作用而回到原处是不一样的。细胞兴奋时膜电位波形如图 2-3 所示。

神经细胞模式图如图 2-4 所示，当细胞接受细胞间的信号刺激或外部刺激并使细胞膜一部分兴奋时，膜电位发生变化，产生局部电流。此电流使邻近部分膜电位发生变化，并发生兴奋，如此下去，兴奋状态在细胞膜上以脉冲波形式传递下去。神经细胞细长的臂状部分伸展出去，通过轴突把兴奋传到突触，突触放出兴奋性或抑制性的物质，使下一个细胞膜的电位向兴奋方向或抑制方向变化。当电位变化达到某个值时，细胞兴奋。如此，信号逐步传递出去。

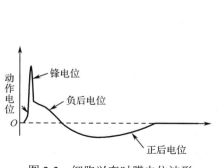

图 2-3　细胞兴奋时膜电位波形

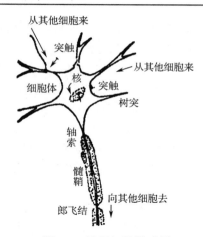

图 2-4　神经细胞模式图

感觉细胞或肌肉细胞的兴奋，本质上和神经细胞没有什么差别。给感觉细胞以适当的刺激，其膜电位会发生改变，变化达到某一值后，细胞兴奋并向下一个神经细胞发出信号。对于肌肉细胞：信号先到达有关运动的神经细胞前端，然后从神经细胞发出信号，肌肉细胞从它和神经细胞的结合处开始兴奋，接着兴奋传到肌肉细胞的全体，引起肌肉细胞收缩。当体内有电流流过时，感觉细胞或神经细胞兴奋可以把刺激传到大脑，若直接刺激有关运动的神经细胞或肌肉细胞，则可能出现和意识无关的肌肉收缩。

在考虑电的安全性时，心脏具有重大的意义。心脏是由心肌细胞构成的，心脏在一定时间间隔内反复地进行收缩与舒张，起到泵的作用，使血液在全身循环。心肌兴奋一般从窦房结开始，相邻细胞依次兴奋，把兴奋传递下去，并由此和谐地保持两个心房和两个心室收缩的时间关系。当有电流流过心肌时，这种同步的收缩作用就会失去，心肌细胞则随意地开始收缩，血液就射不出去，这种状态叫作颤动。

2.1.2　人体的机械性质

外力加于人体时，人体会产生形变和内部应力。反复的形变会产生疲劳和热，从而使人体受到损害。和安全问题有关的人体的机械性质主要是弹性和黏性。

一般说来，外力加于物体时，物体可产生形变，外力除去后物体就恢复原形。这种性质叫作弹性。在形变不太大的范围内，外力与形变成正比。当外力超过某界限时，将产生显著的形变。

简单起见，我们考虑一维的形变，加于柱形物体单位面积上的力为 p，物体原长为 L、伸长为 ΔL，在比例关系成立的范围内可写出：

$$p = E\varepsilon, \quad \varepsilon = \Delta L / L \tag{2-2}$$

式中，ε 为伸长与原长的比值，叫作应变；E 为依物质而定的比例常数，叫作杨氏模量。杨氏模量越大的材料，加力时越难产生形变。人体组织的杨氏模量如表 2-2 所示。

对大多数材料来说，从任何方向切下测定杨氏模量时，所得值相同。但对人体组织来说，在特定方向上有纤维状结构和层状结构，随方向不同，它们的性质也不同，称这种材料具有各向异性。

表 2-2　人体组织的杨氏模量

人 体 组 织	杨 氏 模 量
骨	$(1.5\sim2)\times10^{11}$
肌肉、血管	5×10^{5}
脑等软组织	$(0.8\sim2)\times10^{5}$

有像血液的流体材料，也有像糖稀的准流体材料，在给材料加上压力后，它们可随意移动。当材料内部不同部分的移动速度不一样时，由于流体间的摩擦，相互之间有力的作用。像这样在材料上加上外力，使其随意移动的性质叫作黏性。当材料两侧的移动速度不同时，作用于两侧材料上的力和该面上的速度梯度成比例，即

$$f = \mu \frac{\mathrm{d}v}{\mathrm{d}y} \tag{2-3}$$

式中，f 为 x 方向上的力；v 为 x 方向上的速度；μ 为常数，叫作黏滞系数。多数物质的黏滞系数是和速度梯度无关的常数，但有些物质如血液等非均匀结构的流体，其黏滞系数不是常数。

人体组织由高分子材料组成，黏性和弹性（黏弹性）都存在。具有黏弹性的材料，其形变如图 2-5 所示。它是复杂的，可用弹性元件（如弹簧）和黏性元件（如制动器，它产生和速度成比例的力）两者的组合来表示。在实际的生物组织和高分子材料中，力与形变的关系更为复杂，需要用多个弹性元件和黏性元件来表示。当具有黏性的材料内部发生机械振动时，材料将会因能量损耗而产生热量。

当弹性材料受外力作用时，它会发生按照弹性系数所确定的形变。材料形变通常与外力成比例。当形变非常大，偏离了比例关系时，就会发生屈服现象，如图 2-6 所示，材料的屈服界限用屈服点处的应变表示。

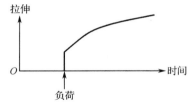

图 2-5　具有黏弹性材料的形变

图 2-6　材料的屈服现象

当材料中发生声振动时，弹性系数和黏滞系数若在频率比较低的范围内，则可以认为是常量，如在音频范围内，它们几乎和频率无关，是定值。

2.2　电流的生理效应

当发生电流的生理效应时，人体必然变成了电路的一部分。电流从一点进入身体而从另一点流出。电流的大小等于外加电压除以阻抗（包括两个接触面之间的身体阻抗和两界面的阻抗）。当电流流过人体组织时，一般会产生 3 种生理效应。

1. 因组织的电阻性而产生热效应

当电流通过人体组织时会产生热量，使组织温度升高，严重时会烧伤组织。低频电和直流电的热效应主要是电阻损耗；高频电的热效应除电阻损耗外，还有介质损耗。

2. 兴奋组织（神经和肌肉）的电兴奋效应

当电流流经人体时，细胞膜的两端会产生电势差。当电势差达到一定值时，细胞膜会发生兴奋。若为肌肉细胞，则产生与意志无关的力和运动，或者使肌肉处于极度紧张状态，导

致过度疲劳；若为神经细胞，则我们会感受到电刺激的感觉。随着电流在体内的扩散，电流密度将迅速减少。因此，通电后受到刺激的只有距通电点很近的神经细胞和肌肉细胞。此外，从体内流过的电流和从体外流入的电流对心脏的影响有很大的不同。

3．电化学烧伤效应（对于直流电）

人体组织中所有的细胞都浸在淋巴液、血液或其他体液中。人体通电后，上述体液中的离子将分别向异性电极移动，在电极处形成新的物质。这些新形成的物质很多是酸、碱之类的腐蚀性物质，对皮肤有刺激和损伤作用。

这些效应不是单独发生的，而是几种重叠在一起发生的。

2.2.1　低频电流的作用

大量的触电事故表明：电流流经人体造成伤害的程度与电流大小、通电时间、电流通过途径、人体状况等多种因素有关，而各因素之间又有着十分密切的关系。

1．伤害程度与电流大小的关系

流经人体的电流越大，生理效应越明显，人体感觉越强烈，危险性越大。电流对人体的作用如表 2-3 所示。

表 2-3　电流对人体的作用

作　　用		直流/mA		交流/mA（有效值）			
				50Hz		100Hz	
		男	女	男	女	男	女
可感觉到的最小电流（略有麻感）		5.2	5.3	1.0	0.7	12	8
无痛苦感电流（肌肉自由）		9	6	1.8	1.2	17	11
有痛苦感电流（肌肉自由）		62	41	9	6	55	37
有痛苦感，增加则不能脱离电源		76	51	16	10.5	75	50
强烈电击，肌肉强直，呼吸困难		90	60	23	15	94	63
可能引起室颤	电击 0.03s	1300	1300	400	400	500	500
	电击 3s	500	500	50	50	300	300
一定引起室颤		上一项电流值的 2.75 倍					

流经人体的电流大小的不同，会使人体呈现出不同的反应状态。我们将电流分成感知电流、脱开电流、室颤电流三级。

1）感知电流

当局部电流密度大到足以刺激皮肤上的神经末梢时，被测试者就会感到刺痛。感觉阈是一个人所能感觉到的最小电流。感觉阈在人与人之间有很大的变化，并且随着测试条件的不同而不同。在 50Hz 交流电作用下，成年男性平均感知电流为 1.0mA，成年女性平均感知电流为 0.7mA。我们将感觉阈定义为 0.5mA。感知电流一般不会对人体构成伤害，但当电流增大时，人体感觉增强，反应加剧，可能导致二次事故。

2）脱开电流

大一些的电流会强烈地刺激神经和肌肉，最后引起疼痛和疲劳。被测试者受到任何高于阈值的电流时，其肌肉都会不由自主地收缩或反射性地缩回手臂等部位，都可能引起继发性的身体损伤，如从梯子上摔下来。当电流进一步增加时，肌肉的不自主收缩会使被测试者不能随意缩回手臂等部位。脱开电流的定义是被测试者能随意缩回手臂等部位的最大电流。

在 50Hz 交流电作用下，成年男子的平均脱开电流（有痛苦感）为 16mA，成年女子的平均脱开电流为 10.5mA；成年女子的脱开电流约是男人的 2/3；成年男子的有痛苦感电流（肌肉自由）为 9mA，成年女子的有痛苦感电流（肌肉自由）为 6mA。

摆脱带电体的能力是随触电时间的延长而减弱的，一旦触电后不能摆脱电源，就会产生严重的后果。可以认为，脱开电流是发生较大危险的界限，它与个体生理特征、电极形状、电极尺寸等因素有关。

研究表明，频率对脱开电流有很大的影响，如图 2-7 所示为脱开电流随频率变化的曲线。最小的脱开电流正好在 50～60Hz 的市电频率上。频率低于 10Hz，脱开电流增大，这可能是因为在每个电流周期的一部分时间内，肌肉能够部分地弛缓。频率高于几百赫兹后，脱开电流也会增大，这大概是强度持久适应（Strength-Duration Tradeoff）和易兴奋组织的不应性的缘故。

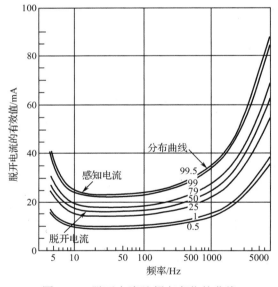

图 2-7　脱开电流随频率变化的曲线

3）室颤电流

心脏对特殊路径的电流很敏感，这是非常危险的。当通过胸腔的一部分电流流过心脏时，只要电流强度大到足以兴奋心脏肌肉组织，那么心脏肌肉组织的正常电活动传播就被破坏了。一旦心室内的电活动失去了同步，心脏的泵作用就停止了，在几分钟之内就会引起人的死亡。这种失去同步的电活动叫作室颤。引起室颤的电流消失后，室颤还是不能停止。室颤是电击死亡的主要原因。当除颤器的短暂高电流脉冲把心脏肌肉组织的所有细胞同时去极时，心脏正常、有节律的电活动才能恢复。当所有细胞都弛缓后，正常节律一般就恢复了。在电流不超过数百毫安的情况下，电击致死的主要原因是电流引起室颤或窒息。因此，可以认为引起室颤的电流即是致命电流。室颤是指心室每秒 400～600 次，甚至 600 次以上的纤维性颤动，可造成血液循环的终止，危及生命。

当电流足够大时，整个心脏收缩。虽然电流作用期间心脏停止搏动，但是当电流消失时，心脏就能恢复正常节律，正像使用除颤器一样。利用动物做的交流除颤实验中得到的数据表明，整个心肌收缩所需的电流为 1～6A。这些电流不会对心脏产生不可逆的损伤。人们对超过 10A 的电流的影响知道得很少，对短期持续电流的影响知道得更少。因为皮肤电阻大，所以当电流通过皮肤进入体内时，皮肤接触点会由于电阻性发热而产生烧伤。电压高于 240V 的电流能把皮肤击穿。当大脑和其他神经组织流过强电流时，会失去所有的正常兴奋性。而且过大的电流可能强迫肌肉收缩，甚至使肌肉从骨上离开。

2．伤害程度与通电时间的关系

通电时间越长，越容易引起室颤，电击危险性也越大。其原因如下。

（1）随着通电时间的延长，能量积累增加，引起室颤的电流减小。当通电时间为 0.01～5s 时，室颤电流和通电时间的关系为

$$I = \frac{116}{\sqrt{t}} \tag{2-4}$$

式中，I——室颤电流（mA）；

$\quad\quad t$——通电时间（s）。

室颤电流与通电时间的关系亦可用下式表达。

① 当 $t \geqslant 1s$ 时：$I = 50$（mA）。

② 当 $t < 1s$ 时：$I = 50/t$（mA）。

（2）通电时间较短时，只有在心脏搏动的特定时刻才能引起室颤。因此，通电时间越长，遇到该时刻的可能性越大，室颤的可能性越大，电击的危险性也越大。

（3）通电时间越长，人体电阻因出汗等原因而减小，导致通过人体的电流进一步增加，电击危险性亦随之增加。

3．伤害程度与电流通过途径的关系

当电流作用于人体时，没有绝对安全的途径。

（1）电流通过心脏会引起室颤，使心脏停止跳动，中断血液循环，导致死亡。

（2）电流通过中枢神经或有关部位会引起中枢神经严重失调，导致死亡。

（3）电流通过脊髓可导致半截肢体瘫痪。

（4）从左手到胸部，电流途径短，是最危险的电流途径；从手到手，电流途经心脏，也是很危险的电流途径；从脚到脚的电流是危险性较小的电流途径，但人可能因痉挛而摔倒，导致电流通过全身或发生摔伤、坠落等二次事故。

4．伤害程度与人体状况的关系

人体状况不同，对电流的敏感程度也不同。即使在遭受同样电流的电击时，不同人面临的危险程度也不完全相同。

（1）电流作用于人体时，女性面临的危险较男性大，女性的感知电流和脱开电流约比男性低 1/3。

（2）儿童面临的危险较成人大。

（3）体弱多病者面临的危险较健壮者大。

（4）体重小的人面临的危险一般较体重大的大。

体重的大小对室颤电流阈值的影响很大。研究表明，室颤电流阈值是随体重的增加而增大的。当电流加在身体表面的两个点上时，只有总电流的一小部分流过心脏。这些在体表上外加的巨大电流称为宏电击（Macroshock）。当电流加在身体表面上时，传递的电流总量远比直接作用到心脏上的大。宏电击的两个进入点位置的重要性往往被忽视。如果两个进入点都位于同一个端点上，那么即使是强电流，室颤的危险性也是很小的。但是，如果一个器件在体外与心脏或心脏内的某一点建立一个导电通路，并且这个器件除在靠近心脏的这一点上外都是与全身绝缘的，那么这将是特别危险的事。流过该器件的所有电流都会流过心脏，导致心脏接触点上的电流密度很高。例如，$20\mu A$ 的总电流就能引起狗的心脏室颤。在采用有心导管的情况下，所测得的人类心脏室颤的数据说明 $60\sim80\mu A$ 的电流就能引起室颤。在身体的任何位置上进入体内并在心脏内部所加的电流是微电击。微电击的安全阈值一般是 $10\mu A$。

2.2.2　高频电流的作用

人体对电流的生理效应与电流频率有关，当频率增加时，刺激作用逐渐减小。一般认为，当频率超过 1kHz 时，电流的刺激作用和频率成反比。当电流密度低时，刺激作用减少，热作用比刺激作用更明显。这时，我们可以把人体看成单纯的电气材料，通过计算其耗损来推断热作用。发热，一方面是由于体温上升，另一方面是由于局部循环量增大。发汗等现象使散热增加，从而使体温下降。而人在正常状态下的体温，由这两者的平衡点来决定。

当身体局部或全身通入高频电流产生焦耳热使体温上升时，如果体温的提升在一定范围之内，则产生循环增强和促进生物化学反应等良好的效果。从某种意义上看，这和温浴治疗法相同，可利用它做某些治疗。

但是，当体温的提升超过某一限度时，将产生不良效应，甚至导致烧伤。根据许多理论分析和实验结果可以认为，体温上升约 0.2℃时是相对安全的。它相当于在体表消耗的能量约为 $100mW/cm^2$。

在高频波段内工作的高能量仪器中最常见的是高频电刀。高频电刀的本质是，借助电弧放电使人体表面上出现极强的高密度电流。由于人体组织被瞬间蒸发，于是有切开作用。放电切开组织和金属精密加工中的放电加工法相似，放电加工及电刀手术都利用了电弧放电。电弧放电的特点是电流密度非常大，其值为 $10^4\sim10^8A/cm^2$。

在人体或物体的表面上，当有大密度的电流流入时，电流从极其有限的部分扩散开，这相当于在极大的阻抗中流过大的电流，会使接触面温度急剧上升。当电流大小为 0.1A，电流密度为 $10^6A/cm^2$ 时，由计算可知，人体表面接触电流的部分在数十微秒内即可达到沸点，出现爆发式蒸发飞散，这就是高频电刀的原理。激光手术刀、超声波手术刀等把大量能量投射到小面积上进行切割的电手术刀都是遵循相同的原理。

高频电刀是利用大能量的器件，如果把能量集中到要切开的部位之外，则易导致烧伤。

2.2.3　微波的作用

当电流频率更高时（微波），电流几乎没有刺激作用了，这时可以认为只有热效用。微波以平面波方式入射人体皮肤，各部位消耗的电功率可以用各组织的电常数来计算。射入体内的微波能量几乎全部转化为热，使体温上升，和高频电刀所产生的危害相同。当入射电功率为 100mW/cm² 时，微波开始对人体有影响。

微波还能产生非热作用，如直接刺激神经。微波频率下的细胞膜的电势差很小，作用不是很明显，但会引发脑电波反应，使人产生听见声音的感觉等。

粒子的排列和取向现象就是非热作用的实例。当液体中多数粒子处于悬浮状态时，加以电场，粒子因静电感应而成为偶极子。粒子因为热能而进行不规则运动，这时因受电场的作用，粒子沿电场方向排列，并因偶极子的相互作用而接近。当电场非常强时，粒子逐渐沿电场线排成一列，并且黏着不动。这种现象叫作"微粒链形成"（Pearl-Chain Formation）。

根据完全相同的原理，当在非球形粒子上加上电场时，介电常数和频率相配合，使粒子转向特定的方向。在细菌或精子等具有运动能力的粒子中可以看到它们向特定方向运动的趋势。产生这些现象的电场强度，从理论上计算是个位数（V/cm），是比较大的。实际上，在人体内热作用是先发生的，因为这种现象发生与否和热运动的强度有关，所以它是一种概率现象，若长期作用则可能发生积累效应。

如上所述，对微波规定了以热作用为指标的临界值，但关于它的其他危害预防尚未在 GB 9706.1 中进行明确规定。

2.3　力、加速度和振动的作用

2.3.1　力的作用

当静止的力作用于人体时，组织的各部分发生弹性和黏性位移。人体的骨结构是以脊柱为中心构成的。在关节部位，纤维软骨和韧带等把负荷分散开，并且使加于骨上的力均匀分布，所以加于人体上的力不都是由骨来承受的。

骨的结构是不均匀的，即骨是所谓的复合材料体，承受冲击力的能力强。只从物理常数上考虑，人体即使受很大力的作用也不会被破坏。例如，直径为几厘米的骨，可以承受数吨的力。但是当有加速度作用于人体时，人体变得很脆弱。

2.3.2　加速度的作用

当加速度作用于人体时，会转换为作用于体内各部分的力。加速度（正加速度）对人体的作用如下。

（1）在循环系统中，心脏阴影面积减小，心输出量减少，血压下降等。

（2）视野变窄、失明，以及丧失意识等，可认为和上述循环系统的变化有关。

（3）呼吸机能发生变化。

人体耐受加速度的程度，与加速度的方向、持续时间、所受训练等因素相关，大致数值（连续加速度）为 4g（g 为重力加速度）。

2.3.3　振动的作用

当低频振动作用于人体时，会转换为加速度和力作用于人体的各部分，使各部分有振动的感觉。当振动频率从 20Hz 逐渐增加到 20kHz 时，听觉逐渐成为主导。当频率更高，到达所谓的超声波区域时，振动以波动形式传入体内，可能会表现出由能量损耗而产生的热作用，或者直接表现出力的作用。

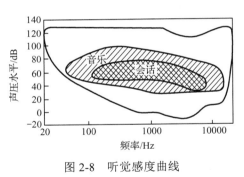

图 2-8　听觉感度曲线

可见，振动频率不同，作用也不一样，所以有必要分别加以研究。关于可听频率区域，人们很早就做了深入的研究。图 2-8 是听觉感度曲线，阴影部分为会话和音乐的可听频率区域。当声压超过最低感知水平时，人听到的声音强弱并不完全遵循线性规律。人听到声音的强弱可以通过等感度曲线来表示，这种曲线叫作 Fletcher-Munson 曲线，被 ISO 标准采用，噪声指示计依此曲线设计。噪声对人体的作用，可大致总结如下。

（1）长时间在 80～90dB 的高水平声场中，人的听力会发生减退，主要是对高频声音的辨识能力减退。

（2）50～70dB 的声音通过听觉作用于自主神经，使人出现末梢血管阻抗增加、唾液分泌、交感神经紧张、消化机能减退、心率增加、呼吸次数增加和各种激素分泌量发生变化等现象。

（3）噪声通过听觉使处于日常生活中的人受到心理上的扰乱，使工厂中的工人工作效率降低。实际上，对交谈和工作具有阻碍作用的是 50dB 以上的声音，但在环境卫生标准中规定了更低的值。

此外，噪声在心理上的强度（嘈杂度）和单一声音的强度多少有些不同。表示噪声在心理上的强度单位是纳（noy），通过噪声的频率特性可计算嘈杂度的值。

另外，还有的声音即使听不到也能通过振动和力产生影响，20Hz 以下的声音就是如此，20Hz 以上的声音也能通过振动产生影响。

振动在生理学和心理学上还有以下各种各样的影响。

（1）使视力减退；

（2）造成不愉快感、睡眠障碍等；

（3）使呼吸频率、氧消耗量增加；

（4）使循环状态变化；

（5）在长时间受到更激烈的振动作用时，产生雷诺氏病症状（四肢末端苍白）、冷感、发绀、麻木、疼痛、关节变化、肌肉萎缩、内分泌障碍、手指颤抖、消化器官障碍等。要显著地发生这些变化，振幅至少为 2mm（3Hz 约 100dB）。

当人体受超声波振动作用时，如果超声波的能量密度非常高，则各组织依其衰减系数而生热。图 2-9 是当超声波的平面波入射体表时，热分布的计算。可以看到，和微波一样，热量产生一个不均匀的分布。当超声波的能量密度在 $100mW/cm^2$

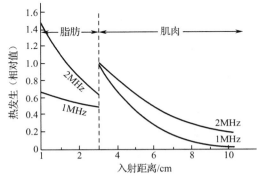

图 2-9　热分布的计算

以下时，也会产生热，但其影响是可逆的。超声波照射停止后，不留任何残迹。

当超声波的能量密度超过 $1W/cm^2$ 时，将有机械力直接作用于细胞等粒子。当超声波在两个粒子间产生超声波流时，根据伯努利定理，两个粒子会互相靠近；此外，流体惯性、黏性力和由能量本身产生的辐射压等因素将影响粒子的行为。这些影响程度低时是可逆的，不产生严重的危害，影响程度显著时会产生不可逆的危害。

当超声波的能量密度增加达到 $10W/cm^2$ 时，液体中有空泡发生，出现空化现象。出现空化现象后，组织立刻受到破坏。超声波手术刀利用了这种作用。但从安全上看，这种现象是不被允许的。

另外，在细胞分裂等发生学问题中，当超声波能量密度低于 $100mW/cm^2$ 时也会产生影响。很多报道指出，在细胞分裂过程中，有丝分裂阶段最易受影响。

2.4　光的作用

人体组织除眼睛外，对红外线、可见光、紫外线都是不透明的，照射到体表的光，几乎都在体表化为热。其中红外线能达到身体较深部位，使温度上升，增加循环。当时间长时，末梢血管扩张，将会产生色素沉着。因为血液中血红蛋白对 $0.55\mu m$ 左右波长的可见光有选择性吸收作用，所以当强光照射时，会发生血液凝固等现象。紫外线在皮肤下面极近处就被吸收，特别是 $0.3\mu m$ 左右波长的光，使皮肤发生"晒黑"现象，也有诱发皮肤癌的报道。另外，某些药剂在使用过程中受紫外线照射将会受到较大影响。

目前，激光大量应用。它的危害也是一个问题。用激光把能量集中后，可容易地切开体表及组织，原理和高频电刀基本上相同。所以当激光手术刀的直射光或散射光照射时，对体表的任何位置都有危害。

激光造成的危害除上面所介绍的之外，眼部危害是最值得注意的。

2.4.1　激光对眼的影响和损伤

眼睛本身既是一个透光器，又是一个聚光器。由于眼内的虹膜和眼底组织含有大量色素，眼睛又是一个良好的光吸收器，极易受到激光损伤。眼屈光介质对波长 $4000\sim9500\text{Å}$ 的激光有很高的透射率，特别是其中的可见光谱部分，经过角膜和晶状体的聚焦后能形成极小的光斑像，此光斑像上的激光强度比落在角膜上的光斑强度要大几个数量级，故激光对眼的伤害作用比对身体其他组织的伤害作用要大得多。在激光装置的邻近处所发生的眼损伤，不仅因为激光本身，还与用于激发的光泵、气体放电管的离轴性自发辐射等有关。激光器功率越大，波长越短，它的腔体光泵或高压电源等所造成的危害就越大。

激光对眼的损伤，涉及范围很广，包括从微观到宏观、从生理生化到组织病理等一系列的改变。轻者造成功能性或可逆性病变，重者造成永久性后遗症或失明。欲全面判定各种激光对眼的不同影响和损伤，应采取各种不同的手段或方法，除与激光有关的物理学方法外，还包括生理、组织化学及组织病理学等的方法。

欲全面了解激光对眼的损伤，必须更好地了解激光对生物体组织，特别是眼组织的各种效应。激光的热效应是造成组织损伤的主要原因。实验证明，用高能量的钕激光照射活体瘤组织时，瘤体表面下 $1.5cm$ 处的温升可达 $90\sim260\text{℃}$，从而使组织细胞破坏，甚至使整块组织气化。视网膜的色素上皮及其后脉络膜组织中所含的色素颗粒，对激光有极高的吸收率，比其周围组织高了约 1000 倍，吸收激光后，立即转化成热量，常使局部组织的温升超过水的沸点。视网膜受照部位温升在 10℃ 左右时，视网膜色素层即可出现损伤。色素上皮同视网膜视觉感受器细胞层有着重要的生理和解剖联系，杆体和锥体细胞的顶端紧靠色素上皮，它们的营养和修复需靠色素上皮，视紫红质的再生也有赖于色素上皮细胞的生理活动，故色素上皮的热损伤极易影响视网膜视觉感受器层而使视功能受损。由热损伤造成的基本后果是蛋白质变性和酶失活，从而引起一系列病变。实验证明，激光照射可引起氨基酸（如色氨酸）和脱氧核糖核酸（DNA）变性，对细胞代谢至关重要的酶（如氧化酶、脱氢酶及某些辅酶）在激光辐照后皆可丧失或降低活力。

生物放大可以是物理损伤的进一步发展。水肿反应，可能是热膨胀所致的细胞内液渗漏、微血管渗透性增加，或者是邻近热损伤的细胞破坏释放的组织胺所引起的。水肿面积取决于邻近毛细血管的反应及血压和细胞间液压的差，故水肿面积与原损伤面积不是正比关系。

此种生物放大作用，连同物理放大作用（压强效应引起的组织内的微爆或冲击扩散），往往使损伤面积大于照射面积。激光使视网膜轻度损伤时，损伤面积大致相当于照射面积，中度损伤面积一般不超过照射面积的 1 倍。损伤区直径的增大与激光的入射能量或视网膜的吸收能量有关，入射能量或吸收能量增大，损伤区的直径也就成比例地增大。

2.4.2　常用不同波长激光对眼的损伤

依激光进入眼内的方式，损伤分为通过角膜进入眼内所致的损伤和通过巩膜进入眼内所致的损伤。第一种损伤，即激光通过透明的角膜直接辐射眼内所致的眼内损伤占绝大多数，又分为直射激光损伤和反射激光损伤。前者是指眼睛在朝向激光的发射方向时直接受到激光的照射产生的损伤，后者则是指眼睛接受来自任何方向漫反射体的反射激光产生的损伤。

1．可见光谱激光对眼的损伤

绝大部分可见光谱（4000～7600Å）激光可以通过眼的屈光介质到达眼底而被吸收，故主要损伤眼底的视网膜和脉络膜。依激光能量的大小或强弱，视网膜的损伤程度不一。根据检查方法的不同，视网膜激光损伤分为 4 级。①生物电级：低能量的激光引起视网膜的改变。②组织化学级：能量更大的激光所造成的在检眼镜下不一定看得出来的病变，主要表现在视网膜组织的酶失活和蛋白变性，有时这些改变是功能性的，有部分的可逆性。③电子显微镜级：这是比组织化学级的损伤更进一步或更明显的损伤。电子显微镜级损伤的最早征象出现在色素上皮细胞内，其特殊表现是，色素上皮细胞尖部和中部的平滑内质网形成断裂和空泡。这些变化见于用 175μs、0.7J/cm^2 和 0.8mm 的光斑辐照之后，随着病变变为临床可见。④光学显微镜级：入射眼底的激光一部分先被厚度为 10μm 左右的色素上皮细胞吸收，另一部分被厚度为 100～150μm 的脉络膜吸收。色素上皮细胞中的黑色素粒为圆球形或椭圆形，直径约为 0.5～1μm，虽然色素上皮细胞大约厚 10μm，但黑色素粒却集中在紧靠锥体和杆体细胞顶端的厚为 3～4μm 的窄带内。因此司视觉的锥、杆体细胞极易受黑色素粒吸收激光后产生的热的影响。轻度损伤只累及色素上皮细胞及其邻近的锥、杆体细胞；比较重的损伤扩展到内、外核层；重度损伤则产生气泡和视网膜破口，气泡可进入玻璃体，视网膜内核层以外的各层有较大破坏，甚至缺损，往往合并明显的出血和脉络膜损伤。脉络膜的损伤以毛细血管和静脉损伤为主，表现为出血、毛细血管萎缩、血管壁细胞水肿、管壁加厚和变形。

2．近红外激光对眼的损伤

眼屈光介质对 8000～14000Å 谱段的近红外激光有一定的透过率，特别是 11000Å 左右的光，约有一半可透过眼屈光介质，另一半被眼屈光介质反射或吸收，因此，近红外激光的相当一部分可以透到眼底发生不自觉的聚焦，损伤视网膜，同时也因较多地被屈光介质吸收而损伤这些组织。在这一谱段中，以钕激光（波长为 1.06μm）为代表，现将其对眼的损伤分述如下。

（1）视网膜：钕激光对视网膜的损伤与红宝石激光大致相同，但欲引起同等损伤，钕激光的能量要增加 5～6 倍。视网膜的损伤主要表现为锥体和杆体细胞的破坏。

（2）角膜：人眼角膜对钕激光的吸收率约为 7%。根据裂隙灯检查的结果，要造成角膜接近阈值的损伤所需的钕激光能量为 1.5J。6～8J 的能量可对角膜造成重度损伤，表现为贯穿角膜全厚度的圆筒状病损，损伤部位的角膜完全混浊。

（3）晶体：晶体对钕激光的吸收率较高（人眼和兔眼晶体的吸收率为 15%），1.5J 的能量即可造成裂隙灯下看到的损伤。晶体的阈值损伤包括局限性和表层混浊。随着能量的增加，此种混浊沿着激光束的方向向后囊方向扩展。这种深层混浊与阈值损伤相反，是不可逆的。

（4）虹膜：在钕激光照射虹膜后的组织切片中，嗜碱性染色基质的典型反应是，有一局限性表层损伤区和一近色素层的更广泛的深层损伤区。

（5）巩膜：钕激光对巩膜的阈值损伤形成限界性充血，脉络膜色素聚集成片，以及邻近的巩膜呈稀疏的嗜碱性染色。较高的激光强度造成脉络膜视网膜粘连，眼球壁的所有组织水肿并终致穿孔。在玻璃体内、晶体内和邻近的房角结构中，可见副作用，并且往往比较明显。在修复过程中，分别可见巨噬细胞、睫状体萎缩或脉络膜、视网膜瘢痕。在受照眼球的病理标本中，晶体有自发性脱位，这表明睫状小带有弥漫性病变。

高能量的钕激光（如 80～120J）不仅可致眼球各层严重破坏改变，还可引起大脑形态学改变。从照射后的第 5 天开始，大脑发生退行性改变，但其不同于对大脑直接照射所产生的后果。其他的脑病变包括大脑水肿、视分析器内神经细胞的胞浆有空泡形成和脊髓神经纤维断裂等。

3．远红外激光对眼的损伤

远红外激光以二氧化碳激光为代表。二氧化碳激光的波长为 $10.6\mu m$，眼屈光介质对其是不透过的，它几乎完全被角膜吸收（吸收系数大于 1/150cm），其中 99.9%集中在角膜前部 $100\mu m$ 的上皮层和基质中，所以二氧化碳激光主要导致角膜损伤，其损伤机制为热性损伤。因此，在单次曝光阶段内，损伤是时间-温度的函数。二氧化碳激光致角膜产生不可逆损伤的阈值如图 2-10 所示。

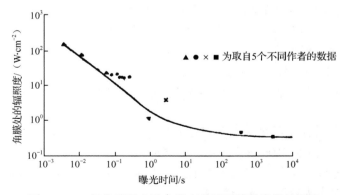

图 2-10　二氧化碳激光致角膜产生不可逆性损伤的阈值
（功率水平作为曝光时间的函数）

4．紫外光谱激光对眼的损伤

目前，较常用的紫外光谱激光为氮分子激光（工作波长为 0.3371μm）。但如果放电管是石英做的，则气体放电激光器有时也会产生有害的紫外线。若将放电管用不透紫外线的耐热玻璃制作或在石英放电管外面安装不透光外壳，则此种附带产生的紫外线为之消除。3000Å 以下的入射光基本上都被角膜吸收，3000～4000Å 的入射光大部分被角膜、少部分晶体及玻璃体吸收。故紫外光谱激光主要造成角膜和结膜发炎，称为光性眼炎（Photophthalmia），有时较低水平的辐射也会使人患光性眼炎。因为这一波段的光是看不见的，角膜和结膜组织对其吸收具有累积作用，因此症状可在曝光后迟发。发病时患者具有眼内异物感、畏光、流泪、眼痛等症状，这是因为角膜上皮剥脱，暴露了角膜的神经组织。这些症状往往在曝光后 0.5～24 小时才发生，故患者常在白天曝光晚上发病。有时低剂量的非直接反射紫外线，也可造成角膜的轻微损伤和眼部的不适症状。

2.4.3　影响激光眼损伤的因素

激光造成眼损伤的概率和程度，与激光的能量密度、发射或曝光时间、波长范围等因素有关。

（1）激光的能量密度：这是影响激光眼损伤的最重要的一个因素。激光的能量密度主要由激光器输出能量的大小决定。另外，它还受激光发散角大小、激光至眼的传输距离、在大气中的透射率，以及仪器光路中各光学面或介质对它的反射或吸收等因素的影响。

对于脉冲激光，激光束的最大辐射曝光强度一般以 J/cm^2 为单位；对于连续激光，激光束的最大辐照度一般以 W/cm^2 为单位。人可以接受的曝光量往往是不易判定的。如果激光束从来没被聚焦，并且比人的瞳孔还要大，则应当把每单位面积的输出能量（辐射曝光强度）或单位面积的功率（辐照度）作为定标数值。如果激光束已被聚焦或在输出后不能被察觉，则应当用其总的能量或功率输出。

（2）激光的发射或曝光时间：当激光器的输入能量相同时，连续激光的曝光时间越长，脉冲激光的发射时间越短，越容易引起眼部损伤。脉冲时间越短的激光，其峰值功率越大。

（3）激光的波长范围：激光的波长范围与眼损伤有密切的关系，因眼组织对不同波长的激光有不同的透射、散射、反射和吸收。眼屈光介质对可见光谱激光（4000～7600Å）的透射率很高，吸收率很低，故可见光谱激光主要造成眼底的损伤。近可见（近红外）激光（8000～14000Å）也有较高的透射率，同时又有较高的吸收率，故其既可引起眼底损伤，又可引起眼介质损伤。远红外激光与紫外光谱激光基本上不能透过眼屈光介质（角膜），故主要造成角膜的损伤。另外，对于近红外谱段的激光，角膜和晶体对其也有较高的吸收率，故也可致角膜损伤和晶体混浊。

（4）激光的功率：0.1W 的激光器就可以对眼造成潜在的危害，因为激光的亮度大、能量高、辐射发散角极小（0.1～10mrad），所以能形成极细的平行光束。这种光束通过角膜和晶体（相当于一个凸透镜）聚焦后在视网膜上形成非常小的光斑，激光的能量可以汇聚到这一极小的光斑上，从而大大提高激光的效应。

（5）瞳孔的大小：瞳孔的大小直接影响激光束进入眼底的多少。在激光束大于瞳孔直径的情况下，部分激光束将为瞳孔周围的虹膜所拦截。进入眼的总能量（或功率）和瞳孔的面积成正比，即和瞳孔直径的平方成正比。

（6）眼的屈光：对于一个正视眼来说，平行的激光束经过眼的自然聚焦，焦点会直接落到视网膜上，激光的效应发挥得最集中和最充分，故很容易造成眼底损伤。因此，正视眼如果直视略高于安全水平的激光束，就有损伤视网膜的危险。对于屈光不正的眼，特别是高度近视或高度远视，平行激光束的自然聚焦不会直接落到视网膜上，同样剂量的激光就不一定产生效应或引起损伤。但如果激光能量显著高过阈值水平，则屈光不正的眼底就算接受了非聚焦的激光束辐照也会引起损伤。有严重散光特别是不规则散光的眼，会影响激光在视网膜上的均匀成像，从而降低其效应。

（7）眼的取向：眼的注视方向，或者说激光对眼的投射方向或入射角度，会直接影响激光进入眼内的数量及其成像状况，从而影响激光的效应。如果激光束的入射方向同眼的注视方向或眼轴相平行，则激光将会聚于视网膜的黄斑区，成最小像，于是损伤此处视觉最敏锐的锥体细胞。直接注视激光束或其反射光束都可能造成这种损伤。反之，如果激光束的入射方向同眼的注视方向或眼轴有较大角度，或者眼睛斜视激光束，则大部分激光将被眼屈光介质的界面（主要是角膜的前表面）所反射，入射到眼内的激光及其效应则为之减少和减弱，不易造成损伤。

（8）眼底的色素含量和结构状况：由于色素组织极易吸收激光，故眼底的色素含量会影响激光对视网膜的损伤程度。眼底的色素含量因人而异，它大致同皮肤的色素含量一致。皮肤特别黑的人，其眼底的色素含量也相应多些，故可参考皮肤的颜色估计眼底的色素含量。眼底不同部位的色素含量也有所差别。另外，视网膜不同部位的结构状况和紧密程度也有所不同。这些因素对激光的眼底损伤也有一定影响。

出于安全考虑，相应的激光安全标准已经制定出来了。例如，美国国家标准研究所（American National Standard Institute，ANSI）把激光按输出大小分为 4 个类型，分别定出它们的安全措施，另外对作用于眼（直接光、扩散光）、皮肤的激光规定了安全临界值，如表 2-4 所示。

表 2-4　激光的安全临界值

激光类型	眼（直接光）	眼（扩散光）	皮肤
紫外线（0.3μm）	$10^{-1}J/cm^2$	$10^{-1}J/cm^2$	$10^{-1}J/cm^2$
可见光（脉冲 10ms）	$10^{-4}J/cm^2$	$2×10^{-2}J/cm^{2*}$	$0.3J/cm^2$
可见光（连续波）	$10^{-6}J/cm^2$	$2×10^{-3}J/cm^2$	$0.2J/cm^2$
红外线（连续波）	$10^{-1}J/cm^2$	$10^{-1}J/cm^2$	$10^{-1}J/cm^2$

注：*是扩散光的立体角，取 0.1Sr（球面角度）。

2.5　放射线的作用

自 1895 年发现 X 射线以来，放射线在医学上应用已久，近年来人工高能粒子线和同位素等也应用到了诊疗上。总之，人类对放射线的作用已经积累了丰富的知识。放射性核素在人们生产、生活的各个领域得到越来越广泛的应用，但放射线在造福人类的同时，过量照射会对人体造成有害的影响。辐射防护（Radiation Protection）的目的就是把放射线对人的影响减小到最低限度。只有掌握放射线对人体影响的相关知识和防护措施，才能趋利避害，化害为利。

放射线对人体的作用是一个复杂过程，受多种因素的影响，而放射线引起的机体损伤，也不是放射线所特有的，损伤同样可以由其他理化因素、生物因素等引起。影响外照射生物效应的因素主要有：射线种类和能量、吸收剂量、剂量率、照射范围的大小、受照射组织的辐射敏感性等。影响内照射生物效应的因素主要有：放射线在体内的分布、积聚的器官重要性、有效半衰期、放射线的种类和能量等。同时，由于广阔空间中存在着天然放射性物质，即存在天然本底照射（Natural Background Exposure），人在生产、生活中都不可避免地受到放射线照射，诱导细胞、组织的适应性反应。放射线除了对生物机体有害，自 20 世纪 80 年代中期以来的研究还发现一定限度的低剂量辐射对生命活动和代谢具有兴奋效应。分子生物学和细胞生物学的发展促进了人们对辐射损伤的认识。

目前，医疗照射在人受到的人工辐射源照射中居于首位。这给医务工作者和卫生防护人员提出了新的课题，即在应用电离辐射和放射性核素诊断或治疗疾病时必须遵从合理化和最优化的原则，切实加强防护措施，尽可能地减少不必要的照射，在一次诊断过程中患者受到的局部照射剂量变化很大，相当于天然辐射年剂量当量的 1～50 倍。放射治疗时患者受到的局部照射剂量更大，在一个疗程内（通常为几周）所受的照射剂量可高达放射诊断的几千倍。在居民受到的各种人工辐射中，医疗照射的人均剂量最大，其给予组织器官瞬时高剂量照射，因此，医疗照射引起了人们的特别关注。

医疗照射通常限于身体的局部，照射剂量在组织中的分布很不均匀，为了比较各种类型的照射，可采用有效剂量。在工业发达的国家，电离辐射和放射性药物诊断时引起的年集体有效剂量可能是天然辐射源引起的 50%，这个数值在发展中国家约为 10%，全世界应用电离辐射进行诊断疾病引起的年集体有效剂量大约为天然辐射源引起的 20%，即平均年有效剂量约为 0.4mSv。

放射治疗是以辐射损伤为代价的。应用放射治疗引起疾病的有效剂量未进行估算，因为有效剂量的概念基于剂量和效应之间的线性假设。如果器官受照剂量超过几戈瑞（Gy，剂量单位），则非随机性效应的危险变成主要危险，有效剂量不再适用于此类危险，而放射治疗应用的剂量往往超过几戈瑞。同时也因为放射治疗通常施于生命处于末期的肿瘤患者，在患者有限的寿命期内，出现由辐射引起的长期或潜在的有害后果的概率很低。

衡量放射线生物效应（Biological Effect）及危险（Hazard）的辐射剂量被称为当量剂量（Equivalent Dose），单位是希沃特（sievert，Sv），旧制单位是雷姆（rem），$1Sv = 100rem$。单位质量受照物体吸收的放射线平均能量被定义为吸收剂量（Absorbed Dose），单位是戈瑞（gray，Gy），表示为焦耳/千克，简写为 J/kg。Sv 等于吸收剂量乘以品质因数（Quality Factor）Q。在核医学中，日常使用的 γ 射线、X 射线、β 射线正电子的 $Q = 1$，即 $1Sv = 1Gy$。而对于中子，$Q = 10$，α 射线的 Q 值是 20。照射量是一种辐射剂量的度量，即离放射源一定距离的物体所接受的放射线的多少，单位是库仑/千克，即 C/kg，即以在单位质量受照物质中放射线能量全部转换成的同一符号电量的值来表示。照射量除了与放射源的活性有关，还与受照物体与放射源的相对位置有关。离放射源越远，照射量越小。

2.5.1　放射线对机体组织的损伤

1．造血组织

血液的有形细胞（血细胞）包括红细胞、白细胞和血小板三种，造血组织有骨髓、脾脏、淋巴结及分散在全身的单核和巨噬细胞（也称网状内皮组织）。成熟的血细胞是由造血干细胞（Hemopoietic Stem Cell）、造血祖细胞（Hemopoietic Progenitor Cell）和各种前体细胞生成的。造血干细胞是在骨髓内生成的，能分化为造血祖细胞及自我复制，又称为全能干细胞。造血祖细胞分化为各种血细胞的前体细胞，进一步分化成各类血细胞，故造血祖细胞又称为多能祖细胞。造血干细胞是保证机体正常造血及造血组织损伤后恢复造血功能的关键细胞。

　　造血组织与体内小肠黏膜上皮细胞、生殖细胞等都是增殖快、不断更新的组织，对放射线高度敏感。造血组织的辐射损伤可以通过外周血细胞的变化反映，易于观测，故有生物剂量仪之称。

　　（1）造血组织损伤的特点主要有：①血液系统的辐射损伤主要是造血细胞增殖能力的抑制或丧失；②造血组织损伤程度可以反映受照剂量的大小，受放射线照射后很快就有血细胞数量的减少。血液系统的变化是辐射损伤临床诊断和预后判断的标准。

　　（2）造血干细胞有极高的辐射敏感性，受放射线照射后，造血干细胞数量随受照剂量呈指数规律下降。受较大剂量照射后，造血干细胞被破坏，数量急剧减少，余下的部分通过自我复制和分化为造血祖细胞来恢复造血功能，有极大的潜在修复能力。在受到极其严重的辐射损伤后，必须进行干细胞移植，轻度损伤时也可采取输血治疗等措施。

　　（3）外周血细胞的变化：放射线对外周血细胞的作用不明显，主要是对造血细胞增殖能力的抑制使血细胞的来源减少，引起外周血细胞数量的下降，较大剂量的照射也能引起血细胞寿命的缩短。

　　① 红细胞：由于成熟红细胞的寿命较长，受照后外周红细胞数要经过较长时间才有变化，一般要两周以后才能出现红细胞数和血红蛋白数的降低。贫血持续数周后可自行恢复。大剂量照射后可引起红细胞损伤，使其寿命缩短。小鼠和大鼠经 3～6Gy 放射线照射后，红细胞的寿命缩短至 30～60 天，贫血会较早出现并加剧。

　　② 白细胞：受照射后白细胞数急剧减少，这是因为白细胞寿命短、造血组织受损和来源中断。同时，白细胞比红细胞辐射敏感性高，特别是末梢血中的淋巴细胞受放射线照射后可直接死亡，照射后 15 分钟即可观察到淋巴细胞的减少，测定照射后 12～48 小时淋巴细胞的绝对数量可判断辐射损伤的程度及受照剂量的大小。因这一时期体内储存的白细胞被释放入血液而引起白细胞总数的一时性升高，不测淋巴细胞绝对数量易造成误诊。

　　白细胞总数在受照后 24 小时内出现短暂的升高然后下降，10～15 天可出现暂时性回升，这时的回升是由受损较轻的造血干细胞、造血祖细胞分裂增殖带来的，但这些受损的造血干细胞、造血祖细胞分裂增殖后可发生不同程度的坏死或凋亡。暂时性回升后，白细胞数继续减少，达到最低值后逐渐恢复正常。

　　③ 血小板：血小板的寿命约为 9～10 天，受放射线照射后 1～2 周内下降较慢，降到最低值后逐渐恢复。达到最低值的时间和下降的程度与受照剂量有关。大剂量照射也会导致血小板的形态及功能改变，损伤凝集和抗出血功能，发生出血倾向。

2．生殖系统

　　男性性腺有两种主要功能，即由曲细精管产生精子和由间质细胞分泌男性激素。精子的产生是从精原干细胞、精原细胞、初级精母细胞、次级精母细胞、精子细胞到精子的演变过程。放射线的影响主要是抑制精原干细胞和精原细胞的分裂，精母细胞和精子细胞则能继续分裂，对成熟精子的影响不大，因此总体效果就是精子数减少。女性性腺具有产生卵细胞和分泌女性激素的功能，卵细胞的成熟经历了从卵原细胞到卵母细胞，再到卵细胞的演变过程，但女性的所有卵原细胞在胚胎时期就已发育到卵母细胞阶段，故女性性腺的辐射敏感性较男性性腺略低。一次大剂量放射线全身照射，如原子弹爆炸和核事故，可以引起停经等月经异常。据文献报道，男、女受照人员经 1.5Gy 全身一次照射可引起短时间的生殖能力降低，经 5.0Gy 的全身一次照射可引起 1～2 年，甚至更长时间的无生育，一般 8.0Gy 以上的全身一次照射可能使生殖能力难以恢复。

3．成年人中枢神经系统

成年人中枢神经系统属于辐射敏感性不太高的组织，但一旦发生损伤，往往就是不可逆的。在动物实验中，1Gy 照射可引发脑电图的异常，一次数十戈瑞以上的照射可引起脑组织水肿、出血，严重者可引起神经细胞坏死等形态学改变，患者出现无力、嗜睡，甚至昏迷等症状。5000Gy 以上的一次大剂量照射，可引起受照者全身痉挛，乃至死亡。

4．消化道黏膜

消化道黏膜特别是小肠绒毛上皮细胞更新快、增生活跃，辐射敏感性很高。受放射线照射后，很快引起上皮细胞的分裂抑制及肠淋巴组织破坏。由于食物残渣等的刺激，易伴发感染。所以在受放射线照射的早期会出现恶心、呕吐、食欲不振等症状，继而出现腹泻、便血等消化道症状。

5．皮肤

皮肤也是辐射敏感性较高的组织之一，常见的症状是毛发脱落，指甲发育不良等。皮肤的附属组织有毛发、指（趾）甲、汗腺等。一般一次全身照射 2Gy 以上，患者约 2 周后开始出现脱发，数月后逐渐恢复。较大剂量照射可引起局部红斑、溃疡等。

全身受放射线照射时，表现出来的是对脏器的综合影响。放射线剂量对人体的影响如表 2-5 所示。

表 2-5　放射线剂量对人体的影响

剂量/10^{-2}Gy	影　　响
0～50	对血液稍有影响，但无重大影响
50～100	恶心、疲劳感、白细胞一时减少，没有重大危害
100～1000	症状逐渐加剧，出现发热、出血和下痢等，2Gy 左右时开始发生死亡
1000 以上	人全部死亡

2.5.2　辐射防护的一般措施

防护的目的在于控制辐射对人体的影响，使之保持在可以合理达到的最低水平，保障个人所受的照射剂量不超过规定的标准。一般来说，涉及外照射防护的辐射主要包括 X 射线、β 射线、γ 射线和中子射线等，一般的防护措施包括控制时间、控制距离、屏蔽防护等。

1．控制时间

在剂量率不变的情况下，剂量与时间成正比。通过控制接触放射源或受照时间，可以达到减少受照剂量的目的。操作时间越短，人员所受的照射剂量就越小，这就要求放射性作业人员操作熟练、步骤简单易行。因此，对于放射性作业，往往需要进行预操作，工作人员需要在空源的状态下，熟悉操作步骤，一旦进入实际状态，就能够在较短的时间内一次性完成操作。除非工作需要，应避免在电离辐射场所中进行不必要的逗留；即使工作需要，也应在可能的情况下减少在电离辐射场所中的逗留时间。在某些场合下，作业人员不得不在强辐射环境中持续操作一段时间，此时可采取轮流、替换办法，限制每个人的操作时间，使每个人所受的照射剂量控制在拟定的限值以内。

2．控制距离

人体受到照射的剂量率是随离电离辐射源距离的增大而减小的。对于 γ 点状源（即所关心的那个位置与源的距离相当于源尺寸的 5 倍以上）来说，剂量率与距离的平方成反比，也就是说，距离增加一倍，剂量率则减少到原来的 1/4。可见，利用距离进行防护的效果十分显著。为了增加操作距离，我们可利用或自制一些结合具体情况的操作工具，如钳子、镊子或具有不同功能的长柄器械或机械手，以此来进行远距离操作，使控制室或控制台与放射源之间有足够的距离。

3．屏蔽防护

在人体与放射源之间设置屏蔽装置，使放射线逐步衰减和被吸收是一种安全而有效的措施。X 射线、γ 射线通过屏蔽装置时，受照剂量呈指数衰减。屏蔽 X 射线、γ 射线常用铅、钨等高原子序数物质（High Atomic Number Material）作为屏蔽材料，墙壁可采用钢筋混凝土。β 射线用有机玻璃、铝、塑料等低原子序数物质（Low Atomic Number Material）作为屏蔽材料。不同放射线应选用不同的屏蔽材料，如高原子序数物质铅对 X 射线、γ 射线辐射有很好的屏蔽作用，但对中子射线几乎不起屏蔽作用。在实施屏蔽时，我们也要考虑到散射线、漏射线等的防护。

思考题

1．低频电流对人体造成的伤害与什么因素有关？
2．加速度对人体的影响表现在哪些方面？
3．噪声对人体的影响有哪些？
4．影响激光眼损伤的因素有哪些？
5．放射线对人体组织的损伤主要表现在哪些方面？
6．辐射防护的一般措施是什么？

第3章 医用电气设备电击防护

3.1 直接电击防护措施

3.1.1 绝缘

绝缘是指利用绝缘材料对带电体进行封闭和隔离，使电流按照确定的线路流动，防止出现电气短路、触电事故的电气安全措施。良好的绝缘是电气系统正常运行的基本保证。

绝缘材料（也称为电介质）的主要作用是对带电体或不同电位的导体进行隔离。绝缘材料的导电能力很弱，但不是绝对不导电。根据材料的物理状态，绝缘材料一般分为三类。

1）气体绝缘材料

常用的气体绝缘材料有空气、氮气、氢气、二氧化碳和六氟化硫（SF_6）等。例如，架空高压输电线路的对地绝缘，除了采用绝缘子，还需要利用空气作为绝缘材料。六氟化硫作为性能优良的气体绝缘材料，广泛用于高压断路器等电气设备中。

2）液体绝缘材料

常用的液体绝缘材料有从石油中提炼的绝缘矿物油，十二烷基苯、聚丁二烯、硅油、三氯联苯等合成油，以及蓖麻油等天然油等。例如，在变压器、电容器和电缆中使用的均是液体绝缘材料。

3）固体绝缘材料

常用的固体绝缘材料有树脂绝缘漆纸、纸板等绝缘纤维制品，漆布、漆管和绑扎带等绝缘浸渍纤维制品，绝缘云母制品，电工用薄膜、复合制品和黏性胶带，电工用层压制品，电工用塑料和橡胶，以及（钢化）玻璃、陶瓷、环氧树脂等。固体绝缘材料同时具有绝缘和支撑作用，在电气系统中使用最广泛。

电气设备的质量和使用寿命在很大程度上取决于绝缘材料的电、热、机械和理化性能，其中电气性能是决定设备电气安全性的重要指标。

1. 绝缘材料的电气性能

绝缘材料的电气性能主要指材料的导电性能、介电性能及绝缘强度等，分别用绝缘电阻率 ρ（或电导率 γ）、相对介电常数 ε_r、介质损耗角正切值 $\tan\delta$ 等参数来表示。

1）绝缘电阻率 ρ 和电导率 γ

（1）概念。

绝缘电阻率和绝缘电阻是绝缘结构和绝缘材料的主要电气性能参数。任何电介质都不会完全绝缘，材料内部总存在一些带电质点，以本征离子和杂质离子为主。在电场的作用下，电介质中的带电质点做有方向的运动。对于固体，电流的传导途径有两种，即体积途径和表面途径。对应地，有两种电阻率，即体积电阻率 ρ_v 和表面电阻率 ρ_s。当电流通过体积途径传导时，体积电阻正比于所流经材料的长度，而反比于电极的接触面积。可以推知，体积电阻率 ρ_v 的单位是 $\Omega \cdot m$。同样，当电流通过表面途径传导时，表面电阻正比于所流经材料的长度，而反比于电极的宽度。可以推知，表面电阻率 ρ_s 的单位是 Ω。

任何电介质中的带电粒子都会沿电场方向做有规则的运动，形成电流，这种物理现象称为电介质的电导。任何电介质都具有一定的电导，表征电导大小的物理量是电导率，通常用 γ 表示，它决定着电介质的绝缘性能。几种常用电介质的电导率如表 3-1 所示。

表 3-1 几种常用电介质的电导率

类 别		名 称	电导率 γ（20℃）/ (S·m^{-1})
液体	弱极性	变压器油	$10^{-15} \sim 10^{-12}$
		硅有机油	$10^{-15} \sim 10^{-14}$
	极性	蓖麻油	$10^{-12} \sim 10^{-10}$
固体	中性	石蜡	10^{-16}
	弱极性	聚四氟乙烯	$10^{-18} \sim 10^{-17}$
		聚苯乙烯	$10^{-18} \sim 10^{-17}$
		松香	$10^{-16} \sim 10^{-15}$
		沥青	$10^{-16} \sim 10^{-15}$
	极性	纤维素	10^{-14}
		胶木	$10^{-14} \sim 10^{-13}$
		聚氯乙烯	$10^{-16} \sim 10^{-15}$
	离子性	云母	$10^{-16} \sim 10^{-15}$
		电瓷	$10^{-15} \sim 10^{-14}$

（2）影响因素。

温度、湿度、杂质含量和电场强度的升高都会降低电介质的电阻率。

温度升高时，分子热运动加剧，使离子容易迁移，电阻率按指数规律下降。

湿度升高时，一方面水分的侵入增加了电介质的导电离子，使绝缘电阻下降；另一方面，对于亲水材料，水分还会大大降低其表面电阻率。电气设备特别是户外设备，在运行过程中，往往因为受潮使电介质电阻率下降，造成漏电流过大而使设备损坏。因此，为了预防事故的发生，应定期检查设备绝缘电阻的变化。

杂质含量的升高，增加了电介质内部的导电离子，也使电介质表面被污染并吸附水分，从而降低了体积电阻率和表面电阻率。

在较高的电场强度作用下，固体和液体电介质的离子迁移能力随电场强度的升高而增强，使电阻率下降。当电场强度临近电介质的击穿电场强度时，因出现大量电子迁移，绝缘电阻按指数规律下降。

2）极化和介电常数

电介质在没有外部电场的情况下一般对外不显示电气性能，但当电介质受到电场作用时，电介质中的正、负电荷发生偏移，出现极化。

（1）概念。

电介质的极化是指处于电场作用下的电介质，其中的原子发生正电荷和负电荷偏移，使得正、负电荷的中心不再重合，形成电偶极子及其定向排列。电介质极化后，在其表面上产生束缚电荷。束缚电荷不能自由移动。

介电常数是表示电介质极化特征的性能参数。介电常数越大，电介质极化能力越强，产生的束缚电荷就越多。束缚电荷能产生电场，且该电场总能削弱外电场。因此，电介质周围的电场强度，总是低于同样带电体处在真空中时的周围电场强度。

（2）影响因素。

绝缘材料的介电常数受电源频率、温度、湿度等因素的影响而产生变化。

随着电源频率的增加，有些极化过程在半周期内来不及完成，以致极化程度下降，介电常数减小。

随着温度的增加，电偶极子更容易极化，介电常数增大；但当温度超过某一限度后，由于热运动加剧，极化反而更困难一些，介电常数减小。

随着湿度的增加，材料吸收水分，由于水的相对介电常数很高，并且水分的侵入能增强极化作用，电介质的介电常数会明显增大。因此，通过测量介电常数，能够判断电介质受潮程度等。

气压对气体材料的介电常数有明显影响，压力增大，气体密度就增大，相对介电常数也增大。

3）介质损耗

电介质在电压作用下有能量损耗。损耗分为两种，一种是由极性电介质中的电偶极子极化和多层电介质的夹层极化等引起的极化损耗；另一种是由电介质电导引起的电导损耗。在直流电压的作用下，电介质中不存在周期性的极化过程，只存在由电导引起的电导损耗；在交流电压的作用下，除电导损耗外，还存在由周期性极化引起的极化损耗。

在交流电压的作用下，电介质中的部分电能不可逆地转变成热能，单位时间内消耗的能量称为电介质功率损耗，简称介质损耗。介质损耗产生的原因既可以是漏电流，也可以是电介质极化。介质损耗使电介质发热，加速绝缘老化，是电介质发生热击穿的根源。使绝缘材料产生介质损耗的因素主要有电源频率、温度、湿度、电场强度和辐射，影响过程比较复杂。从总体趋势上来说，随着上述因素的增强，介质损耗增加。

2．绝缘的破坏

很多因素会影响电气设备的绝缘性能。电气设备在制造、运输过程中可能产生潜伏性缺陷，在长期运行过程中可能受到正常运行电压和过电压、热、化学、机械、生物等因素的影响而逐渐劣化，并发展成缺陷。

绝缘的缺陷一般可分为集中性缺陷和分布性缺陷两大类。集中性（或局部性）缺陷是指绝缘的某个部分或某几个部分存在缺陷，而剩余部分完好无损。例如，瓷件局部开裂、发电机绕组线棒端部绝缘局部磨损或开裂、绝缘内部有气泡等。这种缺陷在一定条件下发展很快，会波及整体。分布性缺陷是指绝缘在各种因素影响下产生的整体绝缘性能下降。例如，绝缘整体受潮、变压器油变质、固体有机绝缘老化等。这种缺陷是缓慢发展的。

绝缘出现缺陷后，在电场的作用下，会出现诸如极化、电导、损耗和击穿等各种物理现象，电气性能及其他绝缘性能就要发生变化，导致绝缘破坏。绝缘破坏的形式有绝缘击穿、绝缘老化和绝缘损坏三种。

1）绝缘击穿

电介质的极化、电导和损耗是电介质在弱电场作用下表现出的固有电气性能。在强电场作用下，当电场强度超过某一临界值时，会使通过电介质的电流突然增加，电介质完全失去绝缘性能，形成导电通道，这种现象称为电介质的绝缘击穿。击穿时加在电介质两端的电压称为击穿电压，电场强度称为击穿场强。在均匀电场中，击穿场强等于击穿电压与电介质两极间距离的比值；在不均匀电场中，该比值被称为平均击穿场强。击穿场强（平均击穿场强）反映了电介质耐受电场的能力，即电气强度。

（1）气体电介质的击穿。

空气、六氟化硫等气体是电力系统中应用相当广泛的绝缘材料，研究它们的击穿原理具有重要的现实意义。气体击穿（也称气体放电）是由碰撞电离导致的电击穿。在强电场中，气体的带电质点（主要是电子）在电场中获得足够的动能，当它与气体分子发生碰撞时，能够使中性分子电离为正离子和电子。新形成的电子又在电场中积累能量而碰撞其他分子，使其电离，这就是碰撞电离。碰撞电离过程是一个连锁反应过程，每一个电子碰撞产生一系列新电子，因而形成电子崩。电子崩不断向阳极移动，最后形成一条具有高电导的通道，导致气体击穿发生。气体绝缘技术在电力系统中应用非常广泛，为了减小高压电气设备的尺寸，我们总希望在保持安全运行的条件下尽可能地缩小气体间隙，这就要求我们尽量提高气体间隙的击穿电压。根据气体击穿的基本过程，提高击穿电压的途径有两个：一个是改善电场分布使其尽量均匀；另一个是采取措施尽可能地削弱气体间隙中的游离过程。

① 改进电极形状及表面状态。在均匀电场和稍不均匀电场中，气体间隙的平均击穿场强比极不均匀电场中的要高得多。一般电场分布越均匀，气体间隙的击穿电压就越高，因此可以适当地改进电极形状，增大电极的曲率半径，使电场分布更加均匀，从而提高气体间隙的击穿电压。同时，电极表面及边缘应避免出现毛刺和尖角等。例如，高压输电线路上的所有金属应经过加热镀锌处理，使其表面上覆盖光滑的锌层，以消除因局部电场增强出现的电晕。

② 在极不均匀电场中采用极间障。在极不均匀电场的气体间隙中放入绝缘纸或纸板，在一定条件下可以显著提高气体间隙的击穿电压。放入的绝缘纸或纸板称为极间障，也叫屏障，它本身的击穿电压并不高，主要作用是阻止空间电荷的运动，使空间电荷均匀地分布在屏障上，起到改变电场分布的作用，从而使气体间隙的击穿电压提高。

实验证明，当屏障放置在棒-板间隙中距棒电极约15%～20%的极间距离时，外施电压不论是直流还是交流，气体间隙的击穿电压都提高很多，可达到无屏障时的2～3倍。屏障的存在使气体间隙80%～85%的空间电场分布得到改善，从而提高了气体间隙的击穿电压。

③ 采用高气压气体。由巴申定律可以知道，提高气体压力可以提高气体间隙的击穿电压。在均匀电场中，当温度一定、电极距离不变、气体压力很低时，气体中分子稀少，碰撞游离机会很少，因此击穿电压很高。随着气体压力的增大，碰撞游离机会增加，击穿电压有所下降，在某一特定的气压下出现最小值；但当气体压力继续升高、密度逐渐增大、平均自由行程很小时，只有更高的电压才能使电子积聚足够的能量并发生碰撞游离，击穿电压也逐渐升高。利用此规律，在工程上常采用高真空和高气压来提高气体的击穿场强。空气的击穿场强约为 25～30kV/cm。

④ 采用高真空条件下的气体。根据巴申定律，当间隙中的气体压力低至接近真空时，击

穿电压将显著提高。此时间隙中的空气极为稀薄，基本上不会发生碰撞，在真空中发生放电现象的机理发生根本性的变化，主要靠强电场下阴极释放电子来击穿真空。真空绝缘在电力系统中也有应用，如真空断路器等。

⑤ 采用高电气强度气体。实践证明，许多含有卤族元素的气体化合物的耐电强度比空气高得多，称为高电气强度气体。例如，六氟化硫、氟利昂等，其耐电强度是空气的 2.3～2.6 倍。

高电气强度气体之所以具有较高的耐电强度（或绝缘强度），是因为它们的分子具有很强的电负性，容易吸附一个自由电子成为活动能力很差的负离子，使游离能力很强的电子数减少，削弱了游离过程，并且形成负离子后，增加了与正离子复合的机会。此外，这类气体的分子量较大，分子直径也较大，使得电子在两次碰撞之间经过的路径缩短，不易积聚起足够的动能，从而削弱了其碰撞游离的能力。

（2）液体电介质的击穿。

液体电介质的击穿特性与材料本身的纯净度有关，一般认为纯净液体的击穿与气体的击穿机理相似，是电子碰撞电离导致的击穿。但液体的密度大，电子自由行程短，积聚能量小，因此击穿场强比气体高。纯净的液体电介质在均匀电场小间隙中的击穿场强可达到 1MV/cm。然而，工程应用中的液体电介质可能从空气中吸收水分，各种纤维可能从固体电介质中脱落进入液体电介质，液体电介质老化变质可能产生气体、水分和新聚合物等，所以工程上液体电介质中通常含有一定量的气体、水分和纤维等杂质。

当液体中含有乳化状水和纤维时，由于水和纤维的极性强，它们在强电场的作用下会极化并定向排列，逐步运动到电场强度最高处联成小桥，小桥贯穿两电极引起电导剧增，局部温度骤升，最后导致击穿。例如，变压器油中只要含有极少量水就会大大降低油的击穿场强。

含有气体杂质的液体电介质的击穿可以用气泡击穿机理来解释。气体杂质的存在使液体呈现不均匀性，液体局部过热，气体迁移集中，在液体中形成气泡。由于气泡的相对介电常数较低，使得气泡内的电场强度较高，约为液体内电场强度的 2.2～2.4 倍，而气体的临界场强比液体低得多，致使气泡电离，局部发热加剧，体积膨胀，气泡扩大，形成连通两电极的导电小桥，最终导致整个电介质的击穿。液体电介质被击穿后，绝缘性能在一定程度上可以得到恢复。由于杂质的存在，工程用液体电介质的击穿过程与纯净液体电介质截然不同，其击穿场强也明显不同。例如，纯净的变压器油的击穿场强可达到 4000kV/cm 以上，而工程用变压器油的击穿场强为 120～250kV/cm。

因此，在液体电介质使用之前，必须对其进行纯化、脱水、脱气处理，还要在使用过程中避免杂质的侵入。

（3）固体电介质的击穿。

电力系统中的一些电气设备常用固体电介质作为绝缘和支撑材料。固体电介质被击穿后会出现烧痕或孔洞状的放电通道，再也不能自行恢复其绝缘性能，即被击穿后便永远丧失了绝缘性能。

固体电介质的击穿会受到热、机械力、化学腐蚀等的影响，击穿过程与击穿形式有关。固体电介质的击穿有电击穿、热击穿、电化学击穿、放电击穿等形式。

① 电击穿。电击穿是固体电介质在强电场作用下，内部少量电子剧烈运动，与晶格上的原子（或离子）碰撞后电离，破坏了固体电介质的晶格结构，并迅速扩展下去导致的击穿。电击穿的主要特点是击穿时间极短，约为 10^{-8}～10^{-6}s；击穿电压很高，击穿场强可达到 10^5～

10^6kV/cm；电介质发热不明显；电击穿的击穿场强与电场均匀程度密切相关，但与环境温度及电压作用时间几乎无关。

当电介质的电导或介质损耗很小，有良好的散热条件，且介质内部不存在局部放电时，固体电介质的击穿通常为电击穿。

② 热击穿。在强电场作用下，固体电介质因介质损耗等原因所产生的热量不能够及时散发出去，发热量大于散热量，温度升高，导致局部熔化、烧焦或烧裂，从而完全丧失绝缘特性而被击穿。热击穿的特点是电压作用时间长，击穿电压较低，约为 $10^3 \sim 10^4$kV/cm。

热击穿电压与环境温度、电压作用时间、电源频率、散热条件有关，还与周围介质的导热性能及电介质本身的导热系数、损耗、厚度等有关。热击穿电压随环境温度的上升而下降，但与电场均匀程度关系不大。

③ 电化学击穿。电化学击穿是固体电介质在强电场作用下，由电离、发热和化学反应等因素的综合效应造成的击穿。电化学击穿的特点是电压作用时间长，击穿电压往往很低。它与绝缘材料本身的耐电离性能、制造工艺、工作条件等因素有关。

④ 放电击穿。放电击穿是固体电介质在强电场作用下，内部气泡首先发生碰撞电离而放电，继而加热其他杂质使之气化形成气泡，并由气泡放电进一步发展导致的击穿。放电击穿的击穿电压与电介质的质量有关。

提高固体电介质击穿电压的措施如下。

① 提高固体电介质的均匀致密程度。通过精选材料、改善工艺、真空干燥、加强浸渍（油、胶、漆）等方法，尽可能地清除固体电介质中残留的杂质、气泡和水分等。

② 改进绝缘设计。采取合理的绝缘结构使各部分的绝缘强度与其所承担的场强相配合；改善电极形状及表面粗糙度使电场分布均匀；改善电极与绝缘的接触状态，消除接触处的气体间隙或使接触处的气体间隙不承受电压（如采用半导体漆等）。

③ 改善运行条件。例如，注意防潮、防污和防腐蚀，加强散热冷却，防止臭氧及有害气体与电介质的接触等。

实际上，绝缘结构在发生击穿时，电、热、放电、电化学等多种效应往往是同时存在的，很难将它们分开。一般来说，在 tanδ 值大、耐热性差的低压电气设备中，在工作温度高、散热条件差时，热击穿较为多见。而在高压电气设备中，放电击穿的概率就大一些。脉冲电压下的击穿一般属于电击穿。当电压作用时间达数小时乃至数年时，大多数击穿属于电化学击穿。

2）绝缘老化

在运行过程中，电气设备的绝缘材料由于受热、电、光、氧、机械力（包括超声波）、辐射、微生物等因素的长期作用，产生一系列不可逆的物理变化和化学变化，导致绝缘材料的电气性能和机械性能发生劣化。绝缘老化过程十分复杂，就其老化机理而言，主要有热老化和电老化。

（1）热老化。

在低压电气设备中，热通常是导致绝缘材料老化的主要因素。热老化的形式包括低分子挥发性成分的逸出，材料的解聚和氧化裂解、热裂解、水解，材料分子链继续聚合等。

每种绝缘材料都有极限温度，当超过这一温度时，老化将加剧，电气设备的寿命将缩短。在电工技术中，常把电机和电器中的绝缘结构和绝缘系统按耐热等级进行分类。如表 3-2 所示是我国绝缘材料相关标准中规定的绝缘耐热分级及其极限温度。

表 3-2　绝缘耐热分级及其极限温度

耐 热 分 级	极限温度/℃	耐 热 分 级	极限温度/℃
Y	90	F	155
A	105	H	180
E	120	C	>180
B	130		

（2）电老化。

电老化主要是由局部放电引起的。在高压电气设备中，促使绝缘材料老化的主要原因是局部放电。局部放电时产生的臭氧、氮氧化物、高速粒子都会降低绝缘材料的性能，局部放电还会使材料局部发热，加速材料性能恶化。

3）绝缘损坏

绝缘损坏是指不正确选用绝缘材料，不正确地进行电气设备及线路安装，不合理地使用电气设备等，导致绝缘材料受到外界腐蚀性液体、气体、潮气、粉尘的污染和侵蚀，或者受到外界热源、机械因素的作用，在较短或很短时间内失去绝缘材料的电气性能或机械性能的现象。另外，动物和植物也可能破坏电气设备和电气线路的绝缘结构。

3.1.2　屏护和间距

屏护和间距是最为常见的电气安全措施之一。从防止电击的角度看，屏护和间距属于防止直接电击的安全措施。此外，屏护和间距也是防止短路、故障接地等电气事故的安全措施。

1. 屏护

1）屏护的概念、种类及其应用

屏护是一种对电击危险因素进行隔离的手段，即采用遮栏、护罩、护盖、箱匣等把危险的带电体同外界隔离开来，以防止人体接触或接近带电体引起触电事故。屏护还起到防止电弧伤人、防止弧光短路或方便检修的作用。

屏护可分为屏蔽和障碍（或称阻挡物），两者的区别在于后者只能防止人体无意识接触或接近带电体，而不能防止有意识移开、绕过或翻越该障碍接触或接近带电体。从这点上来说，前者属于一种完全的防护，而后者属于一种不完全的防护。

屏护装置又有永久性屏护装置和临时性屏护装置之分，前者有配电装置的遮栏、开关的罩盖等；后者有检修工作中使用的临时屏护装置和临时设备的屏护装置等。

屏护装置还可以分为固定屏护装置和移动屏护装置，如母线的护网就属于固定屏护装置；而跟随天车移动的天车滑线屏护装置就属于移动屏护装置。

屏护装置主要用于电气设备不方便绝缘或绝缘不足以保证安全的场合。例如，开关装置的可动部分一般不能加以绝缘，因此需要屏护。对于高压设备，由于全部绝缘往往有困难，因此，不论高压设备是否有绝缘，均要求加装屏护装置。室内外安装的变压器和变配电装置应装有完善的屏护装置。当作业场所邻近带电体时，在作业人员与带电体之间、过道、入口等处均应装设可移动的临时性屏护装置。

2）屏护装置的安全条件

尽管屏护装置是简单装置，但为了保证其有效性，须满足条件：屏护装置所用材料应有足够的机械强度和良好的耐火性能；为防止因意外带电而造成触电事故，对金属材料制成的屏护装置必须实行可靠的接地或接零；屏护装置应有足够的尺寸，与带电体之间应保持必要的距离；遮栏、栅栏等屏护装置上应有"止步，高压危险！"等标志；必要时，屏护装置应配合采用声光报警信号和联锁装置。

2．间距

间距是指带电体与地面之间、带电体与其他设备和设施之间、带电体与带电体之间必要的安全距离。间距的作用是防止人体接触或接近带电体造成触电事故；避免车辆或其他器具碰撞或过分接近带电体造成事故；防止火灾、过电压放电及各种短路事故，以及方便操作。在间距的设计选择时，既要满足安全要求，又要符合人机工效学要求。

3.2　间接电击防护措施

供电系统的接地式电网种类很多，按电压可分为 1000V 以上的高压电网和 1000V 及以下的低压电网，按电流种类可分为交流电网和直流电网，按相数可分为三相电网和单相电网，按用途可分为动力电网、照明电网和专用电网，按运行方式可分为直接接地电网、经阻抗接地电网和不接地电网等。

最常见的接地式电网是三相电网，有 3 种运行方式。

1）中性点直接接地的三相四线制电网

从安全角度考虑，这种电网在抑制过电压、减少故障条件下的触电危险等方面有明显的优点，而且三相四线制电网能提供两组电压，同时供给动力和照明用电，大大节省了变配电设备成本，有良好的经济性能。因此，世界各国绝大部分地区都采用这种电网。

2）不接地的三相电网

在过电压危险性不大、供电连续性要求较高、对地绝缘水平高、对地分布电容不大的场合，宜采用不接地电网。在我国，这种电网主要用于矿井。

3）经阻抗接地的三相电网

当采用不接地电网且需要消除谐振危险时，可将电网带电部分经阻抗接地，以代替不接地电网。

应该指出，不同的电网应采取不同的防护方式，不同电网中的用电设备则应采取不同种类的安全防护措施。除矿井等少数特殊场合外，我国最常用的电压为 380/220V，采用星形连接、中性点直接接地的三相四线制电网。

国际电工委员会（IEC）将低压电网按配电制度及保护方式分为 TN 系统、TT 系统、IT 系统。TN 系统是中性点直接接地的接零保护系统，即电气设备的金属外壳与工作零线相接的配电系统；TT 系统是中性点直接接地，电气装置的外露可导电部分通过保护接地线接至与电力系统接地点无关的接地极的配电系统；IT 系统是电源中性点不接地，电气设备的外露可导电部分直接接地的配电系统。

3.2.1　TN 系统与安全分析

　　TN 系统的电源端中性点直接接地，设备金属外壳、保护零线与该中性点连接，这种方式简称保护接零或接零系统。按中性线（工作零线）与保护线（保护零线）的组合情况，TN 系统又分以下三种形式。

1. TN-S 系统

　　TN-S 系统把中性线接地，另外又配备一条接地线——保护零线（PE 线）。负载的金属外壳接到供电线路中的"保护接地线"PE 线上，供电线路上采用的单相三极插座即属于此种方式（中间极为 PE 线），如图 3-1 所示。这样，当设备绝缘损坏时，因设备金属外壳与 PE 线连接，会使供电线路上的保险丝熔断或过电流保护装置动作，从而断开电源。

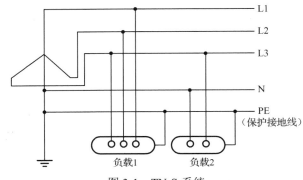

图 3-1　TN-S 系统

　　在 TN-S 系统中，工作零线（N 线）和保护零线（PE 线）从电源端中性点开始完全分开，PE 线平时不通过电流，只在发生接地故障时通过故障电流，故外露导电部分平时对地不带电，比较安全，但需要增加一根导线，由于设备外壳接 PE 线，正常工作时漏电开关无剩余电流，所以当短路保护灵敏度不够时，可装设漏电开关来保护单相接地。剩余电流动作保护器对接地故障电流有很高的灵敏度，即使接触 220V，也能在数十毫秒的时间内切断以毫安计的故障电流，使人免于电击事故，但它只能对其保护范围内的接地故障起作用，不能防止从别处传导来的故障电压引起的电击事故。

　　全系统采用三相五线制。独立的与中性线绝缘的 PE 线，不参与回路电流，它是真正的地线，保证外壳的电位安全。建议有条件的地方采取这种制式供电。在 TN-S 系统下，患者环境的电气设备供电线路应设漏电保护器。漏电保护器的额定电流一般为 0.03A。

2. TN-C 系统

　　TN-C 系统如图 3-2 所示。其中，接地的中性线同时也是仪器的安全接地线，也就是说，负载的接地由中性线来实现。中性线在大多数情况下存在电流，所以负载的外壳电位将会升高，大小为流经中性线的电流和中性线电阻的乘积。

　　在 TN-C 系统中，由于 N 线兼具 PE 线和 N 线的功能，节省了一根导线，只有在三相平衡的条件下，零线回路电流才是零。事实上，经常遇到的情况是三相负载不平衡，且三相负载阻抗不是纯电阻性的，这就造成零序电流不是零，电流流经零线的回路电阻使零线上的电位升高。若 N 线上流过三相不平衡电流 I，则电压降会使电气装置外露导电部分对地带电压。

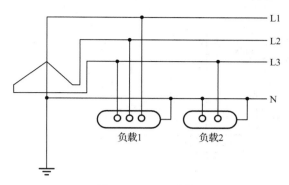

图 3-2　TN-C 系统

　　三相不平衡负载使外壳电压非常低，并不会在一般场所造成人身事故，但它可能产生对地火花，不适合医院、计算机中心及易燃易爆危险场所使用。TN-C 系统不适用于无电工管理的住宅楼。这种系统没有专用的 PE 线，中性线（N 线）也有 PE 线的功能。如果因维护管理不当使 N 线中断，则电源 220V 对地电压经相线和设备内绕组传导至设备外壳，使外壳呈现 220V 对地电压，具有电击危险。另外，N 线不允许切断（切断后设备失去了接地线），不能用作电气隔离，电气检修时可能因 N 线对地带电压而引起电击事故。在 TN-C 系统中，不能装剩余电流动作保护器，因此当发生接地故障时，故障电流在电流互感器中的磁场互相抵消，剩余电流动作保护器将检测不出故障电流而不动作，因此住宅楼不应采用 TN-C 系统。IEC 标准明确规定：在医疗场所和与其有电气联系的场所不允许采用 TN-C 系统。

3. TN-C-S 系统

　　TN-C-S 系统中一部分线路的中性导体和保护导体是合一的。目前，我国大多数医院采用这种方式供电。该系统是三相四线制的。在配电盘上 PE 线和 N 线分线，PE 线重复接地与接地系统连接。中性线和地线合二为一。在这种情况下，保护接地线的低（地）电位，依赖其与接地系统的可靠连接。如果这种连接不好，则由于 PE 线是在 N 线上分支的，实际上 PE 线的电位仍会造成外壳带电产生电击危险。解决的方法有两种：一是改进 PE 线的接地结构；二是在使用场所增加重复接地线，以保证 PE 线的地电位。

　　TN-C-S 是 TN-C 和 TN-S 两种系统的组合，如图 3-3 所示。TN-C 系统和 TN-S 系统的分界面在 N 线与 PE 线的连接点上。该系统一般用在建筑物有区域变电所供电的场所，进户线之前采用 TN-C 系统，进户处做重复接地，进户后变成 TN-S 系统。根据《低压配电设计规范》，建筑电气设计在选用 TN 系统时应做等电位联结。这样做可以消除自建筑外沿 N 线或 PE 线窜入的危险故障电压，减少保护器动作不可靠带来的危险，并且有利于消除外界电磁场引起的干扰，改善装置的电磁兼容性能。

　　以上这些系统各有优缺点，需按具体情况选用。如果住宅楼由供电部门以低压供电，则应按供电部门的要求采用接地系统，以与地区的接地系统协调一致。如果采用 TN-C-S 系统，则应注意从住宅楼电源进线配电箱开始就将 N 线分为 PE 线和中性线，使住宅楼内不再出现 N 线，这是因为 N 线因通过负载电流而带有电位，容易产生杂散电流和电位差。

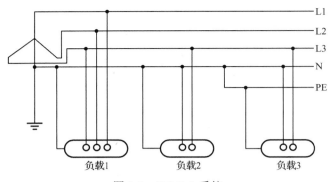

图 3-3 TN-C-S 系统

如果供电部门以 10kV 电压给住宅楼供电，且变电所在住宅楼内，则这栋住宅楼只能采用 TN-S 系统。因为采用 TN-C-S 系统将在住宅楼内出现 N 线；TT 系统则要求设置分开的工作接地和保护接地，而在同一个建筑物内是很难做到将两个接地分开的，维护工作也是困难的。无论采用哪种接地系统，都必须按规范要求做前述的等电位连接。

3.2.2 TT 系统与安全分析

TT 系统如图 3-4 所示，这种系统是把中性线或配电线接地，但不接保护接地线。负载是分别接地的，接地时用一根足够粗的导线，一头接在设备的金属外壳上，另一头接在连通大地的金属体上（其接地电阻在 4Ω 以内）。这样，在设备的绝缘损坏发生漏电而使金属外壳带电时，电流将通过这根导线流入大地，并使装在供电线路上的过电流保护装置动作切断电源，达到保护设备的目的。

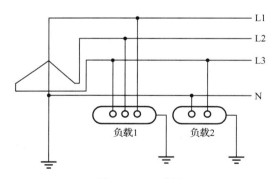

图 3-4 TT 系统

当 TT 系统正常运行时，用电设备金属外壳电位为零；当电气设备一相碰壳时，短路电流较 TN 系统小，通常不足以使间短路保护装置动作。当人体偶然接触带电部分时危险较大，在干线首端及用电设备处装有电路保护装置可保证安全。无论是在干线首端还是在用电设备处，当熔断器熔丝电流较大或自动开关瞬时脱扣器整定电流较大时，均不能可靠动作。所以 TT 系统内往往不能采用熔断器、低压短路器进行接地故障保护，而需要采用漏电保护器。TT 系统还有一个特点是中性线（N 线）与保护地线（PE 线）无电气连接，即中性点接地与 PE 线接地是分开的，不存在外部危险故障电压沿着 PE 线进入建筑导致电击事故发生。

在 TT 系统内，每栋住宅楼各有其专用的接地极和 PE 线，各栋楼的 PE 线互不导通，故障电压不会从一栋住宅楼传导至另一栋住宅楼。但 TT 系统以大地为故障电流返回电源的通路，故障电流小，必须采用对接地故障反应灵敏的漏电保护器来防止电击事故。

3.2.3 IT 系统与安全分析

上面介绍的接地保护方式是，当发生一线接地时，切断回路或断开电源。但是，突然停电场景下采用这种方式可能会造成危险。这时，配电系统常采用非接地方式。这样即使发生一线接地，接地电流很小，不会产生大的危险。因此，当发生一线接地时，可以不必切断回路。当接地电流很小时，还有其他优点。用作麻醉剂的多数是乙醚、环丙烷等易燃、易爆性气体，在使用这种麻醉剂的手术室中，如果发生接地事故，就可能因接地电流的火花引发火灾和爆炸。如果接地电流小，不能成为点火源，就可以防止爆炸。另外，爆炸性气体可能因静电放电而着火，具有爆炸危险。因此，在使用这种麻醉剂的房间中，可以使用导电地板（Conductive Floor）。使用导电地板可减少静电产生，但是电击的危险性会增大。使用非接地配电系统，一线接地电流很小，几乎不会有致死的电击危险。因此，用导电地板的房间差不多都采用非接地配电系统。非接地配电系统——IT 系统如图 3-5 所示。

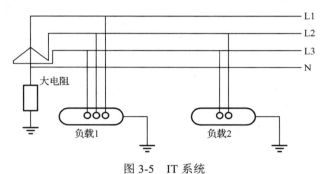

图 3-5　IT 系统

概括起来，采用非接地配电系统的目的如下。

（1）可以减少切断回路的机会。

（2）防止接地的火花成为爆炸性气体的火源。

（3）使接地时的接触电压很小，防止电击事故。

（4）因配电电路的对地阻抗很大，负载的漏电流很小。

在与心脏手术直接有关的医用室中，应采用隔离变压器引出的隔离的非接地配电系统（IT系统）。这有两个优点：一是提高了供电的可靠性，二是减少了仪器的漏电流。

非接地配电是指经过隔离变压器供电，二次线圈侧电路两端都不接地。这种方式能做到在电路一端偶有故障接地时，系统仍能继续供电。对于一般电源电路，当火线对地短路或漏电流超值时，相应的保护器就会跳闸断开电源。对于手术室这样的医用室，电源突然断开将会造成医疗上的重大致命障碍，因此这样的医用室必须采用非接地方式布线。非接地方式的另一个好处就是能有效地减小电击危险，因为变压器次级线圈侧与地不构成回路，这就大大减小了仪器的漏电流经患者流入地的危险。

值得提醒的是，非接地布线方式并不是不接地。所有医用室仍必须按其功能进行保护接地和等电位接地。

IT 系统必须安装绝缘监察器，它的交流内阻不应小于 $100k\Omega$，试验电压不应大于 $25V$，试验电流不应大于 $1mA$。当绝缘电阻最终降到 $50k\Omega$ 时，应发出声光报警信号（但不得切断电源）。按 IEC 的规定，配电方式记号的含义如表 3-3 所示。

表 3-3　配电方式记号的含义

第一个字母		第二个字母		第三个字母	
系统接地方式		仪器接地方式		仪器接地方式的补充说明	
I	T	N	T	C	S
非接地系统或高阻抗接地	直接接地	接地线用配线方式	分别接地方式	中性线和接地线通用	中性线和接地线分开

3.3　医用室的保护接地措施

在医用室，为了安全使用医用电气（ME）设备，需要将接地和等电位化等手段适当地组合起来运用。

ME 设备正常工作时流经患者的漏电流容许值，根据 ME 设备的防电击程度来分，有 B 型、BF 型和 CF 型。其中，在正常工作时，CF 型要求的漏电流容许值为 10μA，B 型、BF 型为 100μA；在单一故障时，CF 型为 50μA，B 型、BF 型为 500μA。如果人体的电阻为 1kΩ，则在可能产生微电击的场合下，能容许的接触电压或两导体间的电位差计算如下。

$$1000Ω×10μA=10mV（正常工作时）$$
$$1000Ω×50μA=50mV（单一故障时）$$

即仪器在正常工作时，电压需要在 10mV 以下，即使在单一故障时也必须在 50mV 以下。这个值是不容易实现的，而且在处理微小电压和电流时，会有新问题的产生。

并用数台仪器时，关于接地可以考虑如下三种方式。

（1）单独接地。

（2）公共接地。

（3）两种方法并用。

3.3.1　单独接地方式

为了使问题简化，仅以两台仪器为例进行介绍。在一个患者身上连接仪器 A 和仪器 B，分别进行接地，接地电阻为 R_A 和 R_B（见图 3-6），当仪器 A、B 分别有漏电流 i_A、i_B 流过接地极时，患者身上流过的电流为

$$I=\frac{i_AR_A-i_BR_B}{R_A+R_B+R_P} \tag{3-1}$$

假定在正常状态下，即使接地电阻 R_A、R_B 为 10～100Ω，漏电流 i_A、i_B 为 10～500μA，流过患者的电流超过 10μA 的危险性也极大。当仪器发生故障时，漏电流（接地电流）变得更大，不仅会有微电击，而且有发生强电击的危险。因此，单独接地方式在医用环境下不宜推广。

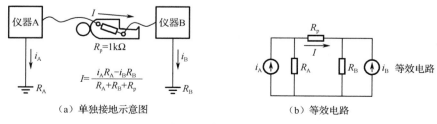

（a）单独接地示意图　　　（b）等效电路

图 3-6　单独接地方式

3.3.2　公共接地方式

如果把多台仪器连接到同一条地线上，虽然每台仪器上的漏电流都很小，但合计起来流过地线的电流却很大。另外，在公共地线上除 ME 设备外，有时还接有其他大功率设备，因此公共地线上电阻的影响不可以忽略。

如图 3-7 所示，设有电流 I_E 流过公共地线。仪器 A、B 接到同一患者身上，其地线分别接到 A、B 点处。如果公共地线 A、B 间的电阻为 R，则在仪器 A、B 间的患者身上流过的电流 I 为

$$I = \frac{I_E R}{R + R_p} \tag{3-2}$$

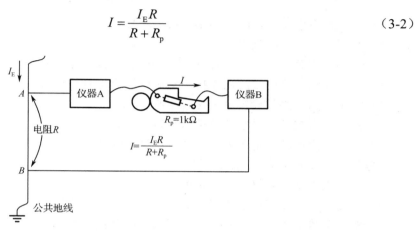

图 3-7　公共接地方式

假如 A、B 两点间的电阻 R 为 0.1Ω，电流 I_E 为 100mA，则流过患者的电流为 $10\mu A$。在有接地事故时，I_E 可达 $10\sim100$A。如果事故发生在 A、B 点的上游，则即使连接患者的仪器本身仍正常工作，患者也有发生电击事故的危险。

这样的问题可采取以下方法进行预防。

（1）公共地线不能拉得很长和绕圈。

（2）使用粗地线，减小地线的电阻。

（3）连在同一患者身上的仪器地线要接到公共地线的同一点上。

第（3）点特别重要，通常把它称为一点接地。

3.3.3　并用方式

并用方式同时存在上述两种方式的缺点，即两组接地电阻和接地电流的差将使连接患者的仪器间产生电位差，如图 3-8 所示。如果在上游发生接地事故，则超过安全限值的电流可能会流经患者。

由此可知，在同一室内，所有 ME 设备的接地必须连接到同一接地系统，不允许存在不同系统的接地配线，室内采用一点接地。

ME 设备的接地并不是直接连接到公共地线上的，一般连接在电源插座的接地插孔（接地极）上或墙壁上的接地端钮上。在插座和接地端钮相当多的同一室内，为了做到一点接地，需要考虑用接地母线（Grounding Bus），用它可以等电位接地。此外，也可另设等电位接地用的母线。

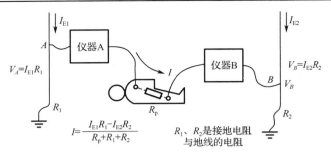

$$I = \frac{I_{E1}R_1 - I_{E2}R_2}{R_p + R_1 + R_2}$$

R_1、R_2是接地电阻与地线的电阻

图 3-8　并用方式

当同一室内有多位患者时，如果只放一个接地母线，则把各位患者的接地线都接到接地母线上就可以了。对于接到患者身上的各种仪器，同一个患者只能在同一个接地母线进行接地。连接在同一个患者身上的各种仪器，不能将地线连接到两个以上的接地母线上。

基于上述原因，医用室的保护接地措施应满足下列规定。

（1）每个医用室必须设置一个接地中心。

（2）接地中心与供电系统的接地母线连接良好。

（3）各个医用插座接地极刀口必须用接地分支线直接与接地中心连接。其接地导线的总电阻（包括接触电阻）应在 0.2Ω 以下。

（4）各个医用插座要符合专用标准。

（5）大功率设备要有单独的接地导线，与接地干线相连接。

对于医用室接地极，如果建筑物是钢架、钢筋混凝土建造的，则优先把建筑物结构体的地下部分作为接地极使用，因为它们的网状结构具有较低的接地电阻。如果没有合适的钢架、钢筋，则可以打入或埋入专用的接地极，具体可参考有关的规定。

对接地干线的要求如下。

（1）优选钢筋混凝土建筑物钢架结构的两条主钢筋作为某一层的接地干线。

（2）从钢筋连接到其他接地中心的接地干线上时应使用截面积为 $14mm^2$ 以上的绝缘导线，X 线机等大功率固定装置的接地干线截面积更大，绝缘体的颜色为绿/黄色。

（3）连接两个以上医用接地中心横向引接的接地干线时，要连接到建筑物钢架或两条以上钢筋的两个连接点上。

（4）要把接地干线 $14mm^2$ 的导线与接地中心的两根 $5.5mm^2$ 的导线牢固地连接在一起。

3.3.4　患者环境的等电位接地

患者与 ME 设备、ME 系统中的部件，或者患者与接触 ME 设备或 ME 系统中部件的其他人之间可能发生有意或无意接触。在这个空间中，若各种设备之间的接触产生的接触电位和人体的电位相等，电流就不流过人体。因此，把仪器周围的所有导电部分都和仪器外壳用低电阻线连接在一起。人体即使接触到仪器，因和外壳之间不存在多大的电位差，也不会发生电击事故。在安全标准中，原则上要求对离患者 1.5m 以内的范围进行等电位化。确定 1.5m 的依据是，患者伸手或求助其他人时所能接触的范围。将这个范围称为患者环境（Patient Environment），如图 3-9 所示。在患者环境中，将金属物（如金属窗户、水管等除仪器外的裸露金属）和仪器外壳连接后再接地，就能等电位化。在和等电位接地线连接有困难或禁止连接的情况下，可将充分厚的绝缘物覆盖在金属表面上，防止人体和它接触。

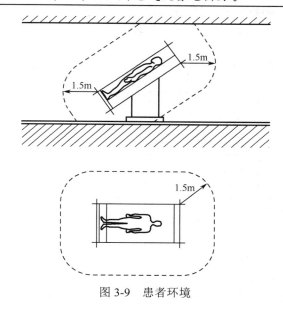

图 3-9　患者环境

等电位接地的主要目标是消除医疗环境中不同裸露导电部件之间的电压差。这样做是避免医生或护士在接触这些部件时，无意中形成电流回路，导致电击电流通过患者的心脏。根据 IEC 标准，在等电位联结中，从端子板到插座的保护线端子或任何外部导电部件之间的连接线，其电阻（包括连接点的电阻）不应超过 0.2Ω，在包含特殊医疗设备、采用 IT 系统供电、安装高度低于 1.5m 的电气设备所在区域，即使在正常运行或首次接地故障发生时，外部导电部件、插座的接地端子和等电位联结端子板之间的电位差也应被限制在 20mV 之内。

3.4　医用室电路的安全与保护

3.4.1　医院内场所的分组和分级

为确保医用电气设备的安全使用，不但要提高医用电气设备本身的安全性，更重要的是要保证使用场所电源电路的安全性。

按国际电工委员会（IEC）的标准，对医院内场所进行分组和分级（见表 3-4）。

1. 按医用电气设备与人体接触状况分组

0 组场所——在此场所内不使用由电网供电的有与人体接触作用的医用电气设备。

1 组场所——在此场所内使用除做心脏手术外的医用电气设备。

2 组场所——在此场所内使用做心脏手术的医用电气设备。

2. 按允许间断供电时间进行场所分级

0.5s 级场所——此场所要求在 0.5s 内恢复供电。

15s 级场所——此场所要求在 15s 内恢复供电。

>15s 级场所——此场所允许恢复供电时间超过 15s。

医院的正常电源中断供电时，一些需要继续用电的设备应由安全电源继续供电一定的时间。医院内不同的场所对供电时间的要求可参考表 3-4 中的数据。为了维持医院的核心功能，必要的照明、消防电梯、通信、呼叫系统、报警装置及医用气体供应设备等要求在 15s 内恢复供电。

表 3-4 医院内场所的分组和分级

序 号	场所名称	组 别			级 别		
		0	1	2	0.5s	15s	>15s
1	按摩室		×			×	
2	手术盥洗间	×					×
3	普通病房		×			×	
4	产房		×			×	
5	心电图室		×			×	
6	内窥镜室		×			×	
7	治疗室		×			×	
8	临产室	×					×
9	手术消毒间	×					×
10	泌尿科治疗室		×			×	
11	放射线诊疗室		×			×	
12	水疗室		×			×	
13	理疗室		×			×	
14	麻醉室		×			×	
15	手术室			×	×①	×	
16	手术准备室			×	×①	×	
17	石膏室	×					×
18	麻醉复苏室		×			×	
19	心导管室			×②		×	
20	特别监护室			×	×①	×	
21	血管造影室			×②		×	
22	血液透析室		×				×
23	中心监护室	×			×		
24	磁谐振图像室		×		×		
25	核治疗室		×		×		
26	早产婴儿室		×		×①		

注：① 只适用于手术灯和医用电气设备。

② 由医院最后决定。

另外，一些特别重要的设备要求具备在 0.5s 内恢复供电的专用安全电源，如手术台灯和一些重要的生命维持系统。这样的电源的医用插座外表面为红色，并且要考虑防火和防水的要求。我国还没有关于医院建筑的专用安全标准，但在标准《民用建筑电气设计规范》中，对医院的电气布线提出了相关的要求：县级及以上医院房间、医疗器械等电力、照明负荷为一级负荷；实时计算机及计算机网络为一级负荷。对一级负荷的要求有：一级负荷的供电电源应由两个电源供电（优先采用电力系统供电）；一级负荷中特别重要的负荷还必须增设应急电源；应急电源可以是独立于正常电源的发电机组，或者是独立的供电网专门馈电线路式蓄电池。

3.4.2　电路安全与保护

配电线和负载等组成的电路及与其有关的电气部件一旦发生异常，不仅会损坏电路本身，而且有可能引起其他灾害，如因电路漏电引起火灾和触电，因电流过大使仪器损坏和停电等。因此，要考虑到仪器和设备的这些异常，并且要有防止异常出现及由电路损坏引起二次灾害的措施。

在医院中，电路异常造成的事故大致可分为两类，一类为过电流事故，另一类为接地事故。因此，电路的保护方法有两类：过电流保护——过电流保护器；接地保护——过电流保护方式和漏电切断方式。

1. 过电流保护

过电流事故主要是由电路间短路或负载超过负荷引起的。使用过电流保护器（过电流保护装置、保险丝、断路器、热继电器等）切断电路，能够防止过电流，配电系统中必须设置过电流保护器。

1）过电流保护特性和整定原则

过电流保护是在保证选择性的基础上，可靠地切断系统中被保护范围内线路及设备的有时限动作的保护措施，按其动作时限与故障电流的关系特性，分为定时限过流保护和反时限过流保护。

过电流保护的整定原则是躲开线路上可能出现的最大负荷电流，如电动机的起动电流，尽管数值相当大，但不是故障电流。为区别最大负荷电流与故障电流，常将接于线路末端、容量较小的一台变压器的二次侧短路时的电流值作为最大负荷电流。

整定时，对于定时限过电流保护，只依据动作电流的计算值；而对于反时限过电流保护，则要依据起动电流、整定电流的计算值，做出反时限特性曲线，并给出速断整定值才能进行。

过电流保护是有时限的继电保护，还要进行时限的整定。根据上述反时限特性曲线，做电流整定时，已同时做了时限整定，对定时限过电流保护则要单独进行时限整定。

整定动作时限必须满足选择性要求，充分考虑相邻线路上、下两级之间的配合。对于定时限保护的配合，应按阶梯形时限特性来配合，级差一般满足 0.5s 就可以了；对于反时限保护的配合，则要做出保护的反时限特性曲线，确保在整定电流对应的点上，相邻两级保护的动作时限之差至少为 0.7s。

2）过电流保护范围

过电流保护设计得能够全面覆盖其被保护的设备和整条线路，而且它还可以作为下一级线路穿越性短路故障的后备保护。

3）定时限与反时限过电流保护及区别

（1）继电保护的动作时限与故障电流数值的关系。

定时限过电流保护的动作时限与故障电流之间的关系表现出定时限特性，即继电保护动作时限与系统短路电流的数值大小无关，只要系统故障电流转换成保护中的电流，达到或超过保护的整定电流值，继电保护就以固有的整定时限动作使断路器掉闸，切断故障。

反时限过电流保护的动作时限与故障电流之间的关系表现出反时限特性，即继电保护动作时限不是固定的，而是依系统短路电流数值的大小，沿曲线做相反的变化，故障电流越大，动作时限越短。

继电保护动作时限与故障电流数值大小之间的关系不同是定时限与反时限过电流保护的最大区别。

（2）保护装置的组成及操作电源。

定时限过电流保护装置由几种继电器组成，一般包括电磁式 DL 型电流继电器、电磁式 DS 型时间继电器和电磁式 DX 型信号继电器等。这些继电器往往要求用直流操作电源。

反时限过电流保护装置只用感应式 GL 型电流继电器就够了，它相当于具有电流继电器、时间继电器、信号继电器等多种功能的组合继电器，因此反时限过电流保护装置比起定时限的，组成更简单、价格更低。反时限过电流保护装置一般采用交流操作电源，比用直流操作电源更方便和经济。

应该指出，GL 型电流继电器还有电磁式瞬动部分，可进行速断保护。一个 GL 型电流继电器不仅可作为反时限电流保护装置，还可作为电流速断保护装置，经济性很突出，因此得到了广泛采用。

（3）上、下级时限级差的配合。

定时限过电流保护采用的 DL 型电流继电器定值准确、动作可靠，因而上、下级时限级差采用 0.5s 就可以实现保护动作的选择性。

反时限过电流保护采用 GL 型电流继电器，它的定值及动作的准确性比 DL 型电流继电器差。因此，为了保证上、下级保护动作的选择性，要将时限级差定得大一些，一般取 0.7s。

2．接地保护

1）过电流保护方式

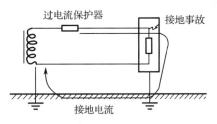

图 3-10　过电流保护器的接地保护

当发生接地事故时，会有过大电流通过电路，使过电流保护器工作，切断电路，如图 3-10 所示，称为过电流保护方式。这种方式不需要特殊的接地保护装置，只要安上一个过电流保护器即可。但是，如果通过接地点的接地回路阻抗不够小，则过电流保护器不工作。如果配电系统是 TT 系统，因系统接地和仪器接地是相互独立的，则即使负载内部的电路和外壳发生完全短路，但电路的阻抗取决于两个接地的阻抗之和，也不一定能使通过的电流达到过电流保护器工作的程度。例如，回路额定电流为 15A，当系统接地电阻为 1Ω、仪器接地电阻为 10Ω 时，电流 I 为 20A［见式（3-3）］，可见不能使额定电流为 25A 的保护器工作，如图 3-11 所示。如果配电系统是 TN-S 系统，因接地电流通过接地线流动，回路阻抗几乎为 0，当有过大电流通过时，过电流保护器工作。这是 TN-S 系统比 TT 系统安全的原因之一，如图 3-12 所示。

$$I = \frac{220}{1+10} \approx 20A \tag{3-3}$$

图 3-11　即使仪器接地过电流保护器也不工作

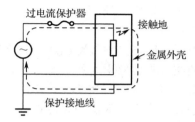

图 3-12　有保护接地的配电方式，当接触地时回路阻抗变低

2）漏电切断方式

这是一种为了保护接地而把接地故障断路器（Ground Fault Circuit Interrupter）串入电路，当检测到接地漏电流过大时将电路切断的保护方式。采用的断路器一般是利用电流之差检测接地电流的动作型漏电断路器——剩余电流动作保护器（Residual Current Operated Protective Device），其原理如图 3-13 所示。它

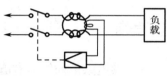

图 3-13　动作型漏电断路器的原理

是一种差动变压器，正常时往返的电流相等，次级线圈没有输出电压，但当负载的医疗仪器有接地时，因往返电流不同，次级线圈上将产生输出电压，利用这个输出电压（放大）切断电路。

漏电保护器有多种类型，有按动作来分的，也有按工作原理来分的。表 3-5 列出了几种漏电断路器。每种断路器都有不同的特征，高速、高灵敏的断路器可以防止电击。与人体直接接触的医用电气设备宜设置动作电流为 5mA 的漏电流保护器。漏电保护器可以根据以下需要进行选用。

表 3-5　漏电断路器

用　　途	漏电开关类型	额定动作电流/mA	动作时间/s
防止触电	高速、高灵敏漏电开关	5、15、30	<0.1
	高速、中灵敏漏电开关	50、100、200、300、500	额定动作电流（I_e）：0.1～0.2
	反时限漏电开关	5、15、30	1.4 I_e：0.1～0.5，4.4 I_e：<0.05
防止漏电	高灵敏、延时型漏电开关	5、15、30	0.1～2
	中灵敏、延时型漏电开关	50、100、200、300、500	

（1）根据动作时间和灵敏度来选用。

高速、高灵敏类漏电开关，可以防止误触相线对人的危害，但是由于灵敏度高，要求用电设备和线路有良好的绝缘，由于线路对地分布电容与线路长度成正比，分布电容大，容易引起误动作，所以宜装在较短的线路内。由于人体内部电阻约 1000Ω，因此，还应根据对地

电压来选定动作时间。

（2）根据保护目的来选用。

根据保护目的，漏电开关可分为接地（包括触电、漏电）保护用，接地保护和过载保护用，接地保护、过载保护和短路保护用三种。第一种适用于已装有低压自动开关或装有过载保护、短路保护装置（熔断器）的线路；第二种多与（交流）磁力起动器组合，适用于远程控制和电动机保护；第三种除有触电、漏电保护性能外，还具有自动开关性能，一般与自动开关组装在同一壳体内，安装简便，采用者多。

（3）根据安装场所来选用。

不同的安装场所漏电情况不同，应与具体线路相适应。漏电开关既可作为总保护安装在干线上，又可作为分支保护安装在分支线路上。作为总保护，仅用一个漏电开关即可，但缺点是，当某一分支发生触电、漏电事故时，将使总保护范围内的用电设备全部停电，而且事故点在短时间内难以被发现，延长了停电时间。同时，在正常情况下，经总保护开关的漏电流随着线路的增长和用电设备的增多而增大；不能安装高灵敏漏电开关，因为漏电流值大，将使高灵敏漏电开关动作频繁，甚至系统不能正常工作。分支线路用漏电开关可选高灵敏的，其最大优点是分支发生触电等接地故障时，只切断发生事故的区段，且事故点容易被发现。

思考题

1．供电系统的接地有哪几种？对各系统分别进行安全分析。
2．医用电气设备的接地方式有哪几种？分析其优缺点。
3．叙述漏电保护器的选用原则。

第4章 常用医用电气设备的安全分析

4.1 医用电气设备的事故原因分类

医用电气设备（或称医用仪器）有从生物体中取得信息的检测仪器，又有作用于生物体的刺激仪器、治疗仪器和各种监护仪器等。各类不同的医用仪器将有可能因各种各样的原因产生危害，危害有时产生在作为仪器主要工作对象的患者身上，有时也产生在仪器操作者、仪器周围的人，或者仪器旁边的设备和其他仪器上。

医用电气设备产生的危害是多种多样的，如由电气设备放出的能量引起事故；电气设备性能方面存在缺点，停止工作；性能恶化，设备工作不良；受有害物质和病原体的污染等。

引起危害的原因可列举很多，在 IEC 标准中列举了下述九项。

（1）各种形式的能量，如通过人体的电流、放射线、超声波、高频能量、加速粒子等。

（2）由于错误操作，机械的或电气的损坏引起工作不当，保护措施欠缺，由于电气设备上有危险的面、角、棱和有突出部分等，或者置放不稳而引起机械性撞伤。

（3）由于高频干扰使诊断数据收集和治疗等发生障碍。

（4）由于体表过热引起热伤和反射运动。

（5）由于电气设备损坏，熔融的金属和燃烧物等掉到电气设备外面引起火灾。

（6）放出化学腐蚀剂、毒物，高温流体等，和生物学上不安全的物质接触。

（7）更换部件不当，操作程序错误，引起非正常输出等。

（8）部件故障（特别是维持生命的装置）。

（9）供电电源停电，工作环境不正常等。

为了使医用电气设备工作安全，要按事故发生原因或其产生的现象采取措施。为此，必须研究每个电气设备的各种因素。但是，若由设计制造者对每个电气设备逐个研究这些因素，由于遗漏或者加上设计者个人考虑方法不同，要求很全面是困难的。IEC 把各国的安全标准进行了归纳，制定 IEC 通用电气设备安全通则。

IEC 通用电气设备安全通则对医用电气设备的安全问题在许多方面做了规定，对目前可预想到的许多危险，都指出了克服的办法。虽然通则具有普遍性，但对于特殊的仪器，还要制定这种仪器的特殊规范，才能确保安全。GB 9706.1—2020 就是在这个通则上，根据我国的国情制定的。

医用电气设备的特征是仪器和生物体密切相关。多数医用仪器为了取得生物体信息或给生物体某种作用，要将仪器和生物体紧密地连接到一起工作。如像胃镜检查和心导管检查，要在一定时间内把仪器放在生物体内，也有像埋藏型心脏起搏器那样的，需要长期放置在生物体内。这是医用电气设备的特征。

医用电气设备的工作对象是患者，而患者可能处于非常脆弱的状态；患者可能意识到危险，或者不能判断出危险，即使感到危险也不能摆脱；有的疾病使患者本身对外界刺激的抵抗力降低，有的由于诊断和治疗，外来的刺激很容易引起更不好的影响。例如，心脏病患者用很小的电流就会引起心室颤动，在插入心导管的情况下，即使是微小电流，也容易因电击引起心室颤动。当存在循环障碍对加的热不能迅速散开时，即使在较低温度下，也容易引起低温热伤。

因为医用电气设备的特征以及工作对象的特殊性，所以为了保证医用电气设备安全工作，分析每类仪器的安全就显得很有必要了。

医用电气设备有可能因各种各样的原因产生危害，危害产生在作为仪器主要工作对象的患者身上，有时也产生在仪器操作者、仪器周围的人或仪器旁边的设备和其他仪器上。事故产生的原因一般又分为以下几类。

4.1.1　能量引起的事故

如果把能量加到人体上，则根据所施加的能量种类和量值会引起各种各样的事故。很多医用电气设备，为了治疗和测量，需要给人体内加一定的能量，特别是除颤器、高频电刀、X 射线等装置，它们是加给人体大能量的医用电气设备，因而在本质上就是一种蕴藏着危险的装置。这些仪器如果不给患者某一规定量以上的能量，就不能达到要求的效果，但是提高了能量，一旦使用不当，发生某种故障，就有引起严重事故的危险。

有时加到人体上的能量不是有目的的，从仪器漏出的能量在人体上引起事故，如漏电流一类的能量。还有，本来放出的能量没有直接加到人体上，由于这种能量使周围的状态发生了变化，因而引起危险，或者引起其他仪器发生故障，其结果也可能产生人身事故。

4.1.2　仪器性能的缺点和停止工作引起的事故

在用医用电气设备来代替人体功能的一部分时，即生命是由仪器来维持的情况下，仪器的故障可造成致命的事故。例如，在心脏手术中，人工心肺停止工作，心脏起搏器没有刺激脉冲输出，除颤器之类的紧急治疗仪器在必要时不工作等。

另外，还有一些引起事故的原因，如各种安全装置、保护装置、警报装置不工作等。这些事故都是在仪器产生故障的情况下引起的。由于使用操作上的错误也会引起事故，所以使用这些仪器时，需要十分注意。有时即使仪器的工作和使用都正常，但如果仪器工作所需要的能源供给停止，仪器也会停止工作，如停电、电池耗尽、冷却水不足等，因此解决这些问题的措施也很重要。

4.1.3　仪器性能恶化引起的事故

仪器性能恶化引起仪器停止工作比较容易被发现，如果维持生命的装置不是紧急的，还可以采取措施，但是那些仪器的性能慢慢恶化的情况却不容易被发现，这是需要特别注意的。例如，心电图机的时间常数电路。时间常数电路是由 RC 电路构成的，一般心电图机的时间常数为 1.5～3.2s。如图 4-1 所示，多数情况用 3.2MΩ这样的高电阻。但是当因空气潮湿等原因使电阻值下降时，时间常数就会变小，造成波形失真，如图 4-2 所示。因为心电图是根据波形分析诊断疾病的，所以波形失真将会造成诊断出现错误。

各种测量仪器的测量精确度问题，也属于这一类事故。取样的检测装置和放射线测量等仪器的测量精确度下降，将产生很大的误差，如果已达到不能使用的程度时仍在使用，就有可能在诊疗上造成很大的危险。

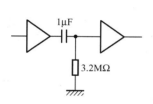

图 4-1　心电图机的时间常数电路

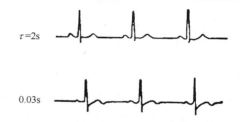

图 4-2　因时间常数产生的波形失真（模拟心电图）

4.1.4　有害物质引起的事故

病原体污染是众所周知的老问题，一般电子仪器耐受水、热、化学药剂等作用较弱，因而消毒灭菌的困难比较大。

仪器消毒、灭菌不彻底，在污染仍然存在的情况下就使用，很容易引起患者的感染问题。而对不易彻底消毒、灭菌的仪器进行彻底消毒和灭菌，有损坏仪器的危险。

为了改善仪器的性能，新的工业材料不断地被利用。这些材料在未充分论证对人体是否适用之前就使用，常常会因为生物体的适应性差，发生各种问题。例如，自输液装置上的氯乙烯树脂管中可溶出增塑剂邻苯二（甲）酸酯，其与注射液中的氨基甲酸乙酯作用会致癌等。这虽然不是医用电气设备直接造成的事故，但也属于医用电气设备要考虑的安全问题。

4.2　医用体内仪器的安全性分析

4.2.1　医用体内仪器的安全性分析概述

医用体内仪器是指医用电气设备或其附件的一部分或全部埋植或插入身体内部使用的仪器，如心脏起搏器、直接有创血压测量仪等。埋植在体内的仪器有刺激用的振荡器（如心脏起搏器）、电极、导管、传感器、光学纤维束、电刀的刀尖、灯泡等。可见，在实际医疗中使用了很多医用体内仪器，如果仪器使用不当，或在使用中发生故障，那么不只是在体内放入异物的问题了，其后果比体外仪器故障要严重得多。

医用体内仪器典型的危险，第一是作为体内仪器所特有的，即埋植或插入物质对生物体存在一定的生物学危险，特别是长期埋植或插入的仪器或部件，还存在生物体相容性问题。埋藏型心脏起搏器机体的树脂、密封用的金属、血管内导管的塑料材料和电极等，与生物体组织会产生某些反应，有引起溶血和破坏组织的危险。医用体内仪器还存在其他方面的生物学危险。例如，埋植物和插入物的灭菌不彻底造成细菌感染，测量血压用的导管头部有滞留的血液凝结，血压计传感器探头的损伤引起出血等。

第二是化学性危险。例如，从插入物中溶出的有害物质和导管材料中的有害物质，以及从电极中溶出的有害杂质等造成的危险。有些物质虽然在室温和水中是安全的，但在体温和体液中就会产生问题，所以需要做和生物体内条件相同的试验。另外，要特别注意采用高温灭菌处理或药物灭菌引起的变性等问题。

第三是机械性危险，主要包括由于埋植仪器对组织的压迫而引起坏死，以及当插入心脏测量血压用的导管和测量心内诱发心电图用的导管、电极等机械性地刺激心脏内壁时，引起期外收缩，诱发心室颤动等。对于这类危险，如果埋植部位选择合适，操作特别小心，则多数是可以防止发生的。

因为医用体内仪器几乎都是依靠电源进行工作的，所以还易发生电的危险。电的危险主要有电击、能量的分流、相互干扰等。其中应特别引起注意的是电击。例如，插入心脏内部或其附近的由导体构成的电极和装满生理盐水的导管等，极易引起对心脏的直接电击，由这种微电击诱发的心室颤动是非常可怕的。微电击电流即使在 $100\mu A$ 以下也能诱发心室颤动，这是因体内仪器本身存在市用交流电的漏电流，或者与它并用的体外仪器存在漏电流而引起的，特别是在多医用电气设备组合使用时容易产生此类危险。

医用体内仪器的危险还来源于仪器的故障问题，不仅是体内仪器，医用电气设备都有可能发生故障，但体内仪器停止工作或出现异常状态时，处理故障通常要花费更多时间，影响也较大。例如，使用埋藏型心脏起搏器时，如果密封或机壳损坏，体液浸透到仪器内部，就会引起其内部电路故障，使仪器正常功能停止，导致输出脉冲频率异常，这将直接关系到患者的生命安全。因此，要求体内仪器比体外仪器具有更高的可靠性。

此外，医用体内仪器的危险还有由于错用或操作错误等人为原因造成的，以及因测得的信号数据不准确引起的二次危险等，这也是医用电气设备的共同性危险。

4.2.2　埋藏型心脏起搏器的安全分析

在各种埋藏型仪器中，最为普遍的是埋藏型心脏起搏器，在发生 A-V 阻滞一类的特殊传导系统障碍或因窦房结异常导致心脏节律失常的患者身上，永久性地埋植着这种仪器，用它的周期性电脉冲刺激心脏来恢复心脏的正常节律。它是由心脏起搏器本机和刺激电极、导线及其套管（心导管等）组成的，内部有电子线路和电池。埋藏型心脏起搏器涉及的安全问题主要有因使用或手术技术原因造成的事故，以及因心脏起搏器性能不良造成的事故。

由于各种使用上的问题和手术技术外部干扰等问题，如果将心脏起搏器和系统进行总体考虑，包括仪器、人和环境的系统安全，就能在一定程度上防止此类问题的发生。另外，在埋植心脏起搏器时，要测量刺激阈值、心内心电图 R 波的峰值和心肌阻抗等，选择适当的电极位置。

当心脏起搏器本身的功能部分或全部停止时，将造成直接危及患者生命的重大事故。心脏起搏器功能不正常的原因可分为三类：电极故障、本机故障、外部干扰。

电极故障主要有断线和将要断线、与本机的连接部分脱落及因电极受体液侵蚀而接触不良等。这些故障导致从心脏起搏器本机发出的刺激脉冲不能传到心室，或者因电流小导致刺激作用只有很短的时间，甚至长期消失。在实际应用中，电极本身的可靠性很高，断线事故很少，但在电极与本机的连接部分产生接触不良的情况经常发生。

本机故障有因振荡停止或输出下降等引起的刺激停止或无效刺激，一方面使刺激无效，另一方面又因心动过缓而引发阿斯氏综合征，有诱发摔倒等二次事故的危险。而当心脏起搏器因故障导致刺激频率非常高时，刺激脉冲重叠在 T 波的下降支附近（易损期，称为 R On T），诱发心室颤动。这种现象称为脱缰（Run-Away）现象，它是心脏起搏器事故中最可怕的一种。因此，在心脏起搏器的设计上采取了措施——即使发生故障，刺激频率也不会超过某一规定值。

此外，还存在因外部干扰使心脏起搏器本机受影响的情况。当患者触电时，有 50Hz 频率的漏电流经过躯体，或者有强交流电场加到躯体上，当加到刺激电极上的电流超过某一规定值时，心脏起搏器成为固定频率振荡器，使按需电路停止工作，将产生 R on T 危险。这对按需起搏的患者特别危险。当交流干扰超过某一规定值时，会使心脏起搏器的振荡停止；心脏起搏器与低频治疗机或神经、肌肉刺激装置等并用时，也会受到影响。

交流干扰会使心脏起搏器受到影响。如果在附近使用高频仪器、微波治疗机、电刀、电子透镜、产生火花的电焊机等设备，则会造成心脏起搏器振荡停止、频率固定化等。曾有报道指出，当用单极型的心脏起搏器时，因受植入本机处肌肉的肌电影响，按需电路会停止振荡，造成患者一时性的意识丧失。

4.2.3　有创血压测量的安全分析

血压测量方法可大致分为无创和有创两种，无创血压测量使用打入空气的袖带和听诊器，通过听柯氏音的有无进行测量；有创血压测量用充满生理盐水的导管，具体为，在导管头部放置一个压力传感器，把导管直接插到血管内进行测量。无创血压测量采用的设备简单，不要求很熟练的技术，所以在临床上被广泛使用。但是它不能测量血压的连续波形和静脉压，即使是在测量动脉压，患者产生休克等脉压微弱的场合，用它测量非常低的血压也非常困难。

有创血压测量装置稍微复杂一些，但它可以连续监视动脉、静脉血压波形，且易于记录血压波形和对波形进行微分等处理。因此，多用于手术中和手术后对患者心血管系统循环状态的监护，在病房里对休克患者的血压监护，以及用心导管检查心脏内压，借以了解心脏功能等情况。但是因有创血压测量需要把导管和压力传感器插入体内，所以存在体内仪器的危险问题。其中，导管主要涉及生物学危险和机械性危险。具体来说，生物学危险包括由于导管灭菌不充分所致的细菌感染，由于导管插入所致的血栓形成，在导管的插入部分与体外连接部分（如三通）处产生出血事故等；机械性危险主要是指在插入导管之后，导管一方面对心脏内壁产生机械性刺激，激起期外收缩，诱发心室颤动，另一方面可能造成心肌穿孔等机械性损伤事故。

有创血压测量外部仪器的典型安全性问题是心脏直接被电击，即微电击。这是由从外部的附属仪器（放大器、记录器和显示器）与并用的医用电气设备传输来的市用交流电的漏电流造成的电击。虽然导管是绝缘体，但其中的生理盐水是 0.9% 的 $NaCl$ 溶液，相当于一根 $160k\Omega$ 的电阻丝。

目前，用于血压测量的传感器受压膜一般为金属材质，金属膜和传感器外面的金属罩相连接，再由屏蔽线把它和本机接地线相连。因此，在有创血压测量时，一般将插有导管的器官，依导管粗细和长度不同，经过数百千欧的电阻与金属罩及专用放大器的接地端相连。在心导管检查中，如果专用放大器上有数百微安的市用交流电漏电流，则当该仪器接地不良时，会有产生微电击引起心室颤动的危险。

对于有创血压测量装置而言，在设计导管和压力传感器时，对上述安全性问题必须充分考虑，可以采用将压力传感器和生物体进行绝缘，或者在专用放大器的输入端采用浮地设计等措施。

4.2.4　希氏束心电图机的安全分析

心电图表示心脏兴奋性、传导性、自律性等除机械的收缩特性以外的电特性，被广泛用于心脏病的诊断。心电图机目前已成为普及率极高的医用电气设备。

随着心电图学和医用电气设备技术的发展，心电图检查已成为医院的常规检查。特别是从刺激传导系统中的希氏束附近导出的希氏束心电图，可较好地表示刺激传导系统的状态，已被广泛用于诊断房室传导阻滞等疾病。在心导管检查中越来越多地把心电图作为一项指标。

希氏束心电图测量一般采用将导管电极经静脉插到心脏内进行直接测量的方法。希氏束心电图机由心内希氏束心电图导出用导管电极、体外的希氏束心电图机本机、记录器和显示器组成。其中，导管电极造成的生物学和机械性危险与有创血压测量装置的导管造成的危险在本质上是相同的。因此，这里只介绍由体外本机的漏电流和并用仪器的漏电流引起的微电击危险。造成希氏束心电图机引起的微电击诱发心室颤动的原因，可分为以希氏束心电图导出用导管头部电极为电流的流出点和流入点两种情况来讨论。

首先讨论导管电极为市用交流电电流的流出点这种情况。如图 4-3 所示，当希氏束心电图和肢体导联心电图同时测量时，假设由于希氏束心电图机的输入部分发生故障，漏电流突然增加，而在肢体导联心电图测量用的导出线中，右足线和普通心电图机一样，与本机接地点连在一起。在这种情况下，漏电流的通路包括希氏束心电图机的输入部分、导管电极、导管头部、心脏、躯体、右足、导联线、心电图机本机的机壳、接地端、室内接地端、大地。当通过该通路的电流大于 $100\mu A$ 时，将直接电击心脏，有引起心室颤动的危险。

其次讨论导管电极为流入点的情况。这种情况是指导管电极的体外金属部分由于某种原因被接地时，有从其他医用电气设备流入患者的漏电流，该漏电流流入导管电极后又从导管电极流出。如图 4-4 所示，患者卧在漏电流较大的电动试验台上，接受希氏束心电图检查。检查者空手下导管，导管的外端和希氏束心电图机的输入端钮相连接。假如电动试验台的接地线脱落，当患者的手脚接触电动试验台的金属部分、自己的躯体、导管电极、导管末端、检查者的手、检查者的脚、地板、大地时，便可能引起心室颤动。在这种情况下，虽然电流也流过检查者，但检查者因流过自身的电流在 $1mA$ 以下，所以并无感觉。

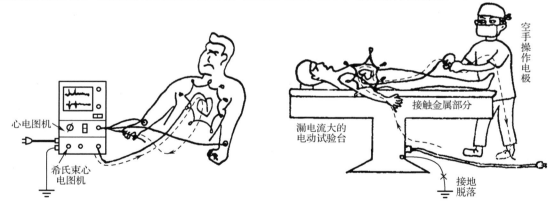

图 4-3　输入电路的漏电流的电流回路　　　　图 4-4　电动试验台的漏电流的电流回路

除了希氏束心电图机，把电极和盛满生理盐水的导管从体外通过血管插入心脏内的仪器还有很多，如临床上常用的体外心脏起搏器、有创血压测量装置、色素稀释法心输出量计等。这些仪器的体外部分因为手容易接触到，所以都存在此类危险。

对上述危险的预防方法是，凡与心脏直接或通过导管间接相连的仪器，应全部采用 CF型仪器，且必须克服漏电流。另外，一起并用的仪器也应采用 CF 型仪器。不仅仪器本身，传感器接线端钮等金属部分也不能露在外面，或者在构造上使金属部分不易被碰触。

4.3　医用治疗仪器的安全

医用治疗仪器是指为恢复患者的健康，能给予患者某种作用或能量的仪器。按照这个定义，IEC 把医用治疗仪器分为以下几类：

（1）特殊治疗用仪器；

（2）外科用电气设备；

（3）辅助或代替生物体功能的仪器。

每类仪器又分别分为利用电能的仪器和利用其他能量的仪器。

4.3.1　医用治疗仪器可能产生的危险

医用治疗仪器（简称治疗仪器）通常给予患者某种作用或能量，若不注意，就会对患者和操作者产生意料之外的作用，并造成危险。

第一，作为医用电气设备，治疗仪器具有的共同性危险是电击。电击分为微电击和强电击。

第二，治疗仪器存在输出过大的危险，即所供给的输出量超出治疗或手术所需的正常水平，从而产生意外的作用，且对非治疗部位产生不利作用。例如，除颤器输出过大可造成胸壁烧伤和心肌障碍；又如，当电刀输出过大时，可对电极板附近的部位造成烫伤，或者使切口深度和凝固深度超过要求深度。为了防止这类危险，必须正确使用仪器，充分了解仪器的特性，确保输出量准确。

第三，能量分流引起的危险，是指把能量汇聚到一点进行作用的高频电刀和激光刀等仪器所存在的危险。当集中的能量流向非治疗部位时，将对非治疗部位造成损害。这也是此类仪器或多或少会产生的危害。核医学仪器泄漏放射线时，放射线能量的分流除了影响患者，还将影响仪器操作者和第三者。对于这种危险，只要切断分流路径，或者设置安全分流路径就可以防止。但是，实际上这样做的具体困难很多，需要进一步研究和探讨。

第四，爆炸和火灾是在使用氧气的治疗机、使用易燃性气体的麻醉机等和易产生火花的仪器并用的场合下易发生的危险。例如，氧气瓶和恒温箱内的电路靠近使用，或在乙醚麻醉下使用电刀等。这种危险是易燃性气体在高浓度的氧气中燃烧引起的。

第五，如果治疗仪器因某种原因导致功能停止或工作异常，将造成较大的危险。例如，除颤器是抢救心室颤动患者的仪器，它一旦产生故障，就可能会导致被抢救的患者死亡。所以用于维持生命的治疗仪器必须有很高的可靠性。

第六，停电和功能停止具有同样的危险。停电可能导致电动式人工呼吸器和人工心肺等代替生物体功能的仪器在使用中突然停止工作。采取的措施是，为重要仪器配备备用电源，至少在手术室、ICU（重症监护病房）和 CCU（冠心病监护病房）里设有备用电源。

第七，由于使用错误造成的危险。这也是所有医用电气设备具有的共同性危险，但治疗仪器的危险性通常更大。例如，电刀的对极板和刀尖电极若连接错误，就会引起重大的烫伤事故；麻醉器的配管用反，患者就有生命危险。因此对治疗仪器的使用应特别慎重。

4.3.2　电刀的安全分析

电刀是外科用电气设备中具有代表性的一种，是现代外科手术不可缺少的工具。因为它是产生很大能量的仪器，一旦使用不当，就会有造成重大事故的危险。对于电刀造成的事故，从事故发生率和结果的严重性来说，烫伤是首要的。烫伤事故可大致分为在对极板处引起的和在其他部位引起的两种。在对极板处引起的烫伤，其原因是电流集中到对极板的一部分，使局部电流密度增大。其局部电流密度增大的原因如下：

（1）对极板接触不良；

（2）对极板凸凹不平；

（3）导电膏不均匀（生理盐水纱布垫干燥）；

（4）对极板过小；

（5）由于身体活动使对极板移动。

对极板的作用是把经刀尖进入身体的高频电流以安全的小电流密度流回电刀本机，要求对极板的面积大到一定程度，在使用时只要对指定的电刀按规定值输出，就可认为是安全的。在这种场合下，对极板的整个面积也要完全接触身体，若接触不良或放在不适当的部位，则容易造成类似对极板面积小导致的事故。

在对极板以外部位引起烫伤的原因是高频分流，在对极板以外有高频分流电流流过，高频分流电流因电刀的输出形式不同，所经路径和大小也不同。

当用对极板接地型电刀，由于某些原因使对极板回路的电阻增加时，高频分流电流将通过患者身体的接地点或对地阻抗小的点。如图 4-5 所示，电流是从心电监测仪或脑电监测仪进行分流的，因为这些监测仪的导联线是屏蔽线，所以对高频电流来说不接地的电极对地的阻抗也很低（数百欧至数千欧），如同被接地一样造成分流。

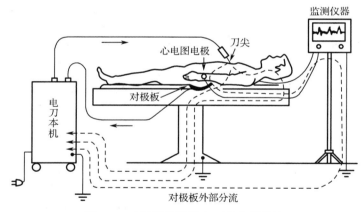

图 4-5　对极板接地型电刀的高频分流

当患者的身体（手和足）接触到电刀外壳或接地的手术台的金属部分时，就会在接触点处产生分流。在这种情况下，若对极板的引线断线，几乎全部电流都通过接触点，因电流集中导致电流密度增大，从而引起烫伤事故。即使没有直接接触金属部分，只要身体接近金属部分也会引起分流。当后头部、肩、肩胛部、臀部、肘、脚后跟等深陷在垫子里时，与手术台金属部分的间距减小，可能引起分流。在患者的后背处滞留有消毒液、生理盐水、血液等，也可引起分流。此外，在湿毛巾或湿布垫等处也可引起分流。

这类分流是当对极板回路的阻抗增大，或者分流路径的阻抗显著减小时引起的。其原因可归纳如下：

（1）对极板插头断路或接触不良；

（2）对极板引线断路；

（3）对极板引线过长，并卷成线圈状；

（4）对极板接触不良、过小，导电膏不足，生理盐水纱布垫干燥等；

（5）垫子潮湿，垫子过薄，金属台与患者身体的间距过小；

（6）垫子上滞留生理盐水或血液等；

（7）患者身体与接地的金属部分直接接触。

所以，在实际使用时，需要注意把导电膏涂抹在充分大的对电极与身体之间，使其紧密地贴在一起；使用前要确保对极板的引线完好，又短又直；与本机的连接插头插好，确保无误；在使用前还要确保患者不能接触周围的金属部分。

以上是关于电刀事故中容易引起烫伤的原因和预防措施，在考虑安全的同时，应把电刀作为整个手术室系统的一个组成部分来考虑，需要具有将其与其他仪器的相互关系充分考虑在内的系统安全思想。

4.3.3　除颤器的安全分析

除颤器是对发生颤动的心脏仅在一瞬间施加很大电流的刺激，使心脏恢复原来周期性搏动的治疗仪器。使用除颤器时可能会引起多种危险。电击事故是所有医用电气设备的共同性问题，它是因市用电源向本机外壳漏电，向刺激电极漏电等原因引起的。特别是一旦出现向刺激电极漏过大电流，即使可以除颤成功，也会因漏电流作用再次造成心室颤动。为预防电击事故的发生，需要经常对除颤器进行全面的检查和维修。

首先，除颤器特有的电击事故是因刺激电流的泄漏而使操作者和助手触电。如图 4-6 所示，这是操作者和助手在通电时因徒手接触电极表面或触碰到患者身体而产生的电击，为了避免这种危险，除颤器的两个输出端钮都要采取浮地方式，等效电路如图 4-7 所示。

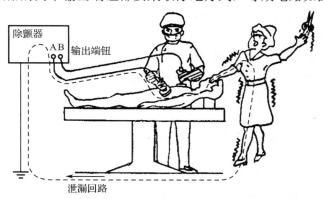

图 4-6　刺激电流泄漏的电流回路

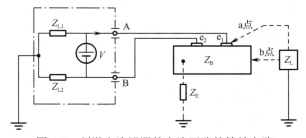

图 4-7　刺激电流泄漏的电流回路的等效电路

　　图 4-7 中的 Z_{L1}，Z_{L2} 是本机内部的刺激电流泄漏阻抗，Z_B 为身体的阻抗，Z_L 为助手和操作者对地的阻抗，Z_E 是放在患者身上的各电极的接地阻抗。一般 Z_{L1}、Z_{L2} 特别大，即使触碰 a 点或 b 点，也不会有很大电流通过 Z_L，不会引起较大的事故。在 b 点接触比在 a 点接触产生的电流小。但是在绝缘不良或错把输出端一侧（a 或 b 点）接地时，将通过能引起电击的电流。特别是当 b 点接地，触碰 a 点时，将是非常危险的。

　　这种一侧接地常发生在 CCU 中，在未移除放置在患者胸部的心电监测仪电极时就进行除颤，如果一侧的刺激电极接触到胸部的接地电极，则会发生一侧接地，即图 4-7 中的 Z_E 接触到 e_2 的情况，也就是输出一侧接地的状态。当操作者和助手徒手触碰 a 点或其周围时，在 e_1 与 e_2 间的阻抗变成（Z_E+Z_L）和 Z_B 并联，通过的电流增大，将会诱发心室颤动。为了防止这种事故的发生，操作者和助手全都要戴橡胶手套，心电监测仪的电极要暂时与本机断开。

　　其次，除颤器可能造成胸壁（用体外电极时）和心肌表面（用体内直接电极时）烧伤。这是因为接触电阻放出了焦耳热，特别是当体外通电时，在电极放置部位发现红斑，这是较常见的。由于电极放置不当、导电膏涂抹不均匀和压力不够等原因，使电极接触不良，放出的热量增大，从而造成烧伤。在通电时如果压力放松或电极下面有异物等，使电极的大部分悬浮在胸壁上，在电极和胸壁之间引起火花放电，造成重大的烧伤事故。另外，火花对易燃性气体点火，也有引起爆炸的危险。为防止这类事故，应在电极贴着身体的部位充分地涂抹导电膏，用足够大的压力把电极压在胸壁上，并且注意在通电的过程中不能放松压力。

　　除颤器较容易发生的事故是因错误操作或仪器故障而不能正常工作，不能进行除颤。因为除颤器不是经常使用的仪器，多数是在紧急使用时发现仪器出现故障，如电极种类不够、电极接线断线等。另外，还有操作不熟练、操作方法错误等造成的事故。在这种情况下，本应帮助患者脱险而不能脱险，这是非常严重的问题。所以平时需要经常检查除颤器的本机与附件（特别是电极），至少每个月检查一次。还应定期进行仪器操作的培训。

　　此外，除颤器还可能存在心房除颤时定时不当的问题。在心房除颤时，应当在心室的绝对不应期给予刺激，才不会影响心室搏动。因此，一般通电应与心电图的 R 波同步。定时刺激一旦出错，可能诱发心室颤动。因此，在心房除颤时，接通 R 波同步开关，必须在确认同步后再操作。并且因为刺激脉冲是和接通导通开关后的 R 波同步输出的，在此期间需要经过 1s 左右。如果这时放松压力，不但刺激无效，而且会成为烧伤的原因，因此要加以注意。

　　最后，输出高能量是治疗仪器的共同性问题，就是使同时使用的医用电气设备发生故障，特别是使精密测量仪器损坏。例如，在除颤时，患者对地电位虽然是瞬时的，但是非常高，因此在心电图机和心电监测仪的输入端会输入很高的电压。如果心电图机上没有输入保护电路，可能造成输入部分损坏，导致无法继续监测，有引发二次事故的危险。所以对并用的仪器要采用过输入保护电路，或者在除颤时暂时把电极（包括接线器在内）与仪器本机断开。

4.4　医用超声波仪器和激光仪器的安全分析

　　最近几十年，超声波和激光在医用领域发展非常迅速。例如，超声波技术用于心脏动态检查、清洁等；激光技术用于全息照相等图像测量、激光刀等。随着新的能量和技术不断被医学所用，对其安全问题应做充分的研究。

4.4.1　超声波仪器的安全性分析

超声波可给予生物体物理的、化学的作用，包括加热作用、振荡作用、空化作用、氧化作用、还原作用、使蛋白质变性的作用、电化学作用、调节渗透压等。究竟产生哪种作用，由所加超声波的强度和时间决定。用强度为 1W/cm^2 的超声波能产生加热作用，可用于温热治疗；用强度为 80W/cm^2 的超声波能产生空化作用，可用于清洗器械或用在超声波喷雾器中；强度超过 100W/cm^2 的超声波能破坏生物组织，因此可用于超声波刀。

实际上，当前大量使用的是超声诊断装置与超声多普勒检测装置，这类装置的输出强度为 50mW/cm^2 左右。一般超声波能量对生物体造成影响的最小值，大致定为 100mW/cm^2 左右，按这个限度，可以说现在用于生物体测量上的超声波仪器是安全的。

但是，对于生殖器、胎儿、脑和眼球等，即使使用低能量也容易受到影响。因此 IEC 在标准中规定安全界限值为 0.1W/cm^2。但在 GB 9706.1—2020 标准中还未规定其安全界限值。

4.4.2　激光仪器的安全性分析

自从 1960 年麦曼（Maiman）首次制成红宝石激光器，经过短短十几年的时间，激光工业就取得了惊人的进步，被广泛地应用在加工、精密测量、通信、公害测量、信息处理等许多领域中。从激光发明的初期，人们就开始研究其在医学上的应用，并得到了大量的实际应用。

激光可用于各种各样的应用，其中在测量和治疗方面的主要应用如下。

1．测量用

（1）激光分光光度分析（使试样蒸发）。

（2）激光全息术干涉法（相干性的应用）。

（3）激光血球计数装置（利用微细平行光）。

（4）激光多普勒法（利用激光的波动性，经皮肤做血流测量）。

2．治疗用

（1）激光刀（发射高能量密度的光，用于切开和凝固，如通过光导纤维内窥镜用于凝结出血性胃溃疡）。

（2）激光凝固法（眼科，主要用于修补脱落的视网膜）。

（3）细胞外科（利用微细平行光，高能量密度的特性）。

3．造成的损伤

因激光具有高亮度、高能量密度、不散射的特点，所以激光存在多种危险，容易造成的损伤主要有以下两类。

（1）眼睛损伤（如晶状体、角膜、视网膜损伤），由直射光和反射光引起。

（2）皮肤损伤（如皮炎、烫伤、穿透等损伤）也是由直射光和反射光引起的。

损伤通常是因患者或操作者不小心，使激光照射到不应照射的身体部位而引起的。身体不同部位的能量安全阈值由照射对象的光学性质、激光的种类、照射时间等决定。可以说凡是治疗用的能量，都是有危险的，特别是当激光从金属表面反射时，其传播方向不可预测，非常危险。

除上述危险外，激光仪器还存在间接的危险，如激励激光用的振荡高压电对操作者的电击、冷却激光管用的低温媒质引起的事故，以及因存在易燃性气体引起的爆炸等。另外，激光仪器的危险性不仅存在于治疗用高输出仪器上，而且测量用仪器也在不同程度上存在危险性。

4.5 医用仪器组合使用的安全性分析

4.5.1 医用仪器组合使用的安全性分析概述

把几台医用仪器同时连在一位患者身上进行组合使用时，要考虑的不仅是各仪器本身所存在的安全问题，还有因组合使用而派生出来的新问题。

医用仪器组合使用时最容易引起电击危险，其中要特别注意微电击诱发心室颤动。医用体内仪器以及和它并用的其他仪器应当采用 CF 型。但是在 GB 9706.1—2020 标准和 IEC 安全标准中，把正常状态下 CF 型仪器的患者漏电流规定为 10μA 以下，在地线断线等单一故障状态下的规定为 50μA 以下。单独使用时，满足上述要求是安全的，但在几台 CF 型仪器并用的场合下，即使每台仪器都达到了规定的标准，但一旦组合起来仍有可能超过容许范围。在组合使用的情况下防止微电击的办法是复杂的，需要考虑包括各仪器的使用方法、使用环境和使用者等在内的系统安全问题。此外，组合使用引起的电击，还包括电流从体表流入，通过躯体，再从体表流出而产生的强电击，它伴随有诱发心室颤动和二次事故的危险。

烫伤是电刀和其他医用仪器、金属床等进行并用时，在与治疗无关部位上因电刀的高频分流而引起的。而对于其他治疗仪器，当电流从针形电极等极小的面积上进行分流时，也有引起烫伤事故的危险。

由干扰造成的危险是指当特大能量的治疗仪器和精密的医用电气测量仪器并用时，精密的医用电气测量仪器受治疗仪器输出的影响而不能进行测量，或者发生错误输出和误动作，导致测量仪器被损坏，从而间接地威胁患者的安全。现在普遍依靠精密的医用电气测量仪器的测量数据进行诊疗，测量仪器的输出信息不准确或失真，将是关系到安全的重大问题。

医用仪器组合使用产生的危险还有很多。例如，易产生火花的仪器和使用易燃性气体的麻醉机并用，或高压氧气瓶和早产儿保育器并用，都有引起爆炸和火灾的危险。在和具有超声波、激光、电磁波、强磁场、放射线等仪器并用进行诊疗时，由于各种高能量的累积作用也可能产生危险。

4.5.2 有创血压测量装置与心电图机的组合使用

根据调查统计，大部分医院有将有创血压测量装置与心电图机或心电监测器并用的情况，图 4-8 所示为医用电气设备与有创血压测量装置并用的概率，其中，心电图机与有创血压测量装置并用的概率最高，达 94.6%。下面对有创血压测量装置与心电图机组合使用时的微电击安全问题加以说明。有创血压测量装置是由导管、压力传感器和专用放大器组成的，但一般使用的压力传感器的受压膜是用金属材料制成的，受压膜通过专用放大器接地。在使用这种非绝缘型有创血压测量装置时，如果并用的心电图机存在漏电流，同时心电图机的地线脱落或接触不良，就有因微电击引起心室颤动的危险。

如图 4-9 所示，把有创血压测量装置的心导管插入心室内测量心室压，同时把心电图机的导联线接在四肢上，当心电图机的开关接通后，将诱发患者产生心室颤动。其原因是心电图机的漏电流较大且地线脱落。漏电流的通路为心电图机→右脚导联线→右脚→躯体→心脏→导管内生理盐水柱→压力传感器的金属受压膜→传感器电缆屏蔽线→专用放大器机壳→地线→大地，可见有电流直接流过心脏。心电图机本机内部的右脚导联线上串联有一个 5mA 的用于保护患者的速断保险丝，当有小的漏电流时保险丝不断，而人的最小感知电流约为 1mA，所以，即使有 500μA 大的漏电流，心电图机的操作者也无任何感觉，不会察觉到有漏电流。但是在微电击的情况下，即使 100μA 以下的漏电流也能引起心室颤动。因此，当有 500μA 的漏电流时，操作者虽没察觉到，但已引起患者心室颤动。

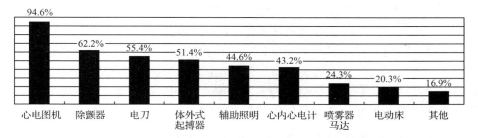

图 4-8　医用电气设备与有创血压测量装置并用的概率

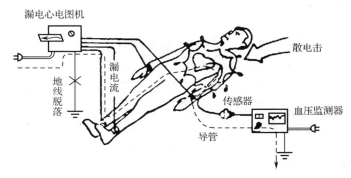

图 4-9　有创血压测量装置与心电图机组合使用时产生的微电击

因盛满生理盐水的心导管相当于一根高电阻的导线，所以用非绝缘型压力传感器测量心室压时，就相当于用一定电阻的导线将心室接地，导线的电阻值随导管的内径粗细和长度而异，对温度为 37℃、长度为 1m 的导管，其型号、内径和电阻值的关系如表 4-1 所示，电阻值为 50～700kΩ。现在把心电图机的绝缘电阻取为 200kΩ（在最坏的条件下存在 220V/200kΩ=1100μA 的漏电流），当使用 8F 的导管时，通过导管和压力传感器的电流为 220V/(200+160)kΩ≈610μA。因某种原因使有创血压测量装置的漏电流增大，且接地不良时，若和它并用的有心电图机，则心导管就成为漏电流的流出点，仍然有因微电击诱发心室颤动的危险。

表 4-1　心导管的型号、内径和电阻值的关系（长度=1m、温度=37℃）

型号	5F	6F	7F	8F	9F	10F	11F	12F
内径/mm	0.66	0.92	1.2	1.4	1.6	1.8	2.1	2.4
电阻值/kΩ	730	380	220	160	120	100	72	55

避免上述危险的方法是，首先需要把有创血压测量装置的整个系统与地、电源完全绝缘。为此，压力传感器采用浮地型的，并且使用没有金属露在外面的传感器。患者回路上的专用

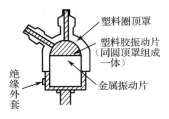

塑料圈顶罩

塑料胶振动片
(同圆顶罩组成
一体)

绝缘
外套

金属振动片

图 4-10　绝缘型压力传感器

放大器也应当是绝缘型的。一种绝缘型压力传感器如图4-10所示，其受压膜是用塑料制成的，受压膜和塑料圆顶罩连在一起。这样，传感器既不是漏电流的流入点也不是流出点，因此可以避免发生微电击。这种产品为完全灭菌可处理型，也解决了细菌感染等问题。

从导管采血时，因为人体是导体，如果用潮湿的手操作，导管将成为并用仪器的漏电流流入点，有引起微电击的危险。因此，在往心室内插入导管时必须慎重。

另一类仪器，如色素稀释法心输出量计、热稀释法心输出量计和血管造影用色素注射器等都是将导管插入心脏内，把这类仪器和其他漏电流大于 100μA 的仪器组合使用时，通常会有微电击的危险。这时，必须有针对体内仪器的漏电流的防护措施、接地系统的保护措施，并说明使用注意事项。另外，在安全使用仪器的同时，还必须定期维修和检查。

4.5.3　体外式心脏起搏器与心电监测器的组合使用

体外式心脏起搏器是在埋藏型心脏起搏器之前，为观察患者的适应情况而暂时使用的一种仪器，或用于心脏手术后房室传导阻滞治疗。作为心导管检查（检查右心房起搏）的项目之一，通常同时使用心电监测器或心电图机来确定心脏起搏器的作用情况。在这种情况下，如果并用的心电监测器有市用交流电的漏电流，则有因微电击诱发心室颤动的危险。

如图 4-11 所示，把体外式心脏起搏器与有漏电流的心电监测器并用在患者身上，当医生的一只手握床的金属接地部分，另一只手触摸心脏起搏器输出端或露出的金属电极时，就会使患者诱发心室颤动。当漏电流为数百微安时，医生感觉不到，因而也就不能判断是否对患者产生了微电击。即使不触碰床的金属接地部分，如果在床潮湿或湿气较大的情况下，也仍然有诱发心室颤动的危险。应当绝对避免用手直接触摸心脏起搏器的引出线，使用时必须戴橡胶手套。另外，要经常检查并用的心电监测器等的接地情况，必须确保其接地良好；床和其他仪器的接地应集中为一点接地；要严格实行 EPR 系统；当有交流声串入心电监测器时，一定要检查接地情况。交流声表示因某种原因在患者身体上漏有市用交流电，把这个声音称为"交流声安全报警"，应学会使用这种方法。

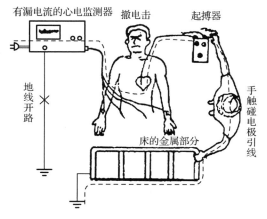

有漏电流的心电监测器　　撤电击　　起搏器

地线开路

床的金属部分

手触碰电极引线

图 4-11　注意不能触碰心脏起搏器的引线

4.5.4　电刀与接触患者的测量仪器的组合使用

有关电刀的危险性前面已经做了介绍，本节讨论它与手术中接触患者的各种测量仪器并用时的安全问题。

电刀是一种噪声源，因此在使用电刀的同时，不能使用心电图机和超声多普勒血流量计等测量仪器。心电监测器等低频仪器由于在输入端或在电极部分采取了滤波，噪声干扰的影响会小一些，但仍存在误差。采用热敏电阻和热电偶的温度测量仪器，由于受高频分流的影响，导致自身加热，使测量误差很大。和一般无噪声环境下使用的仪器不同，与电刀并用的测量仪器，特别是手术室里使用的测量仪器，应当采取特殊设计。

电刀和接触患者的测量仪器并用时，最危险的是由电极和传感器中的高频分流电流引起的烫伤，如在靠近手术部位的心电监测器电极处引起的烫伤。为了防止发生烫伤，应当在尽可能远离手术部位的地方用大面积的心电图引出电极。有时在手术中需要观测脑电波，这时，使用针电极是危险的，即使有少量的高频分流电流通过脑电波测量用针电极（直径 0.2mm，长度 1cm，表面积 $0.0025cm^2$），也会引起大量的发热进而导致烫伤，如图 4-12 所示。例如，电流密度为 $0.1A/cm^2$、表面积为 $0.0025cm^2$ 的针电极上所允许的高频分流电流为 0.25mA，而把高频分流电流抑制在这个量值水平上是非常困难的，因此在手术中测量脑电波时，应当使用盘形电极。

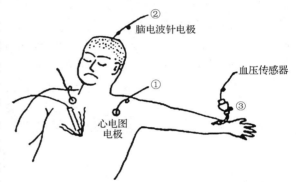

图 4-12　因电刀高频分流引起的烫伤危险

传感器的安装也需要注意。例如，在手术中测量体温时常用直肠体温计，将温度传感器插入直肠中，若传感器的屏蔽线直接接地，则会引起高频分流。在这种情况下，在直肠内有发生烫伤的危险，而这种危险不易被察觉，因此处理不及时有可能造成严重外伤。另外，血压测量用的导管和压力传感器的分流也有引起凝血、血管闭塞等的危险。特别是桡动脉血压监测仪，如果用短粗的导管将血压传递到传感器上，这时必须引起注意。例如，用直径为 4mm，长度为 10cm 的导管和金属针监测血压时，盛满生理盐水导管的电阻仅为 $2k\Omega$ 左右，因阻止分流的电阻很小，当分流电流达到 25mA 以上时就有危险。如果仅监测血压，则用细长的导管比较安全。手术中长时间置于身体上的传感器都会或多或少地成为烫伤事故的原因，所以应当使用高频滤波器。

4.5.5　医用系统仪器的安全性分析

医用系统仪器是指为完成某个医疗项目而有机组合成的仪器，如在 ICU 和 CCU 中使用的综合患者监护装置（用于心电图、血压、呼吸数和体温等指标的连续观察和记录）与计算机组合在一起的自动诊断装置。本节主要研究关于计算机和医用电气设备组合成的医用系统仪器的安全问题。计算机与医用电气设备组合在一起后，可显著增强信息处理能力和控制能力，但同时也带来了安全隐患。

医用系统仪器的安全问题大致包括以下方面：

（1）医用电气设备方面的安全问题；

（2）计算机（包括附属仪器）方面的安全问题；

（3）接口方面的安全问题。

作为医用系统仪器的医用电气设备与其单独使用时所存在的安全问题基本相同。关于计算机方面的安全问题。首先，由于计算机本机和附属仪器在设计时并没有考虑作为医用仪器使用，因此存在漏电流较大的问题；其次，用计算机进行判断、记忆、控制时，还存在可靠性的问题。这些是计算机在医学上应用（如自动诊断、模拟预测、自动治疗等）的基本问题。接口是医用电气设备和计算机之间的信息传递通道，计算机为了正确处理数据，需要准确地传递信息，因此接口的可靠性也很重要。

计算机漏电流引发安全问题的主要原因在于计算机的电源有滤除噪声的电容器，因信号引线较长，一般接地漏电流和地线断路时的外壳漏电流都较大。因此，在医用环境下，因漏电流造成电击的危险性很大，特别是对于心导管检查自动化系统以及 ICU、CCU 和手术室的数据处理系统等，将计算机引入有微电击危险的科室可能引发的安全问题尤为敏感。

医用系统仪器在使用时，可能因地线断路等事故使计算机上较大的漏电流通过公用地线和信号输入线流到医用电气设备和患者身上，造成电击事故。这种情况如图 4-13 所示，如果流出点是心导管或心内电极，就有微电击的危险。

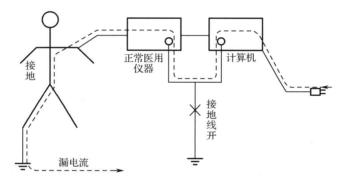

图 4-13　医用系统仪器单一故障（地线开路）产生漏电流引起电击

医用系统仪器的规模越大，操作越复杂，越容易引起操作错误。对此，通过对操作方法、显示、标记、开关等采用标准化设置，可以在一定程度上避免因操作错误造成的危险。该方法不仅适用于医用系统仪器，对多导记录仪及 ICU、CCU 中使用的复杂化系统等也适用。因此，从提高安全措施角度来看，推广标准化的意义重大。

思考题

1．医用电气设备产生的危害一般可以分为哪几类？

2．试分析医用体内仪器的安全性，举例说明。

3．试分析医用治疗仪器的安全性，举例说明。

4．参照有创血压测量装置与心电图机组合使用产生的危险，分析有创血压测量装置与高频电刀组合使用的安全问题。

第5章　医用电气设备的分类与检测

5.1　医用电气设备分类

5.1.1　医用电气设备的防电击类型分类

为了确保医用电气设备的电气安全性，我们必须对其采用技术性的追加手段，如设备接地、双重绝缘、降低电源电压（医用安全超低压）、在设备内部放入电池。按照防电击类型，设备可分为以下 4 类。

1. 保护接地——I 级设备

为了当设备外壳的基础绝缘发生故障时，不接触到导电部分，我们会将设备进行保护接地。例如，将设备的电源插头（3P）插入插座时，对设备的金属外壳部分进行保护接地（用接地办法来防止电击的附加保护措施称为保护接地）。将医用电气设备的金属外壳等容易接触到的外部导体部分接地，当人接触到金属外壳时，会与金属外壳并联为一个接地电阻。这样，若有电流经过，则分流后流经人体的电流变小。由分析可知，接地电阻越小，流经人体的电流越小，所以希望接地电阻充分小。

对以保护接地作为附加保护措施的设备来说，在使用时必须确认接地，这很重要。为此，必须采取下面两种方法中的一种。

（1）采用固定地线作为保护接地线。

（2）采用带有接地孔的电源插头和插座。

在医用电气设备暂定安全标准和 IEC 安全通则中，把满足以上要求的设备叫作 I 级设备，如图 5-1 所示。

同样是接地，有的是为了消除交流干扰，如无线电通信设备的接地等，这是以改善设备性能为目的的接地，采用这种接地的设备不叫 I 级设备。此外，即使打算保护接地，但必须另在接地端子上连接地线的这种类型的设备也不是 I 级设备。所谓 I 级设备，是指采取附加保护措施后，能在连接电源的同时也能使保护接地连接好的设备。

每次使用设备前都要通过保护接地端子进行接地的设备称为 0I 级设备。使用这种设备时容易忘记接地，而且接地线易断，可靠性低。国际上不承认这种形式的医用电气设备。

为了安全，在使用 0I 级设备时，需要先把仪器外壳持续接地，再接入电源；在结束使用 0I 级设备时，需要先切断电源，再切断持续接地。连接/切断电源和连接/切断接地有固定的顺序，当顺序颠倒或忘了接地时，设备的安全性就得不到保障了。这也是 0I 级设备没有被确认为医用电气设备的原因。

2. 辅助绝缘——II 级设备

在基础绝缘的基础上，再加一层绝缘作为附加保护措施的方法（这层新的绝缘具有增强基础绝缘的作用）称为辅助绝缘（Supplementary Insulation）。采用辅助绝缘的设备叫作Ⅱ级设备。基础绝缘和辅助绝缘重合在一起称为双层绝缘。在采用双层绝缘的Ⅱ级设备的使用过程中，即使一种绝缘损坏，另一种绝缘仍可以保证安全。Ⅱ级设备如图5-2所示。

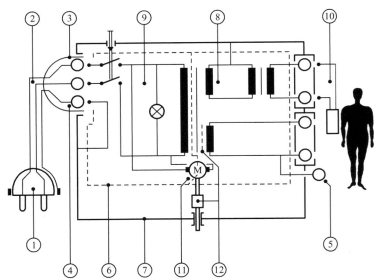

①—有保护接地接点的插头；②—可拆卸电源软电线；③—设备连接装置；④—保护接地用接点和插脚；⑤—功能接地端子；⑥—基本绝缘；⑦—外壳；⑧—中间电路；⑨—网电源部分；⑩—应用部分；⑪—有可触及轴的电动机；⑫—辅助绝缘或保护接地屏蔽

图 5-1　Ⅰ级设备

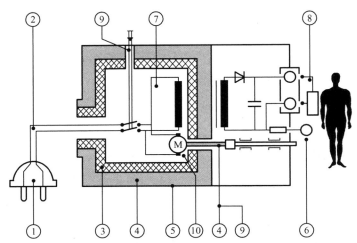

①—网电源插头；②—电源软电线；③—基本绝缘；④—辅助绝缘；⑤—外壳；⑥—功能接地端子；

⑦—网电源部分；⑧—应用部分；⑨—加强绝缘；⑩—有可触及轴的电动机

图 5-2　Ⅱ级设备

Ⅰ级设备保障安全依靠的是被称为接地电阻的外部因素；而Ⅱ级设备依靠的是设备内部的绝缘性能，这是Ⅱ级设备的特征。

即使Ⅱ级设备的外壳用的是导电材料，原则上也不需要把它接地。只有在防止微电击，需要进行等电位接地时，才有必要接地。

　　Ⅱ级设备一般采用全部绝缘的外壳。采用全部绝缘外壳的设备,有一个耐用、实际上无孔隙(连接无间断),并把所有导电部件包围起来的绝缘外壳(一些小部件除外,如铭牌、螺钉及铆钉,这些小部件至少采用了相当于加强绝缘的绝缘,与带电部件隔离)。

　　带有由金属制成的实际上无孔隙的封闭外壳的设备内部采用双重绝缘或加强绝缘,或者整个网电源部分采用双重绝缘(除因采用双重绝缘显然行不通而采用加强绝缘外)。

　　Ⅱ级设备也可能因功能需要备有功能接地端子或功能接地导线,以供患者电路或屏蔽系统接地使用,但功能接地端子不得用于保护接地,并且要有明显的标记,以区别保护接地端子,在随机文件中也必须加以说明。功能接地导线只能用于内部屏蔽的功能接地,并且必须是绿色/黄色的。

　　若因功能需要,在设备上加一个装置,使它从Ⅰ类防护(Ⅰ级设备)变成Ⅱ类防护(Ⅱ级设备),则需满足下列要求。

　　① 所加装置要明确防护类别,以便于选用。

　　② 必须用工具才能进行这种装置的变换,以防随意变动。

　　③ 设备在任何时候都需要满足该防护类别下的全部要求,以确保防护类别改变后的安全性能。

　　④ 设备变为Ⅱ级后,要切断保护接地导线与设备之间的连接,因为保护接地导线不再具备防护作用。当设备出现单一故障时,若接地导线没有切断,则将具有电击危险。

　　需要说明的是,设备的Ⅰ级、Ⅱ级分类不代表安全质量不同,只代表防电击措施、方法不同,Ⅰ级、Ⅱ级设备对用户来说都是安全、可靠的设备。

3. 医用安全超低压电源——Ⅲ级设备

　　当设备使用特别低的电源电压时,即使人体接触到电路(包括绝缘老化、损坏)也不会有危险。人体接触时无致命危险的电压值称为容许接触电压(Allowable Touch Voltage),一般为 25～60V。

　　在医用电气设备上,把对接地点浮地的交流电压 24V 以下、直流电压 60V 以下的电源,称为医用安全超低压电源,使用这种电源的设备称为Ⅲ级设备。在使用Ⅲ级设备时,需要有医用安全超低压电源。因此,必须事先准备这种电源装置。

4. 内藏电源——内部电源设备

　　电源藏在设备内部,如果和外壳毫无关系,则即使人体接触设备的外壳,触电的危险也会大大减小,只要人体不同时接触设备上有电位差的某两点(如果设备内部电路不引到机壳外面,则这种情况不会出现),就不会有电流通过人体。

　　内部电源和交流电源都可以工作的设备,或者用交流电源向内部电源充电的设备,一般都不能叫作内部电源设备。这种设备属于用外部电源工作的设备,也就是说,这种设备按附加保护措施进行Ⅰ级设备或Ⅱ级设备分类时必须考虑安全性要求。内部电源设备是指把容量十足的电池装入设备内部,不需要外部电源就能动作的医用电气设备。需要注意的是,在对商用电源和内部电源并用的医用电气设备充电时,不能使用设备,因为不能保证在充电过程中不出现电击故障。碰到需要充电的情况时,必须先将电池从设备中取出来,再充电。

　　综上所述,医用电气设备防电击分类如表 5-1 所示。

表 5-1　医用电气设备防电击分类

分　类	保护措施	附加保护措施	备　注
Ⅰ级设备	基础绝缘	保护接地	设备需要保护接地，接地型二孔插座（3P 插座）
Ⅱ级设备		辅助绝缘	对使用的设备没有限制
Ⅲ级设备		医用安全超低压电源	要求特殊的电源设备，不能认为它是Ⅲ级 CF 型的
内部电源设备		内部电源	对使用的设备没有限制 不能连接外部电源

5.1.2　医用电气设备的防电击程度分类

1. 产生电击的原因

从根本上说，产生电击的原因主要有两点：一是人与电源之间存在两个接触点，形成回路；二是电源电压和回路电阻产生了较大的电流，该电流流过人体发生了生理效应。下面介绍几种可能产生电击的情况。

（1）设备故障造成漏电。

漏电流是从电源到设备金属外壳之间流过的电流。所有的电子设备都有一定的漏电流。漏电流主要由电容漏电流和电阻漏电流两部分组成。电容漏电流又称为位移漏电流，它由两根电线之间或电线与金属外壳之间的分布电容所导致。电线越长，分布电容越大，产生的漏电流也越大。例如，50Hz 交流电、2500pF 电容产生大约 1MΩ 容抗、220μA 的漏电流。射频滤波器、电源变压器、电源线及具有杂散电容的一切部件都可能产生电容漏电流。电阻漏电流又称为传导漏电流。产生电阻漏电流的原因很多，如绝缘材料失效、导线破损、电容短路等。需要指出的是，由设备故障造成的漏电流一般属于电阻漏电流。

在漏电流中，最值得注意的是设备外壳漏电和连接到患者处的导联漏电，这些漏电都可能产生电击事故。正常情况下，设备的外壳是不带电的，但是当电源的火线偶然与金属外壳短路时，金属外壳上就带上了 220V 的电压。这时站立在地上的人若触及金属外壳，就会成为 220V 电压与地之间的负载，数百毫安的电流会通过人体，带来危险。

（2）电容耦合造成的漏电电容几乎存在于任何地方。

任何导体与地之间、用绝缘体分开的两个导体之间都可以等效为一个电容器，从而形成交流通路，产生由电容耦合造成的漏电。例如，当设备的外壳没有接地时，外壳与地之间就形成了电容耦合。同样，在电源火线与地之间也形成了电容耦合。这样，设备外壳与地之间就产生了电位差，即外壳漏电，如图 5-3 所示。这种漏电的范围一般为几十微安到几百微安，最大不会超过 500μA，因此当普通人触及外壳时，至多有一些麻木的感觉，不会有更大的电击危险；但对于电气敏感患者，若电流全部流过心脏，就足以引起严重后果。

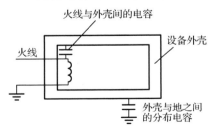

图 5-3　由电容耦合造成的漏电

（3）外壳未接地或接地不良。

医务人员或患者几乎都会接触到的医疗设备的金属外壳，如果金属外壳不接地或接地不良，那么在电源火线和金属外壳之间的绝缘故障或电容短路，会使金属外壳和地之间形成电位差。当医务人员或患者同时接触到设备金属外壳和任何接地物体时，就会受到电击。

（4）非等电位接地。

一般情况下，设备的金属外壳必须接地，但是如果几台设备（包括病床）同时与患者相连，那么每台设备的金属外壳电位必须相等，否则也会产生电击事故。非等电位接地导致的电击如图 5-4 所示，患者与病床接触，病床在 A 点接地，同时正在给患者诊断的心电图机的接地导联将患者的右腿在 B 点接地，也就是说，患者同时在 A 点和 B 点接地，这就要求 A、B 两点严格等电位。但是实际上 A、B 两点往往存在电位不等的情况。例如，有一台外壳漏电的设备也接入心电图机的同一支路，即在 B 点接地。由于 A、B 之间总有一定的电阻，而外壳漏电的设备将 B 点电位抬高，与 A 点之间形成一个电位差，这个电位差使电流从 B 点通过心电图机和患者回流到 A 点，患者受到电击。漏电流的大小与 A、B 两点间的电阻大小和外壳漏电设备的漏电程度有关。

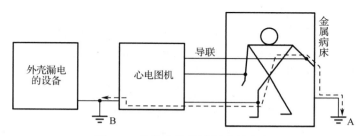

图 5-4　非等电位接地导致的电击

（5）皮肤电阻减少或消除。

人被电击时，皮肤电阻限制了能够流过人体的电流。皮肤电阻随着皮肤水分和油脂的数量大小而变化。显然，皮肤电阻越大，受到电击的危险性就越小。皮肤电阻的大小还与接触面积有关，接触面积越小，皮肤电阻越大，因此应当尽可能地减少人体与设备外壳直接接触的机会和面积。

任何减少或消除皮肤电阻的做法都会增加可能流过的电流，从而使患者更容易受到电击。但是，在生物电的测量过程中，为了提高测量的正确性，我们往往希望把皮肤电阻减小一些。例如，测量心电时，在皮肤和电极之间涂上一层导电膏，就是为了减小皮肤的电阻，因此正在医院里接受诊断和治疗的患者比一般人更容易受到电击。测量的正确性和电击的危险性是生物医学测量中的一对需要平衡考虑的因素，应当引起人们的足够重视。

2．电击防护措施

从上述产生电击的原因可知，防止电击应从两方面入手：一是将患者同所有接地物体和所有电源进行绝缘；二是使患者所有够得着的导电表面都保持在同一电位上，但不一定是地电位。其目的都是使通过患者的电流减到最小。

医用电气设备的适用对象多数是不健康的人。因为疾病，很多患者对外界刺激的抵抗力降低；而且由于诊断和治疗，外来的刺激很容易引起患者产生不良反应。有的患者可能失去意识或处于不清醒状态，失去对危险的感觉。即使患者意识清醒，但因为治疗上的需要，需要将身体固定在病床或检查台上，这样的患者在受到电击时也无法逃生。

可见，加强医用电气设备的电气安全性，最大限度地减少患者遭受电击的可能性，有着特别重要的意义。下面具体介绍几种电击防护措施。

（1）设备外壳接地。

设备外壳接地是经常使用的安全措施，由于外壳可靠接地，即使火线与外壳发生了短路，短路电流的极大部分也会从外壳地线回流到地，流过人体的电流只是其中很小的一部分，同

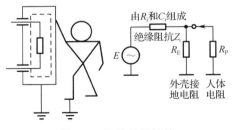

图 5-5　设备外壳接地

时又因短路电流足够大，可立即熔断线路中的保险丝，从而迅速切断设备电源，保障人身安全。图 5-5 为设备外壳接地时的情况。一般情况下，只要保证外壳接地良好、有效、可靠，即使设备发生故障，外壳漏电，仍可保证患者安全而不会受到电击。但是在某些特殊场合，如在危重监护病房中对电气敏感患者同时使用多台设备时，为防止设备外壳非等电位接地引起的电击事故，必须采用等电位接地系统。

（2）等电位接地。

在分析产生电击的原因时，曾提到多台设备同时与患者相连的情况，如果每台设备的外壳电位不相等，就会发生电击。因此，等电位接地是防止电击的又一有力措施。所谓"等电位接地"是使患者环境中的所有导电表面和插座地线处于相同电位，然后接真正的"地"，以保护电气敏感患者，也能保护患者免受其他地方地线故障的影响。

（3）基础绝缘。

把医用电气设备的电路部分进行绝缘，通常用金属或绝缘外壳将整个设备覆盖起来，使人接触不到。如图 5-6 所示，R_P 为人体电阻；Z_i 为绝缘阻抗，用 R_i 及 C_i 并联表示。绝缘可以使流过人体的电流减小，因此在很多场合下可以防止电击事故。

基础绝缘即使是正常的，也存在引起事故的可能性。这是因为绝缘阻抗不够大，漏电流增大引起电击事故。在医用电气设备安全标准中，将设备正常工作时不引起微电击的漏电流容许值取为 $10\mu A$。如果电源电压为 220V，则绝缘阻抗必须在 $5M\Omega$ 以上。如果分布电容很大，加上基础绝缘老化，则造成微电击的可能性很大。

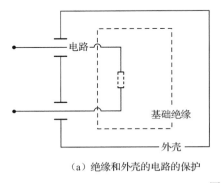

（a）绝缘和外壳的电路的保护　　　　　　　（b）等效电路

图 5-6　基础绝缘

（4）二次绝缘。

当患者和医务人员偶然接触到漏电设备的外壳时，会发生电击事故。为了确保安全，通常采用两种方法：一是用绝缘材料做设备的外壳；二是用另外的绝缘层（保护绝缘层）将易与人体接触的带电导体与设备的金属外壳隔离（称为一次绝缘），而设备的金属外壳照常与它的电气部分隔离（功能绝缘层，又称为二次绝缘）。这两种方法都称为双重绝缘，它包括了防护绝缘和功能绝缘。采用双重绝缘后，即使设备的外壳漏电，也不会引起电击事故。需要指

出的是，双重绝缘不但能防止宏电击，也能防止微电击。

双重绝缘还指把电源和整个系统用双重绝缘变压器进行绝缘，将变压器次级侧接地，并在接地处安装一个零相电流检测器，次级侧采用三线或把接地线中的一条线作为保护接地线用，如图 5-7 所示。

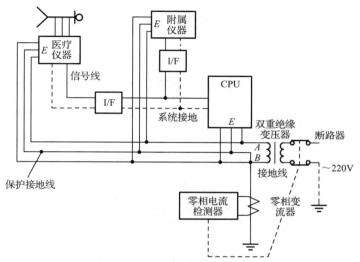

图 5-7 采用双重绝缘变压器的医用电气设备系统

用此方法，电子计算机和终端的漏电流通过保护接地线从绝缘变压器的次级侧 B 点流回变压器，在原地线中几乎没有漏电流通过。如果发生故障，当有漏电流通过患者或操作者时，则由零相电流检测器检测漏电流，并由这个电流控制初级侧断路，或者发出报警信号。

（5）低电压供电。

当人体电阻一定时，加在人体上的电压越高，通过人体的电流就越大，产生电击的可能性也越大。为了减少电击危险，在医用电气设备中采用低电压供电是一个较佳的方案。如果选用特别低的电源电压，则即使人体接触到电路，也没有损伤危险，即便基础绝缘老化、损坏，也不会发生电击事故。把人体接触而无致命危险的电压值称为容许接触电压，一般为 25～60V。

低电压供电的方法有两种：一是低压电池供电；二是低压隔离变压器供电。

低压电池供电一方面可达到低电压供电的目的，另一方面由于它没有接地端，因此低压电池供电设备的外壳可以不接地，这样就能取消人体接地的措施了。低压电池供电广泛应用于无线电遥测中，如在 ICU、CCU 监护系统中，往往需要对患者的心电、脉搏、呼吸等参数进行不间断的监护。如图 5-8 所示的生理遥测系统可实现这一目的。

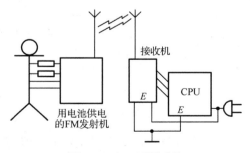

图 5-8 生理遥测系统

遥测系统的主要组成部分包括传感器、放大器、发射机、发射天线、接收天线、接收机及记录器。以心率无线遥测为例，通常的做法是，将放大器、发射机组装在一个体积尽可能小的盒子里，线路由电池供电。发射信号被在远处的接收机接收，接收部分不与人体接触，故可采用市电供电。因电池电压通常较低，不会对人体构成危险，故低压电池供电是避免电击事故的一种有效方法。

低压隔离变压器常用在检眼镜和内窥镜等仅有一个灯泡耗电量较大的医疗器械中，其输出低压部分与地绝缘。

（6）采用非接地配电系统。

一般的低压配电系统都采用接地方式，即交流电源中的中线是接地的，这是引起电击的一个重要潜在因素。采用隔离变压器可将接地方式变为非接地方式。隔离变压器与普通变压器的不同之处在于它的次级绕组没有任何一端接地，如图 5-9 所示。

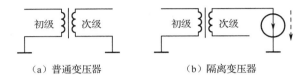

（a）普通变压器　　　　　（b）隔离变压器

图 5-9　两种变压器的不同之处

若次级对地阻抗足够大，则次级即使接地也没有电流通过。但是实际上，由于初级、次级间存在静电电容，次级对地也有分布电容，因此漏电流总是存在的。实际的接地电流是由次级对地阻抗的大小决定的。显然，假如次级对地阻抗变得很小，或者次级一端与地短接，则隔离变压器的功能将不再存在。这时，如果隔离电源次级另一端与患者接触，则电击事故会照常发生。可见，为了保证隔离电源系统的保护功能，必须监视隔离变压器和地之间的阻抗。一旦电阻减小到一定程度，就立即报警，指示隔离变压器已经失效，必须及时排除故障。

线路隔离监视器可达到监视的目的，典型线路如图 5-10 所示。图中，L_1、L_2 为隔离变压器的次级绕组端，Z_1、Z_2 分别为 L_1、L_2 的等效对地阻抗，把 L_1 或 L_2 接地时流过的电流分别用 I_1、I_2 来表示，如式（5-1）、式（5-2）所示。计算后，较大的一个称为危险指数。

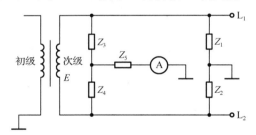

图 5-10　线路隔离监视器典型线路

$$I_1 = \frac{E}{|Z_1|} \tag{5-1}$$

$$I_2 = \frac{E}{|Z_2|} \tag{5-2}$$

危险指数是指隔离变压器的次级绕组有一端发生接地事故时流过的最大接地电流。它由配电系统连接的负载设备或配电系统的绝缘情况而定。不连接负载设备的危险指数可以表示配电系统本身的绝缘情况，称为系统危险指数。如果设备负载连接到系统上，因为使等效对地阻抗 Z_1、Z_2 下降，危险指数增加，则把这时的危险指数称为故障危险指数。危险指数的允许值通常为 2mA，这个值是根据爆炸性气体不能点火、不能发生致死性电击事故而定的。使用了线路隔离监视器会使危险指数增加，把这个增加量称为监测器危险指数。综上所述，各种危险指数间的关系如下。

总危险指数=监测器危险指数+故障危险指数。

故障危险指数=系统危险指数+连接设备后增加的危险指数。

设图 5-10 中的 Z_3、Z_4、Z_5 的电阻值分别为 100kΩ、100kΩ 和 50kΩ，如图 5-11（a）所示。当 E 取 100V 时，监测器危险指数 I_{mH} 为

$$I_{mH} = \frac{Z_4 E}{Z_3 Z_4 + Z_4 Z_5 + Z_3 Z_5} = \frac{100 \times 100}{100 \times 100 + 100 \times 50 + 100 \times 50} = 0.5(mA)$$

当 L_1 对地有 67kΩ 的等效电阻时，如图 5-11（b）所示，故障危险指数 I_{FH} 如式（5-3）所示。

$$I_{FH} = \frac{E}{Z_1} = \frac{100}{67} \approx 1.5(mA) \tag{5-3}$$

由此可得总危险指数 I_{TH}，如式（5-4）所示。

$$I_{TH} = I_{mH} + I_{FH} = 0.5 + 1.5 = 2(mA) \tag{5-4}$$

这时，在监测器表头中流过的电流是 0.5mA，如果把监测器上指示 0.5mA 的位置算作 2mA，则监测器的读数就可以表示总的危险指数。

因此，实际通过接地点的电流和危险指数是不同的，危险指数是产生接地时流过的电流，并非实际通过接地点的电流。

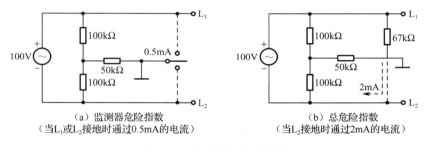

（a）监测器危险指数　　　　　　　　　　（b）总危险指数
（当L₁或L₂接地时通过0.5mA的电流）　　（当L₂接地时通过2mA的电流）

图 5-11　危险指数计算示例

前面的分析把 L_1 的对地等效阻抗 Z_1 按纯电阻计算，现在再把 Z_1 看作纯电容进行计算。纯电容的阻抗也取为 67kΩ，应用戴维南定理，如图 5-12 所示。通过监测器的电流 I 如式（5-5）所示。

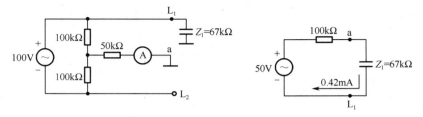

图 5-12　Z_1 按纯电容时的电流

$$I = \frac{50}{\sqrt{100^2 + 67^2}} \approx 0.42(mA) \tag{5-5}$$

虽然故障时危险指数仍相同，都是 1.5mA，但监测器表头的指示已从原先的 0.5mA 变为现在的 0.42mA，这是这种线路隔离监视器的不足之处。

必须考虑的另一种情况是，当 L_1 和 L_2 的对地等效阻抗同时变化且相等时，如图 5-12 所

示的监测电路将处于电桥平衡状态，即使此时发生了接地事故，监测器表头中也无电流通过，从而会发生漏检现象。为了避免这种情况，可采用如图 5-13 所示的电路，每隔一定时间换接测量电路一次，破坏电桥平衡条件，消除漏检事故，这种监测器称为动态线路隔离监测器。

（7）患者保护。

从患者角度出发，在医疗器械产品设计中可采用以下方法。

① 右腿驱动技术。

造成触电事故的一个重要原因就是人体接地，因此最根本的安全用电措施就是避免人体接地。人体接地本来就是在没有高质量放大器的情况下采取的减少共模信号的应急措施。测量心电图时，如果患者右脚不接地，如图 5-14 所示，由于杂散分布电容的影响，患者身上将会产生很高的共模电压。先假设患者左肩离电源最近，可将分布电容看作集中在电源火线和左肩之间；再假设右腿离地最近，可将分布电容看作集中在地和右腿之间。假设它们相等，均等于 $10\mu F$。通过分析可知，当右腿不接地时，等效共模电压可达 110V；当右腿接地时，共模电压可减少到 0.5mV 左右。因此，最理想的方法是设计出一种既能减少共模干扰又能取消人体接地的电路。如图 5-15 所示的右腿驱动心电放大器即可实现这一目的。

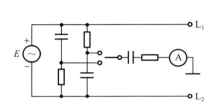

图 5-13　动态线路隔离监视器

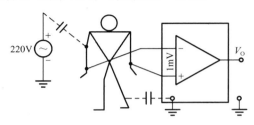

图 5-14　患者不接地测量心电图

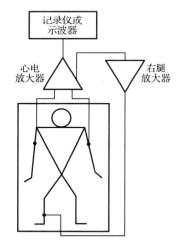

图 5-15　右腿驱动心电放大器

图中心电放大器对患者感受到的 50Hz 的电源干扰采样，并把该信号通过右腿放大器反馈给患者，以便抵消这种干扰。该系统可使患者有效地与地隔离，具有很小的漏电流，记录的心电图也相当清晰。

② 人体小电流接地。

正常情况下，人体通过一定电阻接地。一旦人体受到电击，电阻就会限制通过人体的电流使之成为安全电流。这样使人体电位既保持在零电位，又对患者没有潜在的危险。如图 5-16 所示，R 为数十兆欧；四桥臂 D_i 为晶体二极管。一旦右腿的入地电流过量，二极管桥路就切断右腿的接地线，使人免遭电击，确保人身安全。

③ 信号隔离器。

在绝缘体部分中，触体部分和其他部分之间进行了电路绝缘，但必须能够传送信号。能实现这个任务的就是信号隔离器。信号隔离器是依靠电磁耦合或光耦合来传送信号的，如图 5-17 所示。除此之外，还可以通过声波、超声波、机械振动等介质来传送信号。

供给绝缘触体部分工作的电源，也必须与其他电路绝缘，使用绝缘触体部分专用电池或 DC-DC 变换器。

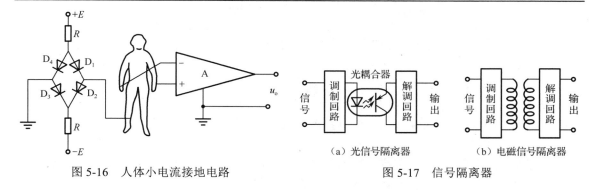

图 5-16　人体小电流接地电路　　　　　　　图 5-17　信号隔离器

3．B 型设备、BF 型设备、CF 型设备

医用电气设备不同于一般的电子设备，触体部分较多。为防止电击事故，我们依靠基础绝缘把触体部分和电源原线圈电路分开。但是，只用这种方法，当绝缘损坏变质时，就不安全了。像心脏导管和埋植体内的心脏起搏器的刺激电极等触体部分，它们直接接触心肌和心腔。从这些设备流出的漏电流直接刺激心肌，极易引起心室颤动。因此，必须把从触体部分流出的漏电流限制在极小值范围之内，才不会引起心室颤动。

当将触体部分接地（保护接地）时，漏电流几乎全从地线流向大地，减小经过心脏的漏电流。这是一种较简单的方法，但在这种场合下，如果同时有其他设备也连接到患者身体上，则从旁的设备上流出的漏电流经过连接心脏的触体部分流向大地，也有引起心室颤动的危险。

为同时连接多台设备而不引起心室颤动，需要采用某些方法限制连接到心脏上的触体部分流过的电流。为此，将连接心脏的触体部分同设备的其他部分和接地点绝缘，这种方法称为绝缘触体部分，或称浮动触体部分。绝缘触体部分的优点是，它可以依靠绝缘阻抗限制漏电流，特别是限制从外部经过触体部分流入设备的漏电流。

当电流直接流过心肌时，非常小的电流阈值内就可以发生心室颤动。因此，直接装在心脏上的设备和其他设备的漏电流必须取不同的漏电流容许值。另外，根据前述理由，也有触体部分不绝缘的设备。由于医用电气设备使用场合不同，对设备的电击防护程度的要求也不同。这是因为人体各部位对电流的承受能力不同。医用电气设备同患者有着各种各样的接触，如体表接触和体内接触，甚至直接与心脏的接触。例如，各种理疗设备同患者的体表接触，各种手术设备（电刀、妇科电灼器）要同患者的体内接触，而心脏起搏器、心导管插入装置则要直接与心脏接触。这样，医用电气设备可分成各种型式，按其使用场合的不同可规定不同的电击防护程度，标准将其划分为 B 型、BF 型、CF 型。

触体部分的种类和型号如表 5-2 所示。

表 5-2　触体部分的种类和型号

绝 缘 情 况	适用于体表、体腔	适用于心脏
不绝缘	B	—
触体部分绝缘	BF	CF

C 代表心脏，B 代表躯体，F 代表绝缘。连接心脏的部分一定是绝缘触体部分（CF），在 IEC 安全通则和 GB 9706.1—2020 标准中，对这种类型设备分别规定了容许漏电流。CF 型设备的容许漏电流是 3 种分类中最严格的。

（1）B 型设备。

B 型设备是对电击有特定防护程度的设备，特别要注意容许漏电流及保护接地连接（若有）的可靠性。

（2）BF 型设备。

BF 型设备有 F 型应用部分的 B 型设备。其容许漏电流规定值增加了对应用部分加电压的电流测量。B 型、BF 型设备适用于患者体外或体内，不包括直接用于心脏。

（3）CF 型设备。

CF 型设备对电击的防护程度，特别是在容许漏电流方面，高于 BF 型设备，并具有 F 型应用部分的设备。CF 型设备预期直接用于心脏。

5.2　医用电气设备安全检测的通用条件

根据 GB 9706.1—2020，医用电气设备的安全检测涉及的试验都是型式试验。所谓型式试验，是指用一个能代表同类被测项的样品来进行试验。仅仅是那些在正常状态或单一故障状态一旦损坏就会引起安全方面的绝缘，元件和结构细节才必须试验。产品型式试验应该包括该标准规定的全部试验项目。当然，用于不同的试验目的时，可以选择不同的项目。型式试验的样品数量原则上为一台，特殊情况下可另加样品。

同一项目的试验原则上只进行一次，不得重复试验（除非本标准另有规定）。尤其是电介质强度试验，更应避免重复，因为它有可能降低设备受试部位的绝缘和隔离程度。

在安全检测前，对环境、供电电压等都有一定的要求，在检测前对具体条件需要进行预处理。

5.2.1　试验前的预处理

医用电气设备必须在试验场所停放 24h 以上（不工作）；设备必须按使用说明书的规定运转，运转时间与在额定电压下的试验时间相同，以检查设备是否正常工作。此外，对于无特殊防护的设备、防滴设备、防溅设备、设备部件必须经过潮湿预处理。

在潮湿预处理时，潮湿箱内的湿度为 91%～95%，温度为 20～32℃，允差为（$t\pm2$）℃。因此，其下限为（$t_{min}-2$）℃=20℃，即 t_{min}=22℃，其上限为（$t_{max}+2$）℃=32℃，即 t_{max}=30℃，故潮湿箱温度 t 可在 22～30℃选定（如潮湿箱的控温精度为±1℃，t 可在 21～31℃选择）。设备或设备部件必须置于潮湿箱中的时间：普通设备或设备部件为 48h，防滴和防溅设备或设备部件为 168h。预处理之前医用电气设备必须满足：

（1）设备或设备部件必须完整地装好，运输储运时用的罩、盖必须拆除；

（2）不用工具即可拆卸的部件必须拆下，且与主件一起试验；

（3）不用工具即可打开或拆卸的门、抽屉和调节孔盖必须打开和拆下；

（4）仅对那些易受试验所模拟的气候条件影响的设备进行这一试验。

5.2.2　试验的环境温度、相对湿度和大气压力

（1）当被试设备已按预处理准备好之后，便可以按下列条件进行检测。

环境温度：15～35℃。

相对湿度：45%～75%。

大气压力：860～1060hPa。

对于基准试验，如果试验结果取决于环境条件，则其试验条件可从表 5-3 中所列的三组条件中任选一组，试验结果均被认可。

（2）被试设备应与其他干扰源相隔离。例如，不要让空调器的气流直接吹向设备，以免影响试验结果。

（3）如果环境条件无法保持稳定，并可能影响试验结果，则应对试验结果进行修正。

表 5-3　试验的环境温度、相对湿度、大气压力的三组条件

条　件	a	b	c
温度/°C	20±2	23±2	27±2
相对湿度/%	65±5	50±5	65±5
大气压力/hPa	860～1060		

5.2.3　试验的电压、电流、电源、频率

对于医用电气设备的供电电源，有如下要求。

（1）按设备的不同类型，提出额定电压的最高限值，该电压指的是有效值。

① 手持式设备：不超过 250V。

② 额定输入功率不超过 4kW 的设备：直流不超过 250V；交流单相、多相电源不超过 500V。

③ 其他设备：不超过 500V。

（2）电源的内阻抗足够低（由专用标准规定）。

（3）电源电压的波动范围：不超过额定电压的±10%；但允许短时间（不超过 1s）跌至额定电压的-10%以下。这主要是考虑到电网上的一些大容量设备，如大功率电动机、冷却系统压缩机等，启动会引起电网电压的短时间波动，设计时要采取措施，使设备能承受此类电压的低落。

（4）系统的任何导线之间或任何导线与地之间，没有超过额定值+10%的电压。

（5）电压波形应为正弦波，且是对称供电系统的多相电源。

（6）频率不超过 1kHz。

（7）额定频率不超过 100Hz 时，频率误差≤1Hz；额定频率为 100Hz～1kHz 时，频率误差≤1%额定值。应注意，这里规定的电源电压波形和频率是对设备所接的外部电源而言的，并不是对设备内部逆变电源的电压波形和频率的限制。

（8）保护措施按《建筑物内电气设施对电击的防护》的规定执行。

（9）内部电源如果可更换，则制造厂必须做出规定。

同时，在做医用电气设备安全检测预处理时，如果电源电压偏离其额定值并影响试验结果，则必须考虑偏离的影响，同时应考虑以下方面内容。

（1）低于交流 1000V、直流 1500V 或峰值 1500V 的试验电压，不得偏离规定值的 2%以上。等于或高于交流 1000V、直流 1500V 或峰值 1500V 的试验电压，不得偏离规定值的 3%以上。

（2）仅能用交流电的设备，其额定频率为 0～100Hz 时，必须用其额定频率（若标明）

±1Hz 的交流电试验。额定频率在 100Hz 以上时，用额定频率±1%的交流电试验。标有额定频率范围的设备，必须以该范围内最不利的频率进行试验。

（3）设计有一个以上额定电压或交流、直流两用的设备，必须在最不利的电压值和电源类别的条件下进行试验。

（4）仅能用直流电的设备，必须用直流电试验。按照使用说明书，必须考虑极性对设备运行可能产生的影响。

（5）除非专用标准另有规定，设备必须在相应电压范围内最不利的额定电压下进行试验。为确定最不利的电压，有必要进行多次试验。

（6）由制造商规定可替换使用的附件或元件的设备，必须用那些会出现最不利条件的附件或元件来进行试验。

（7）规定要和某种指定型式的电源一起使用的设备，如在对地电压、对地电容、对地绝缘电阻等方面有规定要求的电源，必须与该指定的电源一起进行试验。

（8）必须用不会明显影响被测值大小的设备来测量电压和电流。

医用电气设备安全性因素实际上是多种多样的，对各种不同因素进行试验都是必要的，除安全性测试外，性能测试当然也很重要，但每台设备测试项目都不同，测量范围甚广，不能一概而论。对许多测量设备的性能测试需要专门的知识。作为个别设备的问题，如对治疗设备工作电流的泄漏（电手术刀的高频分流电流或除颤器的泄漏脉冲电流等）或测量用设备患者工作电流的大小（阻抗容积描记法的测量电流等）等的测试也是很需要的，但在这里不赘述了。

5.3　医用电气设备漏电流的容许值及其确定

由前面的分析可知，漏电流为非功能性电流。设备的漏电流是电击产生的原因之一。漏电流的大小是衡量医用电气设备（ME 设备）电气安全的一项重要指标。因此，医用电气安全设备通用标准 GB 9706.1—2020 对各种不同类型的医用电气设备的漏电流进行了严格的规定。

5.3.1　漏电流的容许值

在 GB 9706.1—2020《医用电气设备　第 1 部分：基本安全和基本性能的通用要求》中，漏电流安全通用要求如下。

1．漏电流和患者辅助电流的通用要求

（1）起防电击作用的电气绝缘应有良好的性能，以使穿过绝缘的电流被限制在规定的数值内。

（2）对地漏电流、接触电流、患者漏电流及患者辅助电流的规定值适用于下列条件的任意组合：

——在正常状态下和在规定的单一故障状态下；

——设备已通电处于待机状态和完全工作状态，且网电源部分的任何开关处于任何位置；

——在最高额定供电频率下；

——电压在 110%的最高额定网电源电压下。

测量值不应超过标准给定的容许值。

2．单一故障状态

根据 GB 9706.1—2020，"单一故障状态"的定义如下，这些故障在通用标准中有特定的要求和试验：

（1）断开保护接地导线（在对地漏电流时不适用）；

（2）断开一根电源导线；

（3）任何一处符合规定一重防护措施要求的绝缘的短路；

（4）任何一处符合规定一重防护措施的爬电距离或电气间隙的短路；

（5）具有分立外壳的 ME 设备各部件之间的任何一根功率承载导线中断。

3．容许值

（1）在正常状态和单一故障状态下患者漏电流和患者辅助电流的容许值如表 5-4 所示，其值均为直流或有效值，交流容许值适用于频率不低于 0.1Hz 的电流。

（2）接触电流的容许值在正常状态下是 100μA，在单一故障状态下是 500μA。

（3）对地漏电流的容许值在正常状态下是 5mA，在单一故障状态下是 10mA。对于永久性安装 ME 设备的供电电路仅为该 ME 设备供电的，容许有更高的对地漏电流。

（4）在正常状态或单一故障状态下，无论何种波形和频率，用无频率加权的装置测量的漏电流不能超过 10mA 有效值。

（5）流入非永久性安装的 ME 设备的功能接地导线的漏电流容许值，正常状态下为 5mA，单一故障状态下为 10mA。

表 5-4　在正常状态和单一故障状态下患者漏电流和患者辅助电流的容许值（单位为 μA）

电流	描述	电源	B 型应用部分		BF 型应用部分		CF 型应用部分	
			NC	SFC	NC	SFC	NC	SFC
患者辅助电流	—	DC	10	50	10	50	10	50
		AC	100	500	100	500	10	50
患者漏电流	从患者连接到地	DC	10	50	10	50	10	50
		AC	100	500	100	500	10	50
	由信号输入/输出部分的外来电压引起的	DC	10	50	10	50	10	50
		AC	100	500	100	500	10	50
总患者漏电流	同种类型的应用部分连接到一起	DC	50	100	50	100	50	100
		AC	500	1000	500	1000	50	100
	由信号输入/输出部分的外来电压引起的	DC	50	100	50	100	50	100
		AC	500	1000	500	1000	50	100

在特定试验条件下患者漏电流的容许值有所不同，如表 5-5 所示。

表 5-5　特定试验条件下患者漏电流的容许值（单位为 μA）

电流	描述	B 型应用部分	BF 型应用部分	CF 型应用部分
患者漏电流	由 F 型应用部分患者连接的外来电压引起的	不适用	5000	50
	由未保护接地的金属可触及部分的外来电压引起的	500	500	—
总患者漏电流	由 F 型应用部分患者连接的外来电压引起的	不适用	5000	100
	由未保护接地的金属可触及部分的外来电压引起的	1000	1000	—

5.3.2　漏电流容许值的确定依据

频率在 1kHz 内（包括 1kHz）的交流、直流复合波的漏电流和患者辅助电流的容许值确定通用依据为：一般来说，室颤或泵衰竭的风险随着流过心脏的电流值或流过时间的增长而增加。心脏的某些区域比其他区域更敏感。也就是说，某一电流值若加于心脏的某一部分会引起室颤，而加于心脏的其他部分则可能没有影响；10～200Hz 的频率风险最大，且各种频率的风险差不多是一样的。直流时风险较小，是交流的 1/5，在 1kHz 时约为交流的 2/3。超过 1kHz，风险迅速下降。然而对于直流，需要较低的限值，以防止长期应用引起人体组织坏死。

按照与身体连接的方式及所加电流的频率和持续时间，流经人体或动物身体且能引起某种程度刺激的电流值随个体的不同而有所变化。直接流入或流经心脏的低频电流大大地增加了室颤的危险。中频或高频电流的电击风险较小或可以忽略，但烧伤风险仍然存在。人体或动物身体对电流的敏感性，取决于它们与 ME 设备接触的程度和性质，这就引出了反映应用部分防护程度和质量的分类方法（应用部分被分为 B 型应用部分、BF 型应用部分和 CF 型应用部分）。B 型应用部分和 BF 型应用部分一般适合与患者有外部接触或除心脏之外的内部接触的应用。CF 型应用部分在漏电流方面适合直接用于心脏。

确定漏电流的要求时，应考虑：室颤的可能性同时受到电气参数之外的其他因素的影响；出于统计学的考虑，单一故障状态下的容许漏电流值，在顾及安全的条件下宜尽可能高，这能避免一些麻烦；通过提供相对于单一故障状态足够高的安全系数，正常状态下的值必须在所有的情况下都是安全的。

对地漏电流是流过保护接地导线的对地漏电流，就其本身而言，没有危险。对地漏电流容许值的确定考虑通过对正常状态与包括断开保护接地导线在内的单一故障状态下的患者漏电流和接触电流规定合适的低值，来保护患者和操作者。然而，过大的对地漏电流可能使设施的接地系统出现问题，而且电流不平衡检测器会引发任何断路器动作。

接触电流根据下列考虑确定容许值。

（1）如果 ME 设备具有应用部分，无论应用部分是什么类型，ME 设备的接触电流都要符合相同的值，因为即使本身不带 CF 型应用部分的 ME 设备也可能被用在进行心内程序的场合。

（2）尽管接触电流从除患者连接外的其他部分流出，但也能通过各种途径偶然接触到患者，包括通过操作者这条途径。

（3）进入胸腔的每 1A 电流在心脏部位产生的电流密度为 $50\mu A/mm^2$。进入胸腔 $500\mu A$ 的电流（单一故障状态的最大容许值）在心脏部位产生的电流密度为 $0.025\mu A/mm^2$，比所考虑的值低得多。

（4）接触电流流经心脏引起室颤或泵衰竭的概率。

如果对操作心内导线或充满液体的导管的程序有所疏忽，则可以想象接触电流会到达心内某一部位。对这些装置宜始终都非常小心地操作，并使用干的橡胶手套。以下风险分析是基于关注程度的最坏假设。

心内装置和 ME 设备外壳直接接触的概率被认为是非常低的，可能是 1%。通过医务人员间接接触的概率被认为稍微高些，如 10 次中有 1 次。正常状态下的最大容许漏电流为 $100\mu A$，它本身就有引起室颤的 0.05 的概率。若间接接触的概率为 0.1，则总概率就是 0.005。虽然这个概率看来比较高，但需要注意的是，如果正确操作心内装置，则这一概率可以降低到单纯机械性刺激的概率水平，即 0.001。

在维护差的部分，接触电流增加至最大容许值 $500\mu A$ 时（单一故障状态）的概率，被认为是 0.1。该电流引起室颤的概率取作 1。

意外地直接和外壳接触的概率如前所述，考虑为 0.01，得到总概率为 0.001，等于单纯机械性刺激时的概率。

通过医务人员将最大容许值 $500\mu A$ 的接触电流（单一故障状态）引入一个心内装置的概率是 0.01（单一故障状态下为 0.1，意外接触为 0.1）。因为这一电流引起室颤的概率是 1，所以总概率也是 0.01。这一概率也是高的，然而能采取相应措施使它降低到单纯机械性刺激的 0.001 的概率。

（5）患者可感知的接触电流的概率。

当用夹持电极接触完好的皮肤时，男性对 $500\mu A$ 能感知到的概率为 0.01，女性为 0.014。电流通过黏膜或皮肤伤口时有较强的感觉。因为分布是正态的，所以存在某些患者能感知非常小的电流的概率。曾报道某人能感知流过黏膜的 $4\mu A$ 电流。

患者漏电流是基于以下因素确定容许值的。

有 CF 型应用部分的 ME 设备，正常状态时患者漏电流的容许值是 $10\mu A$，当这一电流流经心内小面积部位时，引起室颤或泵衰竭的概率为 0.002。即使电流为零，也曾观察到机械性刺激能引起室颤。$10\mu A$ 是容易达到的，在心内操作时不会明显地增加室颤的风险。有 CF 型应用部分的 ME 设备，单一故障状态时最大容许值为 $50\mu A$，是以临床得到的、极少可能引起室颤或干扰心泵的电流值为依据确定的。对于可能与心肌接触的直径为 $1.25\sim2mm$ 的导管，$50\mu A$ 电流引起室颤的概率接近 0.01。用于血管造影的小截面（$0.22mm^2$ 和 $0.93mm^2$）导管，若直接置于心脏敏感区，则引起室颤或心力衰竭的概率较高。单一故障状态时患者漏电流引起室颤的总概率为 0.001（单一故障状态下的概率为 0.1，$50\mu A$ 电流引起室颤的概率为 0.01），等于单纯机械性刺激的概率。单一故障状态时容许的 $50\mu A$ 电流，不大可能到达足以刺激神经肌肉组织的电流密度，即使是直流的也不会达到引起组织坏死的电流密度。有 B 型应用部分与 BF 型应用部分的 ME 设备，在单一故障状态时患者漏电流最大容许值为 $500\mu A$，因为这一电流不直接流过心脏，对接触电流的解释可适用。因为存在患者接地是正常状态，患者漏电流都能持续流动很长时间，因此无论应用部分属于什么类型，都需要一个非常低的直流电流值以避免组织坏死。

同时连接至一个患者的其他 ME 设备保护装置的双重故障，或者一个不符合标准要求的设备保护装置的单一故障，都能在 F 型应用部分的患者连接上出现来自一个低阻抗源的网电源电压的情况。在良好的医疗实践过程中，这样的情况是很少出现的。然而，有可能出现较低的电压或来自一个开路电压与网电源电压级别相同的源的漏电流。因为带 F 型应用部分的 ME 设备的主要安全措施是患者不通过与 ME 设备连接而接地，F 型应用部分对地的电气隔离要有最低的质量要求。即使有一个等于最高对地供电电压的供电频率的电压，存在于 ME 设备的使用场所且出现于患者连接上，患者漏电流也不得超过容许值。

对于 CF 型应用部分，患者漏电流限于 50μA，不比前面讨论的单一故障状态更坏。

对于 BF 型应用部分，在这些条件下，最大的患者漏电流是 5mA。即使这一电流进入胸腔，也只会在心脏产生 0.25μA/mm² 的电流密度。这一电流极易为患者所感知，然而它出现的概率是极低的。产生有害生理影响的风险较小，在试验中用到的最大网电源电压代表了一种最坏的情况，比实际中可能出现的情况更加严重。

在考虑患者漏电流时，总患者漏电流也是必须考虑的。

总患者漏电流是各个患者漏电流的矢量和，是对 B 型应用部分的单一功能、BF 型应用部分的单一功能或 CF 型应用部分的单个患者连接而言的。当具有多个功能或多个应用部分时，总患者漏电流可能会更高。因此，有必要规定总患者漏电流的容许值。一般估计连接到单一患者的应用部分数量范围为 1～5 个。对于 CF 型应用部分的总患者漏电流，在正常状态下是 10μA。对于多个患者功能要考虑以下内容。

（1）进入心脏的电流被分配到所有患者连接上，并且不施加于心脏组织的同一个小的敏感区域。

（2）直接连接心脏组织的患者连接数量不大可能超过 3 个，而且进入心脏单一小区域的漏电流小于 50μA，并且其电流代数和在 15～20μA 时，矢量和电流会更小。依据患者漏电流的规定，即使所有患者连接非常接近，室颤的概率也保持在 0.003 的范围内。这与直接连接到心脏的单一应用部分可接受的 0.002 的概率没有太大的不同。

（3）身体表面的应用部分的漏电流以一种分布方式流过身体。根据患者漏电流的规定，流入胸腔的 5mA 电流在心脏处产生 0.025μA/mm² 的电流密度。

因此，正常状态下 50μA 的总患者漏电流被认为是可以接受的。

单一故障状态下 CF 型应用部分的患者漏电流已增加到 0.1mA。如果电流直接进入心脏，则引起室颤的概率是 0.07。单一故障状态的概率 0.1 是十多年前的数据。如今，由于设计的改进、更多可靠的元器件、更好的材料、YY/T 0316 风险管理及相关工具的应用，如基于危险的风险分析，单一故障状态的概率更小了，现在在 0.02 附近。室颤的概率是 0.07×0.02 或 0.0014，接近单个 CF 型应用部分的可接受概率。

BF 型应用部分的总患者漏电流在正常状态下已增加到 500μA，在单一故障状态下已增加到 1000μA，5000μA 电流在心脏处的电流密度是相当小的，所以不必对正常状态或单一故障状态担心。

由患者连接的外来电压引起的总患者漏电流正常状态下 CF 型应用部分的容许值已增加到了 100μA。这说明Ⅰ级 ME 设备保护接地失效的概率是 0.1，一重防护措施失效的概率小于 0.1，这是十年前的数据，如先前所述，现在概率更小了，并认为不会比 0.02 更高。患者身上出现网电源电压的概率是 0.02×0.02 或 0.0004，这低于标准第二版中可接受的 0.001 的概率。

患者辅助电流的容许值的确定基于与患者漏电流容许值相似的考虑。无论患者辅助电流对于 ME 设备的功能是必要的（如阻抗体积描述器）还是附带的，这些容许值都适用。对直流规定了较低的值，以防长时间使用时人体组织坏死。

50Hz 和 60Hz 电流直接作用于心脏病患者引起室颤的概率如图 5-18 所示。室颤概率是通过电极直径和电流幅值的函数获得的。对于直径为 1.25mm 和 2mm 的电极电流直至 0.3mA 时，室颤的概率呈正态分布。于是，我们可以推测出更广泛的电流对室颤的影响，包括评估患者风险而使用的电流值（数值标注在图 5-18 中）。从这一推测可以看出：

——任何电流值，即使很小，仍有引起室颤的可能性；

——常用值概率比较低，为 0.002～0.01。

因为室颤受许多因素（患者状态、电流进入心肌较灵敏区域的概率、电流或电流密度、生理现象、电场）支配，所以用统计方法来确定各种条件下产生风险的可能性是合理的。

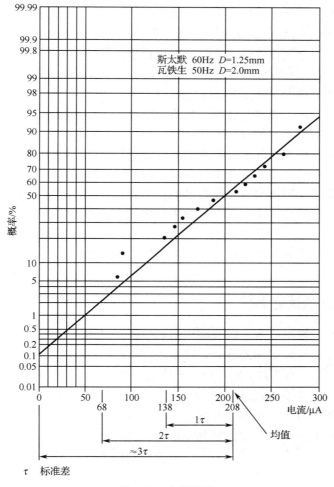

图 5-18　室颤概率

漏电流的热效应也是产生风险需要考虑的因素，一个 10mA 的电流在一个接触面积为 1cm^2 级别的典型患者连接上不会让患者产生热的感觉，但是比这高几倍的电流将导致患者被灼伤。灼伤的风险取决于电流的幅值而不是频率，当考虑电流热效应时，必须使用无频率加权的装置［见图 5-19（a）］测量，未加权的测量装置如图 5-19（b）所示。

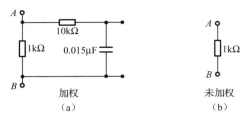

图 5-19 加权测量装置和未加权测量装置

5.4 漏电流的检测

对医用电气设备进行电气安全检测是最基本的防电击手段。首先要对配电系统进行检测，包括对电压（线电压、相电压等）、电阻（接地电阻、绝缘电阻等）的测量。例如，任意两个插座地线间的电压和电阻，任一插座地线和任一患者附近的外露导体表面之间的电压和电阻。更重要的是，要对医用电气设备的电气安全性进行检测，检测项目有漏电流、接地线电阻、绝缘电阻等。

漏电流有对地漏电流（流过保护接地导线的电流）、接触电流（从外壳流向大地的电流）、患者漏电流、患者辅助漏电流等。各种漏电流又需要考虑各种故障状态。在考虑设备的故障状态时，一般只考虑安全防护装置发生故障或只出现一种外部异常情况的状态。

一般来说，设备若按通用标准的要求进行设计和制造，则两个独立故障同时发生的概率相当小。各种单一故障状态是检测的主要项目，经验证设备必须符合标准的有关要求；在检测各种单一故障状态时，用模拟的办法来创造检测条件。通过验证，检测设备在单一故障状态下的符合性。若一个单一故障状态不可避免地导致另一个单一故障状态发生，则被认为是一个单一故障状态。

标准针对每种单一故障状态都规定了具体的要求和试验方法，这是对产品安全进行了风险分析后的结果。

5.4.1 测量漏电流的试验条件

测量对地漏电流、接触电流、患者漏电流及患者辅助电流的注意事项如下。①在设备符合工作温度并按规定进行潮湿预处理后，将设备置于温度约为 t（t 为潮湿箱内的温度，℃）、相对湿度为 45%～65% 的环境里。测量必须在潮湿预处理之后 1h 再开始，并且必须先进行不需要设备通电的测量。②设备接到电压为最高额定电压的 110% 的电源上。③能适用于单相电源试验的三相设备，将其三相电路并联作为单相设备来试验。④当对设备的电路排列、元器件布置和所用材料的检查表明无任何危险的可能性时，试验次数可以减少。

对地漏电流、接触电流、患者漏电流及患者辅助电流，必须在下列单一故障状态下进行测量。

（1）每次断开一根电源线。

（2）断开一根保护接地导线（对地漏电流不适用）。若保护接地导线是固定、永久性安装的，则无须进行这一测量。

1. 测量供电电路

在对设备的漏电流检测时，对测量供电电路也有严格的要求。测量供电电路必须用模拟的办法来创造检测条件。通过检测，考核设备在单一故障状态下的符合性，从而满足对地漏电流、接触电流、患者漏电流在各种单一故障状态下的测量供电电路要求。对测量供电电路的具体要求如下。

（1）规定与一端近似为地电位的供电网相连的设备，以及对电源类别未进行预规定的设备，连接到如图 5-20 所示的电路。

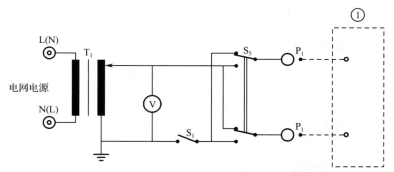

①—设备外壳；T_1—隔离变压器；V—指示有效值的电压表；

S_1—模拟一根电源线中断（单一故障）的单极开关；

S_5—改变电网电压极性的换相开关；P_1—连接设备电源用的插头、插座或接线端子

图 5-20   供电网的一端近似地电位的测量供电电路

对于 V，可以用一个电压表和换相开关来代替。

（2）规定接到相线与中线之间电压近似相等而电压方向相反供电网的设备，连接到如图 5-21 所示的电路。

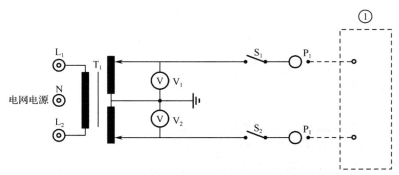

①—设备外壳；T_1—隔离变压器；V_1、V_2—指示有效值的电压表；

S_1、S_2—模拟一根电源线中断（单一故障）的单极开关

图 5-21   供电网对地近似对称时的测量供电电路

对于 V_1、V_2，可用一个电压表和换相开关来代替。

（3）规定与多相（如三相）网电源连接的多相或单相设备，连接到如图 5-22、图 5-23 所示的电路之一。

对于 V_1、V_2、V_3，可用一个电压表和换相开关来代替。

（4）规定使用指定的 I 类单相网电源的设备，连接到如图 5-24 所示的电路。

试验时必须依次断开和闭合开关 S_8。然而，若所指定的电源具有固定、永久性安装的保护接地导线，则试验时必须闭合开关 S_8。

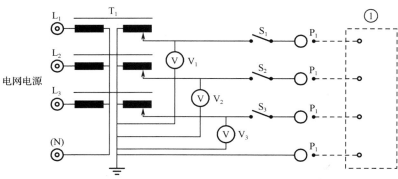

①—设备外壳；T₁—隔离变压器；V₁、V₂、V₃—指示有效值的电压表；
S₁、S₂、S₃—模拟一根电源线中断（单一故障）的单极开关；
P₁—连接设备电源用的插头、插座或接线端子

图 5-22　规定接多相供电网的多相设备的测量供电电路

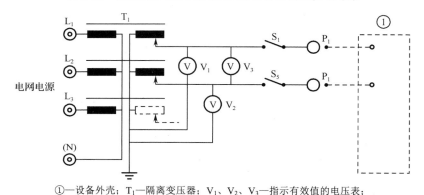

①—设备外壳；T₁—隔离变压器；V₁、V₂、V₃—指示有效值的电压表；
S₁—模拟一根电源线中断（单一故障）的单极开关；
S₅—改变电网电压极性的换相开关；P₁—连接设备电源用的插头、插座或接线端子

图 5-23　规定接多相供电网的单相设备的测量供电电路

（5）具有分立电源单元或由 ME 系统中其他设备供电的 ME 设备，连接到如图 5-24 所示的电路。

功能接地端子（Functional Earth Terminal）是指直接与测量供电电路或控制电路某点相连的端子，或者直接与为功能目的而接地的屏蔽部分相连的端子。

保护接地端子（Protective Earth Terminal）是指为安全目的与Ⅰ类设备导体部件相连的端子。该端子预期通过保护接地导线与外部保护接地系统相连。

2．设备与测量供电电路的连接要求

（1）配有电源软电线的设备用该软电线进行试验。

（2）配有电源输入插口的设备用长度为 3m 或长度、型号由制造商规定的可拆卸电源软电线连接到测量供电电路上进行试验。

（3）规定要永久性安装的设备，用尽可能短的连线与测量供电电路相连来进行试验。

3．测量布置要求

（1）建议把测量供电电路和测量电路放在尽可能远离无屏蔽电源供电线的地方，并避免把设备放在大的接地金属面上或其附近。

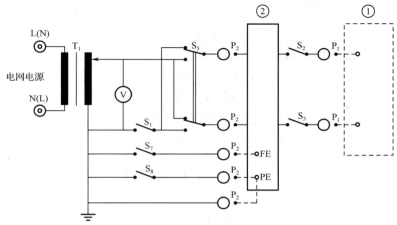

①—设备外壳；②—分立电源；T_1—隔离变压器；V—指示有效值的电压表；

S_1、S_2、S_3—模拟一根保护接地线断开（单一故障）的单极开关；S_7、S_8—将接地端子与测量供电电路的接地点连接的开关；P_1
—连接设备电源用的插头、插座或接线端子；

P_2—连接到规定电源用的插头、插座或接线端子；FE—功能接地端子；PE—保护接地端子

图 5-24　具有分立电源单元或由 ME 系统中其他设备供电的 ME 设备连接的电路

（2）应用部分的外部部件，包括与患者相连的电线（若有）在内，必须放在介电常数约为 1 的绝缘体（如泡沫聚苯乙烯）表面上，并在接地金属表面上方约 200mm 处。

4. 测量装置及频率特性

测量装置 MD 主要由人体模拟阻抗及低通滤波电路组成。在图 5-25 中，人体模拟阻抗选用 1kΩ 电阻（R_2），10kΩ 电阻（R_1）与 0.015μF 电容（C_1）组成无源低通滤波电路。低频电流是产生电击的原因，随着频率的增高，刺激作用逐渐减小，一般认为当频率超过 1kHz 时，它的刺激作用和频率成反比地减小。按照 GB 9706.1—2020 的要求，设计了低通滤波电路，使频率为 1000Hz 以下的信号能顺利通过，而衰减频率为 1000Hz 以上的信号。如图 5-26 所示，测量装置 MD 使频率为 1000Hz 以下的信号加在人体模拟阻抗上，而将 1000Hz 以上的高频信号进行了衰减。

计算公式为

$$f_H = \frac{1}{2\pi R_1 C} = \frac{1}{2\pi \times 10 \times 10^3 \times 0.015 \times 10^{-6}} \approx 1(kHz) \tag{5-6}$$

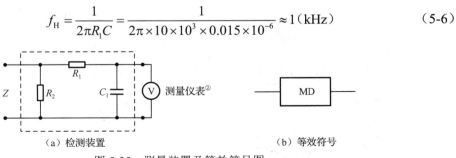

（a）检测装置　　　　　　　　　　　　　　（b）等效符号

图 5-25　测量装置及等效符号图

测量装置（MD）说明：

$R_1 = 10kΩ × (1 \pm 5\%)$[①]；

$R_2 = 1kΩ × (1 \pm 1\%)$[②]；

$C_1 = 0.015μF × (1 \pm 5\%)$[①]。

其中，①为无感元件；②为仪表阻抗。

（1）对直流、交流及频率小于或等于 1MHz 的复合波来说，测量装置必须给漏电流或患者辅助电流加上约 1000Ω 的阻性阻抗。

（2）如果采用了图 5-25 或具有相同频率特性的类似电路作为测量电路，就自动得到了所要求的电流或电流分量的评价。这就允许用单个设备测量所有频率的总效应。其中，很可能出现频率超过 1kHz，数值超过 10mA 的电流和电流分量，这就必须用未加权测量装置来测量。

（3）如图 5-26 所示的测量装置从直流到小于或等于 1MHz 频率的交流都必须有一约 $1M\Omega$ 或更高的阻抗。它必须指示测量阻抗两端的直流、交流、或有频率从直流到小于或等于 1MHz 频率分量的复合波形电压的真正有效值，指示的误差不超过指示值的±5%。其刻度可指示通过测量装置的电流，对 1kHz 以上频率分量需用未加权测量装置测定，以便能将读数直接与表 5-4、表 5-5 进行比较。如果能证实（如用示波器）在所测的电流中，不会出现高于上限的频率，则对指示误差的要求和校准要求可限于其上限低于 1MHz 的范围。

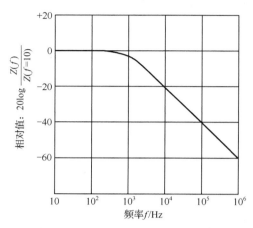

图 5-26　测量装置频率特性

5.4.2　对地漏电流

对地漏电流（Earth Leakage Current）是指由网电源部分通过或跨过绝缘流入保护接地导线或功能接地连接的电流。因此，可将测量仪器接在保护接地端子和墙壁接地端子（大地）之间。当设备采用两眼插头时，应将电源插头交换一下进行测量，以改变电源的极性，取两者中的较大值作为漏电流，如果设备本身有附加保护接地端子，则应将它和接地断开后测量，两眼插头设备对地漏电流的测量如图 5-27 所示。当医用电气设备采用三眼插头时，测量仪器接在医用电气设备的三眼插头的接地端和电源插座的接地端之间（医用电气设备的附加保护地线断开后测量），三眼插头设备对地漏电流的测量如图 5-28 所示。

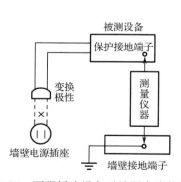

图 5-27　两眼插头设备对地漏电流的测量

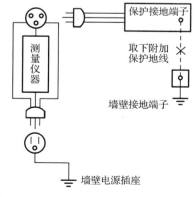

图 5-28　三眼插头设备对地漏电流的测量

如果带有隔离的内部屏蔽的 II 类 ME 设备，采用三根导线的电源软电线供电，则第三根导线（与网电源插头的保护接地连接点相连）应只能用于内部屏蔽的功能接地，且应是绿色/

黄色的。在这种情况下，随机文件中应声明电源软电线中的第三根导线仅有功能接地。内部屏蔽以及与其连接的内部布线与可触及部分之间的绝缘应提供两重防护措施。

测量要求如下。

（1）具有或没有应用部分的 I 类 ME 设备对地漏电流的测量电路如图 5-29 所示，带功能接地连接的 II 类 ME 设备假定为 I 类 ME 设备进行试验。

（2）如果 ME 设备有多于一根的保护接地导线（例如，一根连接到主外壳，一根连接到独立电源单元），那么测量的电流是流入保护接地系统的总电流。

（3）对于可以通过建筑物结构与地连接的固定式 ME 设备，制造商规定了对地漏电流测量的适当试验程序和配置。

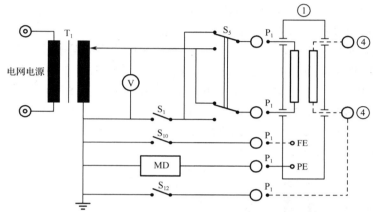

①—ME 设备外壳；④—患者连接；T_1—具有足够额定功率标称和输出电压可调的单相或多相隔离变压器；V—指示有效值的电压表，若可能，可用一只电压表及换相开关来代替；S_1—模拟一根电源导线中断（单一故障状态）的单极开关；S_5—改变网电源电压极性的换相开关；S_{10}—将功能接地端子与测量供电系统的接地点连接的开关；S_{12}—将患者连接与测量供电电路的接地点连接的开关；P_1—连接 ME 设备电源用的插头、插座或接线端子；FE—功能接地端子；PE—保护接地端子；----—可选的连接；⏚—参考地（用于漏电流和患者辅助电流测量与防除颤应用部分的试验，不连接到供电网的保护接地）

图 5-29   具有或没有应用部分的 I 类 ME 设备对地漏电流的测量电路

如图 5-29 所示，测量时，采用如图 5-20 所示的测量供电电路的图例，将 S_5、S_{10} 和 S_{12} 的开、闭位置进行所有可能的组合：S_1 闭合（正常状态）和 S_1 断开（单一故障状态）按照对地漏电流进行测量。

5.4.3   接触电流

接触电流（Enclosure Leakage Current）是指从除患者连接以外的在正常使用时患者或操作者可触及的外壳或部件，经外部路径而非保护接地导线流入地或流到外壳的漏电流。测量时，用适当的测量供电电路试验。用 MD 在地和未保护接地的外壳每一部分之间测量，以及 MD 在未保护接地外壳的各部分之间测量。在断开任意一根保护接地导线的单一故障状态下，用 MD 在地和正常情况下保护接地的外壳任意部分之间测量。如图 5-30 所示，测量仪器的一端和墙壁接地端钮连接，另一端和设备露出的金属部分的某

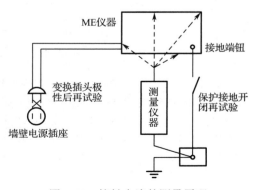

图 5-30   接触电流的测量原理

点连接，测量必须在接地线断开和接地线连通两种情况下进行（一般是接地线断开时数值偏大），同时电源的极性也要变换。

除了要进行前面所述的漏电流通用单一故障状态测试，还必须将最高额定网电压值110%的电压加到地与信号输入或信号输出部分之间来测量接触电流。这一要求仅适用于制造商规定信号输入或信号输出部分与存在外部电压风险情况下的设备相连时的情况。

对于内部供电 ME 设备，接触电流只是在外壳各部分之间进行检查，而不在外壳与地之间进行检查。若设备外壳或外壳的一部分是用绝缘材料制成的，则应将最大面积为 20cm×10cm 的金属箔紧贴在绝缘外壳或外壳的绝缘部分上。若有可能，移动金属箔以确定接触电流的最大值。金属箔不宜接触到可能保护接地的外壳任何金属部件；然而，未保护接地的外壳金属部件，可以用金属箔部分地或全部地覆盖。要测量中断一根保护接地导线的单一故障状态下的接触电流，金属箔要布置为与正常情况下保护接地的外壳部分相接触。当患者或操作者与外壳接触的表面积大于 20cm×10cm 时，金属箔的尺寸要根据接触面积相应增加。

在标准中，接触电流的测量电路如图 5-31 所示。测量时对于 II 类设备，不使用保护接地连接和 S_7，采用如图 5-20 所示的测量供电电路，将 S_1、S_5、S_9、S_{10} 和 S_{12} 的开、闭位置进行所有可能的组合（如果是 I 类设备，则闭合 S_7）。其中，S_1 断开时为单一故障状态。仅为 I 类设备时，闭合 S_1 和断开 S_7（单一故障状态），在 S_5、S_9、S_{10} 与 S_{12} 的开、闭位置进行所有可能组合的情况下进行测量。

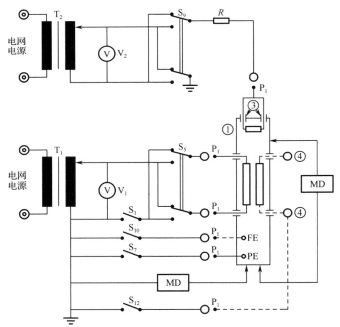

①—ME 设备外壳；③—短接的或加上负载的信号输入/输出部分；④—患者连接；T_1、T_2—具有足够额定功率标称和输出电压可调的单相或多相隔离变压器；V_1、V_2—指示有效值的电压表，若可能，可用一只电压表及换相开关来代替；S_1—模拟一根电源导线中断（单一故障状态）的单极开关；S_5、S_9—改变网电源电压极性的换相开关；S_7—模拟 ME 设备的一根保护接地导线中断（单一故障状态）的单极开关；S_{10}—将功能接地端子与测量供电系统的接地点连接的开关；S_{12}—将患者连接与测量供电电路的接地点连接的开关；P_1—连接 ME 设备电源用的插头、插座或接线端子；FE—功能接地端子；PE—保护接地端子；----—可选的连接；⏚—参考地（用于漏电流、患者辅助电流测量和防除颤应用部分的试验，不连接到供电网的保护接地）

图 5-31　接触电流的测量电路

5.4.4　患者漏电流

患者漏电流（Patient Leakage Current）是指从患者连接经过患者流入地的电流，或在患者身上出现一个来自外部电源的非预期电压而从患者连接中 F 型应用部分流入地的电流。它实际上是最重要的一种漏电流，其测量原理如图 5-32 所示。

在墙壁接地端钮和导联线的前端之间串入测量仪器，当导联线不止一条时，要通过转换开关分别对每条线进行测量。测量要在保护接地线连通和断开两种情况下分别进行，同时电源的极性也要互相变换。此外，往往还需要测量任一导联线和所有其他导联线之间的漏电流，这时只要把测量仪器串入两条被测导联线之间即可。

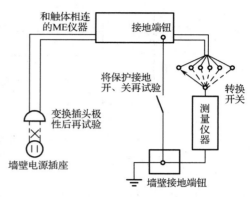

图 5-32　患者漏电流的测量原理

按医用电气设备的电击防护程度来分必须测量的患者漏电流为：对 B 型应用部分，所有患者连接直接连在一起测量，图 5-33 为 B 型应用部分患者漏电流的测量；对 BF 型应用部分，直接连接到一起的或按正常使用加载的单一功能的所有患者连接需测量，图 5-34 为 BF 型应用部分患者漏电流的测量；对 CF 型应用部分，轮流从每个患者连接测量，图 5-35 为 CF 型应用部分患者漏电流的测量。若制造商有规定，则对患者连接加载测量，如图 5-36 所示，在应用部分连接负载，测量每一应用部分到地的患者漏电流。

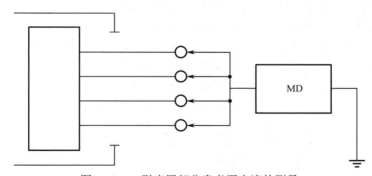

图 5-33　B 型应用部分患者漏电流的测量

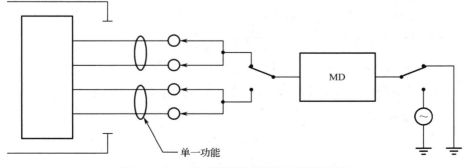

图 5-34　BF 型应用部分患者漏电流的测量

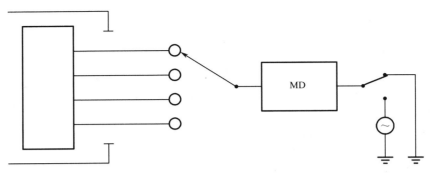

图 5-35　CF 型应用部分患者漏电流的测量

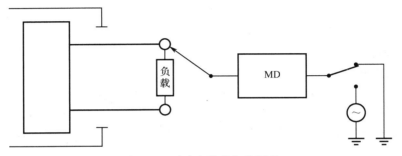

图 5-36　对患者连接加载测量

　　有应用部分的 ME 设备，将绝缘材料制成的外壳按正常使用中的任何位置放在尺寸至少等于该外壳平面投影面积的接地金属平面上。从患者连接至地的患者漏电流的测量电路如图 5-37 所示，对 Ⅱ 类设备则不使用保护接地连接和 S_7。测量时，采用如图 5-20 所示的测量供电电路，在 S_1、S_5、S_{10}、S_{13}、S_{15} 的开、闭位置进行所有可能组合情况下的测量（如果是 Ⅰ 类设备，则闭合 S_7）。S_1 断开时是单一故障状态。当仅为 Ⅰ 类设备时，闭合 S_1 并断开 S_7（单一故障状态），在 S_5、S_{10}、S_{13}、S_{15} 的开、闭位置进行所有可能组合情况下的测量。

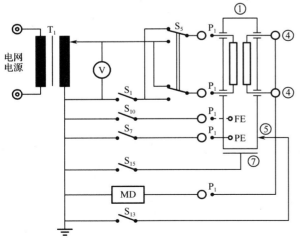

①—ME 设备外壳；④—患者连接；⑤—在非导电外壳情况下测量患者漏电流，由一个最大为 20cm×10cm、与外壳或者外壳相关部分紧密接触并连接到参考地的金属箔代替该连接；⑦—置于非导电外壳下方的金属板，其尺寸至少与连接到参考地的外壳的平面投影相当；T_1—具有足够额定功率标称和输出电压可调的单相或多相隔离变压器；V—指示有效值的电压表，若可能，可用一只电压表及换相开关来代替；S_1—模拟一根电源导线中断（单一故障状态）的单极开关；S_5—改变网电源电压极性的换相开关；S_7—模拟 ME 设备的一根保护接地导线中断（单一故障状态）的单极开关；S_{10}—将功能接地端子与测量供电系统的接地点连接的开关；S_{13}—未保护接地的金属可触及部分的接地开关；S_{15}—将置于非导电外壳下方的金属板接地的开关；P_1—连接 ME 设备电源用的插头、插座或接线端子；FE—功能接地端子；PE—保护接地端子；⏚—参考地（用于漏电流、患者辅助电流测量和防除颤应用部分的试验，不连接到供电网的保护接地）

图 5-37　从患者连接至地的患者漏电流的测量电路

有 F 型应用部分的 ME 设备，除按图 5-37 进行试验外，还要按图 5-38 进行试验。将 ME 设备中未永久接地的信号输入/输出部分接地。图 5-38 中变压器 T_2 所设定的电压值等于最大网电源电压的 110%。进行此项检测时，未保护接地的金属可触及部分以及其他应用部分（如有）的患者连接被连接到地。Ⅱ类设备不使用保护接地连接和 S_7，测量时，采用如图 5-20 所示的测量供电电路，在 S_5、S_9、S_{10} 和 S_{13} 的开、闭位置所有可能组合的情况下，闭合 S_1 进行测量（如果是Ⅰ类设备，则闭合 S_7）。

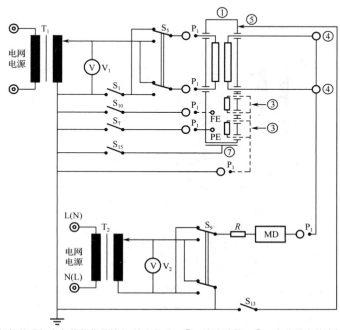

①—ME 设备外壳；③—短接的或加上负载的信号输入/输出部分；④—患者连接；⑤—在非导电外壳情况下测量患者漏电流，由一个最大为 20cm×10cm、与外壳或者外壳相关部分紧密接触并连接到参考地的金属箔代替该连接；T_1、T_2—具有足够额定功率标称和输出电压可调的单相或多相隔离变压器；V_1、V_2—指示有效值的电压表，若可能，可用一只电压表及换相开关来代替；S_1—模拟一根电源导线中断（单一故障状态）的单极开关；S_5、S_9—改变网电源电压极性的换相开关；S_7—模拟 ME 设备的一根保护接地导线中断（单一故障状态）的单极开关；S_{10}—将功能接地端子与测量供电系统的接地点连接的开关；S_{15}—将置于非导电外壳下方的金属板接地的开关；P_1—连接 ME 设备电源用的插头、插座或接线端子；MD—测量装置；FE—功能接地端子；PE—保护接地端子；R—保护电路和试验人员的阻抗，但要足够低以便能测得大于漏电流容许值的电流（可选的）；⏚—参考地（用于漏电流、患者辅助电流测量和防除颤应用部分的试验，不连接到供电网的保护接地）

图 5-38 由患者连接上的外来电压所引起的从一个 F 型应用部分的患者连接至地的患者漏电流的测量电路

有应用部分和信号输入/输出部分的 ME 设备，如标准中规定出现的一些具体状态，除按图 5-37 进行试验外，还要按图 5-39 进行试验。变压器 T_2 所设定的电压值等于最大网电源电压的 110%。基于试验或电路分析确定最不利情况，以此来选定施加外部电压的引脚配置。Ⅱ类设备不使用保护接地连接和 S_7。测量时，采用如图 5-20 所示的测量供电电路，在 S_1、S_5、S_{10}、S_{13} 的开、闭位置进行所有可能组合情况下的测量（如果是Ⅰ类设备，则闭合 S_7）。S_1 断开时是单一故障状态。当仅为Ⅰ类设备时，闭合 S_1 并断开 S_7（单一故障状态），在 S_5、S_{10}、S_{13} 的开、闭位置进行所有可能组合情况下的测量。

有未保护接地 B 型应用部分的患者连接或有 BF 型应用部分且存在未保护接地的金属可触及部分的 ME 设备，还要按图 5-40 进行试验。Ⅱ类设备不使用保护接地连接和 S_7。测量时，采用如图 5-20 所示的测量供电电路，闭合 S_1（如果是Ⅰ类设备，则闭合 S_7），在 S_5、S_9 和

S_{10} 的开、闭位置进行所有可能组合情况下的测量。变压器 T_2 设定的电压值等于最大网电源电压的 110%。如果能证明所涉及的部分有充分的隔离，则可以不进行试验。

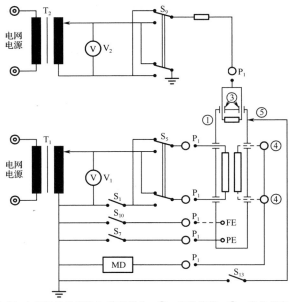

①—ME 设备外壳；③—短接的或加上负载的信号输入/输出部分；④—患者连接；⑤—在非导电外壳情况下测量患者漏电流，由一个最大为 20cm×10cm、与外壳或者外壳相关部分紧密接触并连接到参考地的金属箔代替该连接；T_1、T_2—具有足够额定功率标称和输出电压可调的单相或多相隔离变压器；V_1、V_2—指示有效值的电压表，若可能，可用一只电压表及换相开关来代替；S_1—模拟一根电源导线中断（单一故障状态）的单极开关；S_5、S_9—改变网电源电压极性的换相开关；S_7—模拟 ME 设备的一根保护接地导线中断（单一故障状态）的单极开关；S_{10}—将功能接地端子与测量供电系统的接地点连接的开关；P_1—连接 ME 设备电源用的插头、插座或接线端子；FE—功能接地端子；PE—保护接地端子；⏚—参考地（用于漏电流、患者辅助电流测量和防除颤应用部分的试验，不连接到供电网的保护接地）

图 5-39　信号输入/输出部分的外来电压引起的从患者连接至地的患者漏电流的测量电路

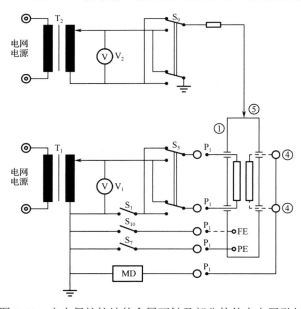

①—ME 设备外壳；④—患者连接；⑤—在非导电外壳情况下测量患者漏电流，由一个最大为 20cm×10cm、与外壳或者外壳相关部分紧密接触并连接到参考地的金属箔代替该连接；T_1、T_2—具有足够额定功率标称和输出电压可调的单相或多相隔离变压器；V_1、V_2—指示有效值的电压表，若可能，可用一只电压表及换相开关来代替；S_1—模拟一根电源导线中断（单一故障状态）的单极开关；S_5、S_9—改变网电源电压极性的换相开关；S_7—模拟 ME 设备的一根保护接地导线中断（单一故障状态）的单极开关；S_{10}—将功能接地端子与测量供电系统的接地点连接的开关；P_1—连接 ME 设备电源用的插头、插座或接线端子；FE—功能接地端子；PE—保护接地端子；⏚—参考地（用于漏电流、患者辅助电流测量和防除颤应用部分的试验，不连接到供电网的保护接地）

图 5-40　由未保护接地的金属可触及部分的外来电压引起的从患者连接至地的患者漏电流的测量电路

所有相同类型应用部分（B 型应用部分、BF 型应用部分或 CF 型应用部分）的所有患者连接在一起的总患者漏电流测量电路如图 5-41 所示。

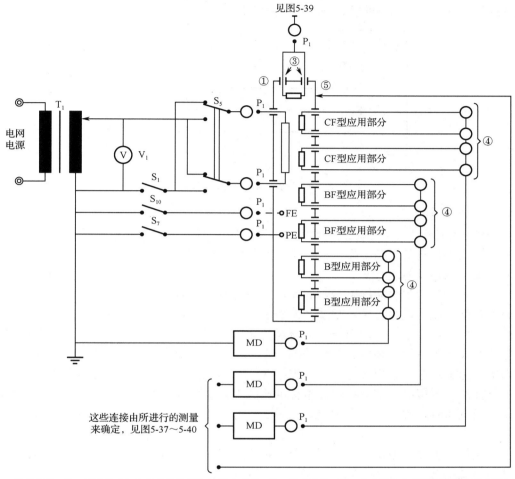

①—ME 设备外壳；③—短接的或加上负载的信号输入/输出部分；④—患者连接；⑤—在非导电外壳情况下测量患者漏电流，由一个最大为 20cm×10cm、与外壳或者外壳相关部分紧密接触并连接到参考地的金属箔代替该连接；T_1—具有足够额定功率标称和输出电压可调的单相或多相隔离变压器；V_1—指示有效值的电压表，若可能，可用一只电压表及换相开关来代替；S_1—模拟一根电源导线中断（单一故障状态）的单极开关；S_5—改变网电源电压极性的换相开关；S_7—模拟 ME 设备的一根保护接地导线中断（单一故障状态）的单极开关；P_1—连接 ME 设备电源用的插头、插座或接线端子；FE—功能接地端子；PE—保护接地端子；⏚—参考地（用于漏电流、患者辅助电流测量和防除颤应用部分的试验，不连接到供电网的保护接地）

图 5-41　所有相同类型应用部分（B 型应用部分、BF 型应用部分或 CF 型应用部分）
的所有患者连接在一起的总患者漏电流测量电路

5.4.5　患者辅助电流

患者辅助电流（Patient Auxiliary Current）是指在正常使用时，流经患者的任一患者连接和其他所有患者连接之间预期不产生生理效应的电流。患者辅助电流必须在任一患者连接点与连在一起的所有其他患者连线之间进行测量。具有多个患者连接的设备必须通过检验，以确保在正常状态下当一个或多个患者连接处在以下状态时患者漏电流和患者辅助电流不超过容许值。

患者辅助电流的测量是在任一患者连接与其他所有直接连接或按正常使用加载的患者连接之间测量的。带 B 型应用部分、BF 型应用部分或 CF 型应用部分的医用电气设备在任何单个患者连接和其他所有患者连接之间进行患者辅助电流的测量，如图 5-42 所示。

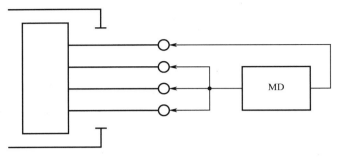

图 5-42　患者辅助电流的测量

患者辅助电流需要：

——ME 设备实现本身的功能，如电气阻抗成像、通过阻抗变化监测呼吸；

——确保 ME 设备正确工作，如监测心电电极与患者的接触阻抗；

——支持 ME 设备运行；

——作为 ME 设备功能的附带。例如，生理信号放大器的偏置电流。

患者辅助电流可以具有某种功能，但非生理功能，或者不具备任何功能。

患者连接的危险之一是漏电流可以流经患者。不管是正常条件还是各种故障条件下，对这些电流都设定了特定的限值。在某些场合下，必须通过测量患者漏电流和患者辅助电流确定作为单个患者连接的应用部分。患者连接并不总是可触及的。应用部分任何导体部分，包括患者直接的电气接触，或者不依照本标准相关电介质强度检测或电气间隙、爬电距离要求的绝缘或空气间隔，都作为患者连接。

例如：

——支撑患者的桌面是一个应用部分。垫片不能提供足够的绝缘，那么桌面的导电部分被定义为患者连接。

——注射控制器的针或管理组件是一个应用部分。通过不充分绝缘与液体（可能导电）隔离的控制器的导电部分被认为是患者连接。

如果应用部分具有一个绝缘材料组成的表面，则规定采用金属薄片或盐溶液进行检测。这也被认为是患者连接。

患者辅助电流必须在任一患者连接点与连在一起的所有其他患者连线之间进行测量。具有多个患者连接的设备必须通过检验，以确保在正常状态下当一个或多个患者连接处在以下状态时患者漏电流和患者辅助电流不超过容许值。患者辅助电流的测量电路如图 5-43 所示：对 II 类设备则不使用保护接地连接和 S_7。测量时，采用图 5-20 的测量供电电路在 S_1、S_5、S_{10} 的开、闭位置进行所有可能组合情况下的测量（如果是 I 类设备，则要闭合 S_7）。S_1 断开时是单一故障状态。

若仅为 I 类设备，则在 S_5、S_{10} 的开、闭位置所有可能组合的情况下，闭合 S_1 并断开 S_7 进行测量（单一故障状态）。

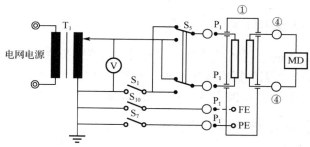

①—ME 设备外壳；④—患者连接；T_1—具有足够额定功率标称和输出电压可调的单相或多相隔离变压器；V—指示有效值的电压表，如可能，可用一只电压表及换相开关来代替；S_1—模拟一根电源导线中断（单一故障状态）的单极开关；S_5—改变网电源电压极性的换相开关；S_7—模拟 ME 设备的一根保护接地导线中断（单一故障状态）的单极开关；S_{10}—将功能接地端子与测量供电系统的接地点连接的开关；P_1—连接 ME 设备电源用的插头、插座或接线端子；FE—功能接地端子；PE—保护接地端子；⊥—参考地（用于漏电流和患者辅助电流测量和防除颤应用部分的试验，不连接到供电网的保护接地）

图 5-43　患者辅助电流的测量电路

5.5　接地线电阻的测试

　　一般的医用电气设备，都是通过导线将设备的接地端钮和大地相连的，俗称"接地"，从而使多余的电流流向大地，以防止患者和操作者遭受电击。在此意义上，接地线是否良好、接地端钮是否良好是安全的重要因素。

　　要测量接地线导通与否，用最小刻度是 1Ω 左右的仪表即可，但若要知道接地线的正确电阻值，则需要最小刻度为 $10m\Omega$ 左右的低阻测量设备，以便能准确地测量 $0.1\sim0.2\Omega$ 这样小的电阻。但是，在测量如此小的电阻时，被测点和表笔间的接触电阻也属同一数量级，所以一般应采用四端网络法制成的测量设备。此外，也有一些简易的测量方法。

5.5.1　单线接地线的电阻测量

　　设备附属的接地线一般都是经安全设计的，其电阻值应在安全标准范围内，只要用检测设备做导通的简单试验就可以了。但也有较细的多股细导线在中途几乎断线，而只靠一根细导线导通的情况，此时，若不对电阻值进行实际测量是很危险的。这种测量除用上面介绍的低电阻测量设备外，也可用简易测量法，如图 5-44 所示。断线大多发生在接地线插头的根部附近，因此测量前最好把这部分轻轻用力拉一下再测量。另外，还需注意连接墙壁接地端钮的鳄鱼夹的弹簧松弛情况。这时，需要采用两端网络法测量，这种方法已考虑了因弹簧的松弛而引起接触电阻增大。

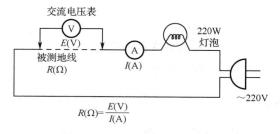

$$R(\Omega) = \frac{E(V)}{I(A)}$$

图 5-44　简易接地线电阻测量

5.5.2　三芯引线中接地芯线的电阻测量

　　导通试验可将检测器的电阻测量端钮的一个探针和三眼插座的接地头相连，另一个探针和设备的接地端钮相连，即测量插座接地头和设备接地端钮间的电阻。若设备上无接地端钮，则必须在设备内部找到和接地点相连的部分，然后测量它们之间的电阻。

5.5.3　墙壁接地端钮间的电阻测量

　　如果在墙壁接地端钮处发生断线，医用仪器即使接了地也不起作用了。因此定期检查墙壁接地端钮非常重要。如图 5-45 所示，用检测器（仪表）做各端钮间的导通试验即可。图中墙壁接地端钮 3 不起接地端钮的作用。一般说来，最容易发生导通不良（断线）的地方是墙壁接地端钮和里面的接地母线连接点，这可用肉眼进行定期检查。

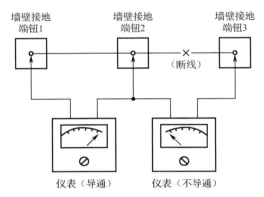

图 5-45　墙壁接地端钮间的导通测试

　　此外，电阻值的测量也是重要的，但要充分掌握端钮相互之间，以及与其他屋子的端钮的连接状况，需要经过仔细考虑后再测量，切勿使测量电流通过其他正在使用的医用电气设备，以免给患者带来危险。

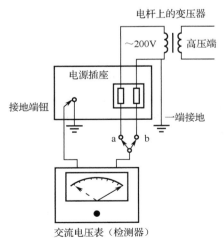

图 5-46　墙壁接地端钮简易测试

5.5.4　墙壁接地端钮的简易试验

　　若接地母线或接地干线在中途断线，则接地端钮将不再起作用，因此事先必须仔细检查接地端能否使用。在电杆上的变压器已接地的情况下，利用 220V 电灯线的一侧，就能进行这种简易试验。如图 5-46 所示，以交流电压表（100～250V 量程）为检测器，测量墙壁接地端钮和电源插座两孔中任何一个孔之间的电压，来证实其中一个是220V，另一个几乎是 0V。这个方法可用于测量接地端钮和电杆上的变压器接地端之间的导通情况。如果墙壁接地端钮系统在某处断线，则两孔的电压都将指示 0V。

5.5.5　等电位接地系统的检测

　　等电位接地系统（EPR 系统）将在同一室内的患者能接触到的所有医用电气设备、一切用电的仪器、一切露出的金属部分，都用电阻小的导线连接于一点（EPR 点），把这点再和接地干线连接，使任何仪器间、任何金属部分间都不会产生 10mV 以上的电位差。组成这个系统之后，按患者的电阻最小为 1000Ω 来计算，不管患者接触室内哪两点；流过患者的电流均在 10μA 以下，连微电击都能避免。因此，应在可能发生微电击的心脏导管检查室、手术室、ICU 等地方使用 EPR 系统。

EPR 系统可使用测量漏电流时使用的仪器（将 1000Ω、0.15μF 的并联电路和高灵敏的交流电压表并接）来检测。检测时，将测量仪器测量电极的接地端和墙壁的 EPR 点相接，将测量电极的另一端和室内所有露出的金属部分（医用电气设备的金属壳、电视机等电器的金属露出部分、金属床的部件、铝的窗框、台灯的金属部分等）相接，确认各点的电位在 10mV 以下，如图 5-47 所示。

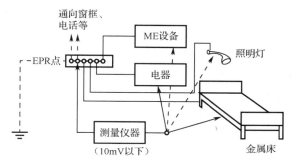

图 5-47　EPR 系统的检测

另外，各点的电位即使都在 10mV 以下，考虑到相位关系，两点间的电位差也有可能超过 10mV（一点电位是 7mV，另一点电位是 5mV，若两点反相，则电位差为 12mV），所以还需要对特定两点间的电位差进行测量。

5.6　绝缘电阻的测试

绝缘电阻是衡量绝缘性能优劣的最基本的指标。在绝缘结构的制造和使用中，经常需要测定其绝缘电阻。通过对绝缘电阻的测定，我们可以在一定程度上判定某些电气设备的绝缘好坏，判断某些电气设备（如电机、变压器）的受潮情况等，以防因绝缘电阻下降或绝缘材料损坏而造成漏电、短路、电击等电气事故发生。

5.6.1　绝缘电阻的测量

绝缘材料的电阻可以用比较法（属于伏安法）测量，也可以用泄漏法测量，但通常用兆欧表（摇表）测量。兆欧表主要由作为电源的手摇发电机（或其他直流电源）和作为测量机构的磁式式流比计（双动线圈流比计）组成。测量时，实际上是给被测物加上直流电压，测量其漏电流，在表的盘面上读到的是经过换算的绝缘电阻值。

磁式式流比计的工作原理如图 5-48 所示。在同一转轴上装有两个交叉的线圈，当两个线圈通有电流时，将分别产生互为相反方向的转矩，大小分别为

$$M_1 = k_1 f_1(\alpha) I_1 \tag{5-7}$$

$$M_2 = k_2 f_2(\alpha) I_2 \tag{5-8}$$

式中：k_1、k_2 ——比例常数；

I_1、I_2 ——通过两个线圈的电流；

α ——线圈带动指针偏转的偏转角。

当 $M_1 \neq M_2$ 时，线圈转动，指针偏转。当 $M_1 = M_2$ 时，线圈停止转动，指针停止偏转，且电流之比与偏转角满足如下的函数关系，即

$$\frac{I_1}{I_2} = kf_3(\alpha) \tag{5-9}$$

兆欧表的测量原理如图 5-49 所示。在接入被测电阻 R_x 后构成了两条相互并联的支路，当摇动手摇发电机时，两个支路分别通过电流 I_1 和 I_2。可以看出

$$\frac{I_1}{I_2} = \frac{R_2 + r_2}{R_1 + r_1 + R_x} = f_4(R_x) \tag{5-10}$$

考虑到电流之比与偏转角满足的函数关系，不难得出

$$\alpha = f(R_x) \tag{5-11}$$

可见，指针的偏转角 α 仅仅是被测绝缘电阻 R_x 的函数，而与电源、电压没有直接关系。

在兆欧表上有三个端钮，分别标为 E（接地）、L（电路）和 G（屏蔽）。一般测量仅用 E、L 两端，E 端通常接地或接设备外壳，L 端接被测线路，如电机、电器的导线或电机绕组。测量电缆芯线对外皮的绝缘电阻时，为消除芯线绝缘层表面漏电引起的误差，还应在绝缘上包以锡箔，并使之与 G 端连接，如图 5-50 所示。这样就使得流经绝缘表面的电流不再经过流比计的测量线圈，而是直接流经 G 端构成回路，所以，测得的绝缘电阻只是电缆绝缘的体积电阻。

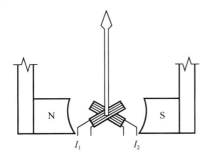

图 5-48　磁电式流比计的工作原理

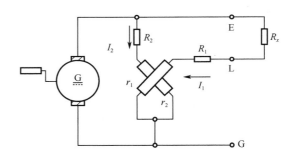

图 5-49　兆欧表的测量原理

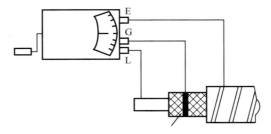

图 5-50　电缆绝缘电阻测量

使用兆欧表测量绝缘电阻时，应注意下列事项。

（1）应根据被测物的额定电压正确选用不同电压等级的兆欧表。所用兆欧表的工作电压应高于绝缘物的额定工作电压。一般情况下，测量额定电压 500V 以下的线路或设备的绝缘

电阻，应采用工作电压为 500V 或 1000V 的兆欧表；测量额定电压 500V 以上的线路或设备的绝缘电阻，应采用工作电压为 1000V 或 2500V 的兆欧表。

（2）与兆欧表端钮连接的导线应为单线，不能用双股绝缘导线，以免测量时因双股线或绞线绝缘不良而引起误差。

（3）测量前，必须断开被测物的电源，并进行放电；测量终了也应放电。放电时间一般不应短于 3min。对于高电压、大电容的电缆线路，放电时间应适当延长，以消除静电荷，防止发生触电。

（4）测量前，应对兆欧表进行检查。首先，使兆欧表端钮处于开路状态，转动摇把，观察指针是否在 "∞" 位；然后，再将 E 和 L 两端短接起来，慢慢转动摇把，观察指针是否迅速指向 "0" 位。

（5）进行测量时，摇把的转速应由慢至快，到 120r/min 左右时，发电机输出额定电压。摇把转速应保持均匀、稳定，一般摇动 1min 左右，待指针稳定后再进行读数。

（6）测量过程中，当指针指向 "0" 时，表明被测物绝缘失效，应停止转动摇把，以防表内线圈发热烧坏。

（7）禁止在雷电天气或邻近设备带有高电压时用兆欧表进行测量工作。

（8）测量应尽可能在设备刚刚停止运转时进行，原因是，测量时的温度条件接近运转时的实际温度，使测量结果符合运转时的实际情况。

5.6.2　吸收比的测定

对于电力变压器、电力电容器、交流电动机等高压设备，除测量绝缘电阻之外，还要求测定其吸收比。吸收比是加压测量开始后 60s 时读取的绝缘电阻值与加压测量开始后 15s 时读取的绝缘电阻值的比。由吸收比的大小可以对绝缘受潮程度和内部有无缺陷存在进行判断。这是因为，绝缘材料加上直流电压时会充电过程，在绝缘材料受潮或内部有缺陷时，漏电流增加很多，同时充电过程加快，吸收比接近于 1；在绝缘材料干燥时，漏电流小，充电过程慢，吸收比明显增大。例如，干燥的发电机定子绕组，在 10～30℃时的吸收比远大于 1.3。吸收比原理如图 5-51 所示。

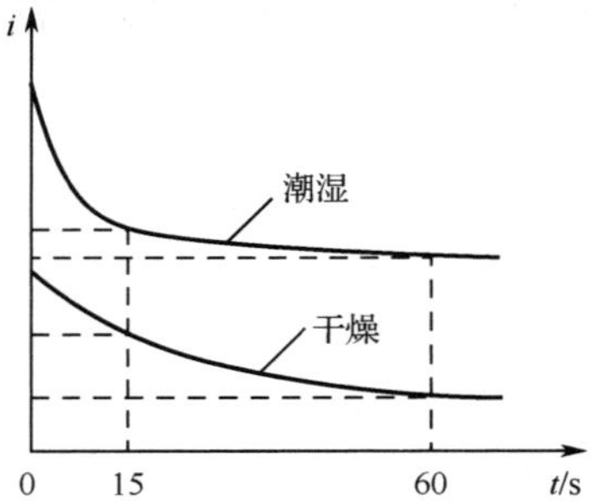

图 5-51　吸收比原理

绝缘电阻随线路和设备的不同，指标要求也不一样。一般而言，高压较低压要求高；新设备较老设备要求高；室外设备较室内设备要求高；移动设备较固定设备要求高等。以下为几种主要线路和设备应达到的绝缘电阻值。

（1）新装和大修后的低压线路和设备，绝缘电阻不应低于 0.5MΩ；运行中的线路和设备，绝缘电阻可降低为每伏工作电压不小于 1000Ω；安全电压下工作的设备，绝缘电阻不得低于 0.22MΩ；在潮湿环境，绝缘电阻可降低为每伏工作电压 500Ω。

（2）携带式电气设备的绝缘电阻不应低于 2MΩ。

（3）配电盘二次线路的绝缘电阻不应低于 1MΩ，在潮湿环境下，允许降低为 0.5MΩ。

（4）10kV 高压架空线路每个绝缘子的绝缘电阻不应低于 300MΩ；35kV 及以上的不应低于 500MΩ。

（5）运行中 6～10kV 和 35kV 电缆的绝缘电阻分别不应低于 400～100MΩ 和 600～1500MΩ。干燥季节取较大的数值；潮湿季节取较小的数值。

（6）电力变压器投入运行前，绝缘电阻应不低于出厂时的 70%，运行中的绝缘电阻可适当降低。

医用电气设备电源线和接地端间或电源线和患者引线间的绝缘电阻的测量方法如图 5-52 所示。将测量仪器（直流绝缘电阻表）串接在电源线的一端和各测定点之间，应在可拔下的电源线和仪器连接的情况下进行测量。

测量时应改变电阻表的极性，测量两次。测量结果受当时的温度、湿度影响极大，所以应选择不同环境条件多次测量，把最坏情况下测得的数值当作绝缘电阻值。

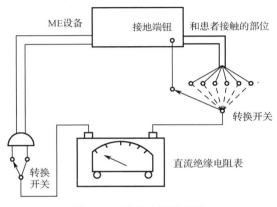

图 5-52　绝缘电阻的测量

5.7　电介质强度的检测

电介质强度测试是企业对电气产品的电气安全性能最基本的出厂检验，由于电介质强度测试是破坏性的测试，因此，一般在电气产品的正常使用寿命内，基本都不再做电介质强度测试，为了保证电气产品在正常使用寿命的若干年内，保持电介质的绝缘性能，要求电气产品必须进行电介质强度测试。

为了确保医用电气设备的安全，国标 GB 9706.1—2020《医用电气设备 第 1 部分：基本安全和基本性能的通用要求》对医用电气设备的电介质强度（即耐电压强度）做了强制规定"试验时不得发生闪络或击穿"。

5.7.1　电介质强度与击穿

电介质是基本电磁性能受电场作用而极化的物质，或者是在外电场的作用下，因为内部结构发生变化，又反过来影响外电场的物质。例如，空气、云母、陶瓷、玻璃纸、塑料、油等都是电介质。从极化过程可以看出，电介质分子中正、负电荷在外电场中受电场力的作用，有被分离的趋势。如果外电场足够强大，则有可能使一些电子在电场力的作用下脱离原子核束缚而成为自由电子，这些自由电子在外电场作用下又获得加速度，具有很大的动能。它们在遇到其他分子时，被碰撞的分子可能又会释放出电子来，这种连续反应使电介质中的自由电子越来越多，可使介质失去绝缘性能成为导体，这种情况叫作电介质的"击穿"。每种电介质材料都有一个它能承受而又不被破坏的最高电场强度——击穿场强，又称为绝缘场强。当电介质中的场强超过击穿场强时会出现大量自由电子，导致电流急剧增加，温度迅速上升，最后被烧坏。这类在强电场作用下，电介质丧失绝缘能力的现象，导致击穿的临界电压称为击穿电压。在均匀电场中，击穿电压与介质厚度之比称为击穿电场强度，它反映电介质自身的耐电强度。

固体电介质击穿有 3 种形式：电击穿、热击穿和电化学击穿。对于电击穿，电场使电介质中积聚起足够数量和能量的带电质点，导致电介质失去绝缘性能。对于热击穿，在电场作用下，电介质内部热量积累、温度过高，从而失去绝缘能力。对于电化学击穿，在电场、温度等因素作用下，电介质发生缓慢的化学变化，性能逐渐劣化，最终丧失绝缘能力。电介质的化学变化通常使其电导增加，这会使电介质的温度上升，因此电化学击穿的最终形式是热击穿。影响电介质强度的因素很多，包括电压、温度、湿度、时间、频率、波形等。

电解质的击穿由于绝缘材料（电介质）的材质、加工工艺、使用环境、使用条件的不同，绝缘性能存在很大差别。即使是同一块绝缘材料，其不同部位的绝缘性能也存在很大差别，所以绝缘材料不同部位的击穿性能差别也很大。如果被测绝缘材料由于试验电压而使电流以失控的方式迅速增大，且无法限制电流时，则认为绝缘已被击穿。因此，绝缘材料失控电流的大小决定了绝缘材料的绝缘性能是否丧失。有的绝缘材料失控电流很大，理论上测试设备的功率很大，这在实际测试中很难实现。

闪络是在气体或液体内沿着固体表面发生的两极间的击穿。在 GB 9706.1—2020 标准中规定：出现闪络定为不合格。

电晕是不均匀的、场强很高的辉光放电。辉光放电为电介质击穿前的一种发光放电，放电电流较为稳定，并且电介质还呈现绝缘的高阻状态。轻微的电晕放电与引起试验电压下降的电晕放电，在实际测试中很难判定，一是和测试时环境的光线强弱、被测设备的结构有关；二是引起试验电压下降的电晕放电与测试设备输出功率的大小有关，如测试设备输出功率小，轻微电晕放电就有可能引起试验电压的下降；三是电晕与闪络都以光的形式出现，电流可能有大有小，比较难判断。

5.7.2　电介质强度的测试

电介质强度测试要求在不同的电气行业中基本相同。在其他行业的安全标准中，进行介电强度试验时，引用了一个判断电介质电流强度的概念，一般定为 20mA。在通用要求中，对于判断介电强度，没有整定电流值的概念，这是医用电气设备试验介电强度与其他行业试验介电强度时最大的区别，在进行试验时要注意这一点。医用电气设备应能承受表 5-6 规定的试验电压。在相应潮湿预处理、断电，并按要求完成灭菌程序，达到稳态运行温度后，按照表 5-6 规定加载 1min 的试验电压，应施加不超过规定一半的试验电压；然后用 10s 将电压逐渐增加到规定值，并保持此值达 1min；之后用 10s 将电压逐渐降至规定值的一半以下，检验是否符合要求。试验条件如下：

（1）试验电压的波形和频率应使绝缘体上受的电介质应力至少等于正常使用时产生的电介质应力。当有关绝缘在正常使用中所承受的电压不是正弦交流时，可使用正弦 50Hz 或 60Hz 的试验电压，或者使用相当于交流试验电压峰值的直流试验电压。试验电压应大于或等于加在绝缘上的工作电压所对应的表 5-6 中的规定值。

（2）在试验过程中，击穿导致失败。施加的试验电压导致电流不受控制地迅速增大，也就是说绝缘不能限制电流，此时，就发生了绝缘击穿。电晕放电或单个瞬时闪络不被认为导致绝缘击穿。

（3）如果不可能对单独的固态绝缘进行试验，则需要对 ME 设备的大部分甚至是整台 ME 设备进行试验。在这种情况下，注意不使不同类型和等级的绝缘承受过多的应力，并要考虑下列因素：

① 当外壳或外壳的一部分包含有非导电平面时，应使用金属箔。注意，要适当放置金属箔，以免绝缘内衬边缘产生闪络。若有可能，则移动金属箔对表面的各个部位都进行试验。

② 试验中绝缘两侧的电路都应各自被连接或短接，以使电路中的元器件在试验中不会受到应力。例如，网电源部分、信号输入/输出部分和患者连接（若适用）的接线端子，在试验时要各自短接。

③ 有电容器跨接在绝缘两边（如射频滤波电容器）的，如果它们符合要求，则可在试验中断开。

表 5-6　构成防护措施的固态绝缘材料的试验电压

峰值工作电压 (U) / V（峰值）	峰值工作电压 (U) / V（d.c.）	交流试验电压/V（r.m.s.）							
		对操作者的防护措施				对患者的防护措施			
		网电源部分防护		次级电路防护		网电源部分防护		次级电路防护	
		一重 MOOP	两重 MOOP	一重 MOOP	两重 MOOP	一重 MOPP	两重 MOPP	一重 MOPP	两重 MOPP
$U<42.4$	$U<60$	1000	2000	无须试验	无须试验	1500	3000	500	1000
$42.4<U\leq71$	$60<U\leq71$	1000	2000	*	*	1500	3000	750	1500
$71<U\leq184$	$71<U\leq184$	1000	2000	*	*	1500	3000	1000	2000
$184<U\leq212$	$184<U\leq212$	1500	3000	*	*	1500	3000	1000	2000
$212<U\leq354$	$212<U\leq354$	1500	3000	*	*	1500	4000	1500	3000
$354<U\leq848$	$354<U\leq848$	*	3000	*	*	$\sqrt{2}\,U+1000$	$2\times(\sqrt{2}\,U+1500)$	$\sqrt{2}\,U+1000$	$2\times(\sqrt{2}\,U+1500)$
$848<U\leq1414$	$848<U\leq1414$	*	3000	*	*	$\sqrt{2}\,U+1000$	$2\times(\sqrt{2}\,U+1500)$	$\sqrt{2}\,U+1000$	$2\times(\sqrt{2}\,U+1500)$
$1414<U\leq10000$	$1414<U\leq10000$	*	*	*	*	$U/\sqrt{2}+2000$	$\sqrt{2}\,U+5000$	$U/\sqrt{2}+2000$	$\sqrt{2}\,U+5000$
$10000<U\leq14140$	$10000<U\leq14140$	$1.06\times U$	$1.06\times U$	$1.06\times U$	$1.06\times U$	$U/\sqrt{2}+2000$	$\sqrt{2}\,U+5000$	$U/\sqrt{2}+2000$	$\sqrt{2}\,U+5000$
$U>14140$	$U>14140$	若有必要，则由专用标准规定							
*参见 GB 9706.1—2020 中对操作者的防护措施中的试验电压									

5.7.3　电介质强度测试设备

目前，市场上电介质强度测试设备的品种很多，归纳起来主要有以下三种形式。

1. 调压器升压型电介质强度测试装置

（1）大型调压器升压型电介质强度测试装置。

大型调压器升压型电介质强度测试装置原理图如图 5-53 所示，这类电介质强度测试装置的结构简单、抗干扰能力强、输出功率大、输出电压高（数十千伏甚至数百千伏），但对被试品有电弧、爬电、闪络等绝缘性能方面的潜在隐患不敏感，升压变压器常用油浸式，体积大，全套装置很难形成一体，多为人工操作控制，不便于对多个被试品连续测试等不足，多用于电力系统的电介质强度试验。

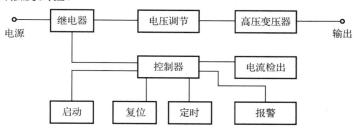

图 5-53　大型调压器升压型电介质强度测试装置原理图

（2）小型调压器升压型电介质强度测试装置。

小型调压器升压型电介质强度测试装置原理图如图 5-54 所示，一般由高压升压电路、漏电流侦测电路、指示仪表等组成，高压升压电路能调整输出需要的电压，漏电流测试回路能设定击穿（保护）电流，指示仪表可直接读出电压值和漏电流值（或设定击穿电流值）。样品在要求的试验电压作用下达到规定的时间时，仪器自动或被动切断试验电压；一旦出现击穿，漏电流超过设定的击穿（保护）电流，能够自动切断输出电压，并同时报警，以确定样品能否承受规定的绝缘强度试验。

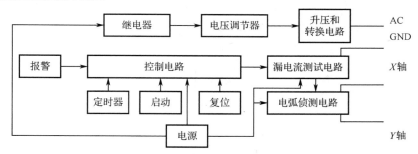

图 5-54　小型调压器升压型电介质强度测试装置原理图

这类电介质强度测试装置的结构较前一类复杂，测试源输出功率较大，输出电压较高（数十千伏），输出电压设置必须在电压输出的情况下进行，在功率范围内，输出电压会随负载电流的变化而变化。漏电流显示值有时会受测试电压高低的影响。升压变压器常用干式，全套装置可形成一体，其体积取决于功率的大小，有自动切断功能，可对被试品连续、多次进行立即升压测试，但对有分时分压试验标准或缓慢升压标准的被试品，不便于进行连续自动测试，该类仪器一般还外加电弧（闪络）侦测电路，电弧（闪络）侦测电路输出两路信号分别到示波器的 X 轴和 Y 轴形成一个稳定的"李沙育图形"（即一个闭合的圆环），若被测电气设备发生"闪络"现象，则李沙育图形的边缘会出现较大的"毛刺"。图 5-55 中的 3 个分图分别是无闪络现象、轻微闪络现象、明显闪络现象的李沙育图形。

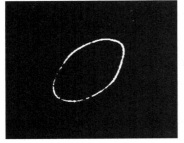 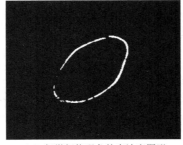 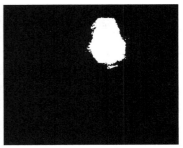

（a）无闪络现象的李沙育图形　　（b）轻微闪络现象的李沙育图形　　（c）明显闪络现象的李沙育图形

图 5-55　3 种李沙育图形

2．程控型电介质强度测试仪

程控型电介质强度测试仪工作原理如图 5-56 所示，这种电介质强度测试仪的结构较复杂，通过脉宽调制方式变频输出，输出波形失真稍大，输出频率可变（50Hz/60Hz），输出电压精度和输出电压调整范围较前者低，在功率范围内输出电压稳定，不受负载变化的影响，测试源输出功率容易达到数千瓦，超功率输出时仪器能自动保护，输出电压设置在无电压输出的情况下进行，安全性好，对判断被试品是否出现电弧、爬电、闪络等绝缘性能方面敏感。电压输出方式可通过软件满足多种标准要求，击穿保护速度快，工作时对电网干扰较大，仪器的校准通过按键或通信接口进行，便于和计算机联网完成测试统计、分选工作，可对被试品连续进行测试，价格略高。

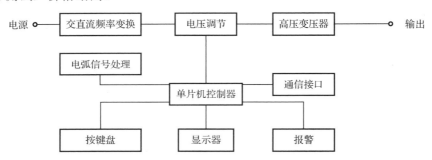

图 5-56　程控型电介质强度测试仪工作原理

5.8　剩余电压及能量的检测

剩余电压是电气设备断电后，电源插头各极间、内部储能器件上，在一段时间内保持的残余电压。剩余电压的建立是由于电气设备电源回路存在储能器件，当回路中储能器件的容量足够大，而电路中放电电阻的阻值也足够大时，即使储能器件中存储的能量很小，存在的时间很短，但产生的剩余电压也会引起触电事故。为了避免剩余电压过高，必须对剩余电压进行测试。

GB 9706.1—2020 规定了对医用电气设备电压和（或）能量的限制：用插头与电源连接的设备，必须设计成在拔掉插头后 1s，各电源插脚之间或每个电源插脚与设备机身间电压不超过 60V。通过下列试验来验证是否符合要求：设备运行在额定电压或其上限电压下；用拔掉插头的方法使设备与电网断开，且设备电源开关置于"通"或"断"中最不利的位置上；在断开电源后 1s，用一个内阻抗不影响测量值的仪表来测量插头各电源插脚间及电源插脚与设备机身间的电压；测得电压不得超过 60V；试验必须进行 10 次。

5.8.1　剩余电压的特点和测试要求

1．剩余电压的特点

（1）能量微弱：线对地电容量为 5000pF 时，能量为 5mJ，在经过回路电阻 1s 的放电后，能量已很难测试。

（2）存在时间短：测试时间为 1s，存在时间根据回路电阻的大小不同，但仅有数秒。

（3）电压形态特殊：测试的既不是峰值电压也不是有效值电压，而是变化时的瞬时点电压。

2．剩余电压测试设备的要求

（1）很高的测试内阻：用内阻抗不影响测量值的仪表来测。

（2）精确的测试时间：拔掉插头之后 1s。

（3）瞬时采集测试数据能力：采集断电 1s 时的电压。

（4）最大值数据保持功能：选 10 次中最高的剩余电压。

5.8.2　剩余电压测试方法

目前，对剩余电压进行测试的方法如下。

1．存储示波器测试法

国外的实验室一般通过存储示波器来测试剩余电压，测试时需要插拔电源插头，用存储示波器记录断电 1s 过程中电源插头各极间的剩余电压，并从存储示波器的屏幕上读取断电 1s 内的剩余电压波形和幅值。但是，用存储示波器来测试剩余电压存在测试精度不高、测试过程烦琐和费用较高的缺点。

测试精度不高，主要体现在以下方面。

（1）由于测试数值是测试人员从存储示波器的屏幕上读取的剩余电压幅值来确定的，有人为的判定误差和存储示波器的显示误差。

（2）存储示波器的输入阻抗低，一般为 10MΩ，其探头阻抗也存在较大误差，因此综合测试精度仅在 10%左右。

测试过程烦琐主要体现在以下方面。

（1）测试过程连线烦琐。首先，须制作插拔插头用的装置；其次，将该装置与存储示波器和剩余电压测试仪用测试线相连接；最后，测试过程中还需要变换连线。

（2）测试过程操作烦琐。测试 L-N 1s 时的剩余电压 10 次，每次插拔电源插头一次，并进行观察记录；用同样的方法还需要测试 L-E 和 N-E 1s 时的剩余电压各 10 次。整个测试过程需烦琐地操作 30 次。

2．专用测试仪测试法

专用测试仪能以模拟插拔电源插头的方式进行测试，其测试阻抗为 100～200MΩ，并能够手动和自动测试 1s 时 L-N、L-E 和 N-E 各 10 次剩余电压，测试精度和分辨率较高。现有的专用测试仪不但能实时记录测试过程中出现的最大值，设置被测设备测试是否合格的提醒，而且还能克服存储示波器测试法测试烦琐和精度不高的缺点。

5.8.3　剩余能量的测量

在测量剩余能量时，首先需要在额定电压下运行设备，然后断开电源。在正常情况下，以尽可能快的速度打开正常使用时用的调节孔盖。立即测量可触及的电容器或电路部件上的剩余电压，通过功率计算公式推算出残留能量。如果制造商规定了一个非自动放电装置，应通过检查来弄清其内部情况和标识。

5.9　其他安全性能检测

安全性能试验还包括绝缘耐压试验、升温试验、机械强度试验、化学药品试验、防爆试验等。下面介绍机械强度试验、易燃混合气试验。

5.9.1　机械强度试验

医用电气设备的机械强度试验要求设备设计和制造包括形成其部件的任何调节孔盖及其所有零件，都必须有足够的强度和刚度。用下述试验检验是否符合要求。

（1）外壳或外壳部件及其所有零件的刚度试验，用 45N 直接向内的力加在面积为 $625mm^2$ 的任何表面上，不得造成任何看得出的损伤或使爬电距离和电气间隙降低。

（2）外壳或外壳部件及其所有零件的强度试验，用弹簧冲击试验装置，对试样施加冲击能量为（0.5±0.05）J 的撞击。冲击试验装置结构如图 5-57 所示，该试验装置有三大主要部分：主体、冲击件和带弹簧的释放圆锥体。主体包括外壳、冲击件导向装置、释放机构和刚性固定在主体上的各部件。主体组件的质量为 1250g。冲击件包括锤头、锤柄轴和击发球形柄，这一套组件的质量是 250g。用聚酰胺制的锤头呈半球形，半径为 10mm，洛氏硬度为 HRC100；将锤头固定在锤柄轴上，要使锤头的顶端在冲击件即将释放时与圆锥体前端面相距 20mm。圆锥体质量为 60g，当释放爪正要释放冲击件时，锥体弹簧能施出 20N 的力。

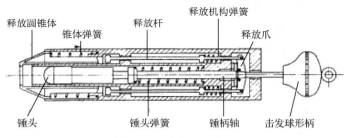

图 5-57　冲击试验装置

（3）弹簧冲击试验，将锥体弹簧调节到使压缩行程（以 mm 为单位）与施出力（以 N 为单位）的乘积等于 1000，压缩行程约为 20mm。这样调节后，冲击能量为（0.5±0.05）J。将释放机构的弹簧调整到能施加足够的压力以使释放爪处于啮合位置。拉动击发球形柄，直到释放爪与锤柄上的槽口啮合为止，通过释放杆把释放机构打开，让锤头往下打。设备要牢固地支撑，必须对外壳上每个可能的薄弱点撞击 3 次。对手柄、控制杆、旋钮、显示装置和类似装置及信号灯及其灯罩施加压力。对于信号灯及其灯罩，仅在其高出外壳 10mm 以上或其面积超过 $4cm^2$

时才进行试验。对于装在设备内部的灯及其灯罩,仅对正常使用时容易损坏的进行试验。

试验后,所受的损伤必须不产生安全方面的危险;特别是带电部件必须不会变成可触及的带电部件,对光洁度损伤、不使爬电距离和电气间隙降到规定值以下的凹痕,以及不影响防电击或防潮的小裂口,不予考虑。肉眼看不见的裂纹,纤维增强模制件表面裂纹及类似损伤均不予考虑。如果内盖外衬有装饰盖,只要在取下装饰盖后内盖能经得起试验,装饰盖上的裂纹不予考虑。

可携带式设备上的提拎把手或手柄,必须能承受下列加载试验:把手及其固定用零件承受等于设备 4 倍重的力。均匀地加力于把手中心处 7cm 的长度上,不要猛拉,应在 5～10s 内从零开始逐渐加大到试验值,并保持 1min。设备装有一个以上把手时,力必须分布在把手之间,必须根据正常提拎时所测定的每个把手所承受的设备质量的百分比来确定力的分布。设备若装有一个以上的把手,但设计成方便用一个把手提拎,则需要每一个把手都能承受总的力。把手与设备间不应松动,也不得出现永久变形、开裂或其他损坏现象。

5.9.2　易燃混合气试验

易燃混合气试验装置包括一个点燃室和一个触点装置。点燃室容积至少为 $250cm^3$,内装规定的气体或混合气,触点装置通过断开和闭合来产生火花,如图 5-58 所示。

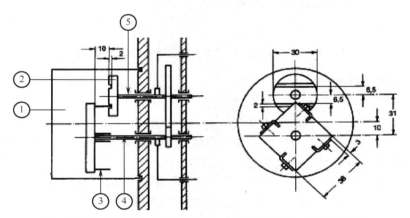

①—点燃室;②—镉盘;③—钨丝;④—钨丝盘的轴;⑤—带槽圆盘的轴

图 5-58　易燃混合气试验装置(单位:mm)

触点装置由一个带 2 个槽的镉盘和一个带 4 根直径为 0.2mm 钨丝的盘组成;第二个盘在第一个盘上滑动。钨丝的自由长度是 11mm。连接钨丝盘的轴以 80r/min 的转速旋转,连接镉盘的轴与连接钨丝盘的轴反向转动,转速比是 12:50。这两根轴互相绝缘,并与设备机架绝缘。点燃室必须能承受 1.5MPa 的内超压。

通过该触点装置,将受试电路闭合或断开,检查火花是否会点燃受试气体或混合气。

5.10　常用电气安全检测仪

医用电气设备的安全检测是十分重要的,当仪器漏电流大于 $10\mu A$ 时,直接通过人的心脏就会带来室颤的危险。国家标准 GB 9706.1—2020 对医用电气设备的电安全指标有明确的规定，下面介绍几种常用电气安全检测仪。

5.10.1　DAS-1 型数字式电安全测定仪

DAS-1 型数字式电安全测定仪能快速简便地实现标准规定的测量接线和各种开关的组合状态，以便进行正常和单一故障状态下的漏电流测试，还可以方便地测量仪器与电源插座之间的接地电阻，漏电流测量范围为 $0.5\sim199.9\mu A$，分辨率为 $0.1\mu A$，大于 $200\mu A$ 则溢出，接地电阻测量范围为 $0.005\sim1.999\Omega$，分辨率为 0.001Ω，大于 2Ω 则溢出。

仪器的原理如图 5-59 所示。

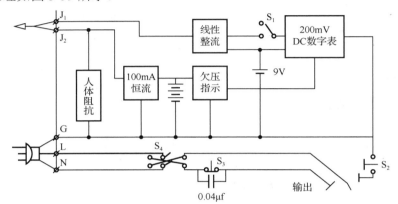

图 5-59　DAS-1 型数字式电安全测定仪原理图

该测定仪电路原理解释如下。

（1）测量用人体阻抗。

标准规定：电容 $0.15\mu F$、耐压 400V 以上、$1000\Omega/1W$ 电阻用数字表精选。

（2）为克服探头接线电阻的影响，低电阻测量采用四端网络法。A、B 为电流端，由 C、D 测量电压，探头线为两根，分接在 J_1、J_2 接线柱上，顶端合一。

（3）恒流源用 7805 三端稳压线路组成，调节串联电阻 R，使恒流输出为 100mA。该电路由 6 节 0.5Ah 的 YGN 镍镉电池供电，欠压指示由 TL062 集成的比较器给出，恒流源电路如图 5-60 所示。

（4）用 TL062 组成线性全波整流电路，使小信号整流线性度得以实现。

（5）直流 200mV 数显式电压表由 7106 和液晶显示屏组成，由 6F22（9V）层选电池供电。

（6）S_1 为电阻电流测量选择开关，S_2、S_3 模拟断地线和断中线的单一故障，S_4 实现中相线的反接。

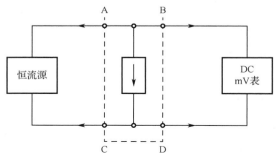

图 5-60　恒流源电路

5.10.2　CS2675FS 系列医用漏电流测试仪

CS2675FS 系列医用漏电流测试仪如图 5-61 所示，满足 GB 9706.1—2020（IEC 60601-1:2012）标准，输出电压最大可达到 300V，0～300V 连续可调，输出功率最大可达 3000VA；能满足 CS2675FS 系列标准，亦符合 GB 9706.1—2020，具有切换测试所需的人体测试装盒子（加权网络和未加权网络的切换）。其测试回路（MD）输入阻抗模拟人体阻抗，测试电流达 5μA，并为用户提供一个输出电压 0～250V 连续可调，输出的基本容量配置为 300VA 的隔离电源，可以满足 Ⅰ、Ⅱ 类各型设备进行正常状态下和单一故障下的对地漏电流、接触电流、患者漏电流、患者辅助电流的测试。CS2675FS 系列医用漏电流测试仪是一台全数显改进型新产品，能同时显示测试电压、漏电流和测试时间（均为数字显示），可根据用户的不同需求连续任意设定漏电流报警值；该定时器采用倒计时数字显示，使测试时间精度提高，而且测试范围提高到 99s，功能更加丰富实用。该系列医用漏电流测试仪在电压取样上采用线性整流电路，一改过去使用的桥式整流方法，使测试电压的指示值更确切地反映被测负载的实际测试电压，误差更小，线性度更好，精度更高。仪器在漏电流测试时，采用真有效值交直流转换电路，能够测量直流、交流、正弦波和复合波，频率响应可达 1MHz。

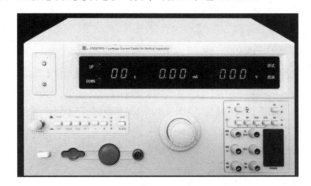

图 5-61　CS2675FS 系列医用漏电流测试仪

该系列医用漏电流测试仪主要由测试回路（MD）、量程变换部分、交直流转换部分、指示装置、超限报警电路和测试电压调节装置组成。测试回路（MD）完全按照 GB 9706.1—2020 测试装置中要求；量程变换部分可方便用户根据实际负载大小选择合适的量程；交直流转换部分将交流电压电流信号转换成直流电压电流信号；指示装置显示测试电压和实际漏电流及测试时间；超限报警电路完成对不合格产品的报警和指示并自动切断高压；测试电压调节装置可以根据不同的标准需要调节合适的测试电压。工作原理如图 5-62 所示。

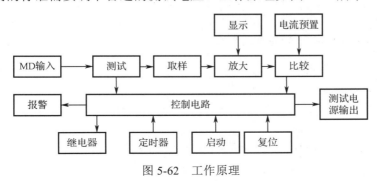

图 5-62　工作原理

5.10.3 CS2678 接地电阻测试仪

CS2678 接地电阻测试仪（简称测试仪）用于测量电气设备内部的接地电阻，它所反映的是电气设备的各处外露可导电部分与电气设备的总接地端子之间的（接触）电阻。测试仪为了消除接触电阻对测试的影响，采用了 4 端测量法，即在被测电气设备的外露可导电部分和总接地端子之间加上电流（一般为 25A 左右），再测量这两端的电压，算出其电阻值。

测试仪是按照 GB、IEC、ISO、BS、UL、JIS 等国际国内安全标准的要求而设计的，接地电阻的指标是衡量各种电气设备安全性能的重要指标之一，符合 GB 9706.1—2020 医用电气安全通用标准要求。它是在大电流（25A 或 10A）的情况下对接地回路的电阻进行测量，同时也是对接地回路承受大电流指标的测试，以避免在绝缘性能下降（或损坏）时对人身的伤害。该仪器对供电电压要求不高，测量精度高，速度快，使用方便，特别适合要求高的实验室和自动检测线，具有两档测试阻值（200mΩ 或 600mΩ），测试时间可在 0～99s 内设定。当被测值超过所设置的报警值时，具有声光报警功能，并有过电流（>AC30A）保护功能。该仪器采用除法器的原理进行测量，测试电流的波动不会对测量精度造成影响，因此具有测量准确，操作方便，体积小，对电源要求低等优点。该仪器的读数方便直观，可靠性极高。新增断线报警功能（即开路报警）可以非常方便地知道仪器是否在正常测试状态，用户可根据实际需要选择此项功能。

测试仪由测试电源、测试电路、指示器和报警电路组成。测试电源产生测量电流；测试电路将电流信号和流经被测电阻的电压信号进行处理，完成交直流转换，进行除法运算；指示器指示电流值和电阻值，若被测电阻值大于报警值，仪器发出断续的声光报警；若测试电流大于 30A，仪器发出连续的声光报警，并切断测试电流，以保证被测电器的安全。测试仪工作原理如图 5-63 所示。

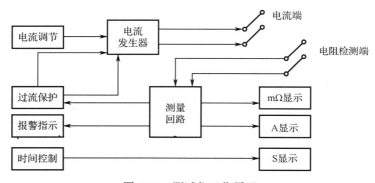

图 5-63　测试仪工作原理

5.10.4 QA-90 自动电气安全检测仪

QA-90 自动电气安全检测仪如图 5-64 所示，它是新一代的电气安全分析仪，是目前市场上唯一能在一次测试中对带有不同防护等级的被检设备（如心脏浮动和体部浮动除颤器）进行测试的安全分析仪。用户只需选择被检设备的类型和等级，QA-90 就能自动按选定标准进行测试。

测试结果在 LCD 屏上显示，并且与所选的各种检测标准中的容许值进行比较，显示是否通过，测试未通过有声音报警；显示结果可以立即打印出来，也可存储在仪器中以便以后调用。QA-90 可通过 PRO-Soft QA-90 软件远程控制操作。PRO-Soft QA-90 允许用户建立自己的测试方案，存储设备信息到磁盘，并规定格式输出数据到其他数据库或设备管理程序，可编辑满足国家标准和国际标准要求的独立测试程序。

图 5-64　QA-90 自动电气安全检测仪

QA-90 支持的标准有 IEC 60601-1、UL 2601.1、IEC 60601-1-1、UL 2601.1.1、IEC 60601-2-4、IEC 61010-1、EN 60601-1、VDE 0750 T/12-91、BS 5724、CAN/CSA-C22.2、No 601.1-M90、AS 3200.1、NZS 6150:1990、VDE 0751 T1/12-90、OVE 0751、UL 544、HEI 158 等。

1．QA-90 的使用

QA-90 测试时外部连线应先准备好。测试线连接有多种方式：非接入患者设备的连接，接入患者设备的连接，电源电缆测试，电流测量测试（双线），电压测量测试（双线），阻抗测量（双线）连接辅助电源/隔离变压器。

例如，常见的非接入患者设备的连接和接入患者设备的连接如图 5-65 和图 5-66 所示。

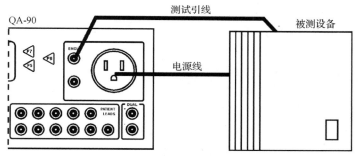

图 5-65　非接入患者设备的连接

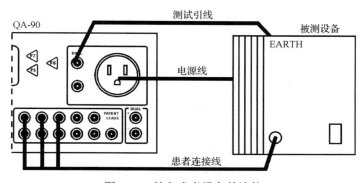

图 5-66　接入患者设备的连接

测试时，在主菜单中有测试等级可选，不同的测试等级所能测试的参数不一样，测试等级关系在 PRO-Soft 中有详细介绍，开始测试时要选择合适的测试等级，医疗仪器一般选择 CL1 等级。主菜单界面如图 5-67 所示。

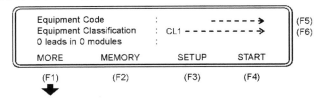

图 5-67　主菜单界面

在主菜单中按功能键 F1（MORE）进入测试菜单，如图 5-68 所示。

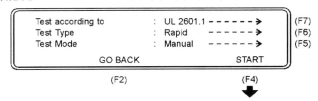

图 5-68　测试菜单

Test according to：参照标准，有多个标准可选择，当前采用国际标准。

Test Type：测试类型，分为正常测试和快速测试。

Test Mode：测试方式，分为自动和手动。

选择自动测试时，QA-90 自动检测出全套检测数据，所能测试的参数和开始时选择的测试等级有关。一般自动检测时间约为 3 分钟，检测的主要的项目如下。

Mains Voltage：主电源电压测试。

Current Consumption：电流消耗。

Protective Earth：保护接地电阻。

Insulation Resistance：绝缘电阻。

Earth Leakage Current：对地漏电流。

Enclosure Leakage Current：接触电流。

Patient Leakage Current AC：患者漏电流（交流）。

Patient Leakage Current DC：患者漏电流（直流）。

Patient Auxiliary AC：患者辅助漏电流（交流）。

Patient Auxiliary DC：患者辅助漏电流（直流）。

如果选择的是手动测试，则进入如图 5-69 所示的界面。

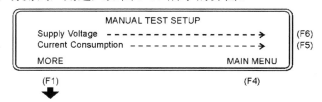

图 5-69　手动测试界面

菜单中的每个测试参数都可以手动去测试，方便在只想知道某个电安全参数的时候，为操作者节省时间，只需对某个电安全参数进行测试，测试时间约为 10～30s。

2. QA-90 的功能

QA-90 前面板如图 5-70 所示。

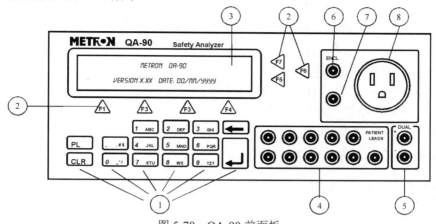

图 5-70　QA-90 前面板

前面板各按钮和端口的功能如下。

① 键盘：用于输入信息。

[PL]：患者导联，开启新窗口用于患者导联输入。

[CLR]：清除按钮，清除屏幕显示。

[←]：回退键，删除最后一个字符。

[↵]：回车键，确定输入的数据。

② 功能键：F1～F4 用于选择显示在屏幕底部菜单上的功能。F5～F7 用于选择对应的功能或在相应的信息域中输入信息。

③ LCD 显示屏：显示信息、测试结果及功能菜单。

④ PATIENT LEADS：用于患者应用部分。

⚠：注意，测试过程中此部分将施加最大 256V（AC）、500 V（DC）的测试电压。

⑤ DUAL：双线测试。E+和 E−，浮动输入/输出。

⑥ ENCL：外壳。用于连接被检设备的外壳。

⑦ 接地：校准测量导线用的额外地线连接。

⑧ 插座：连接被检设备的电源插头。

QA-90 后面板如图 5-71 所示。

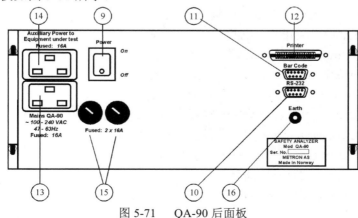

图 5-71　　QA-90 后面板

后面板各按钮和端口的功能如下。

⑨ Power：接通/断开电源。

⑩ RS-232：9 针 D-sub 接口。

⑪ Bar Code：9 针 D-sub，HP-Smartwand 接口（TTL）。

⑫ Printer：25 针 D-sub，并行接口。

⑬ Mains QA-90：电源接口。

⑭ Auxiliary Power：被检设备的辅助电源接口。

⑮ Fuse：电源保险丝，2×16A，220V。

⑯ EARTH：额外接地点。

3. QA-90 的系统设置

打开 QA-90 后面板的开关按钮，QA-90 开机，系统自动自检，自检完毕后显示主菜单，如图 5-72 所示。

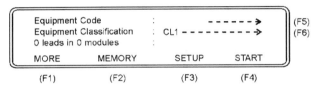

图 5-72　自检完毕后的主菜单

按功能键 F3（SETUP）进入系统设置菜单，如图 5-73 所示。

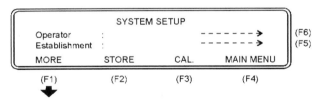

图 5-73　系统设置菜单

按 F1（MORE）可出现多个选项。

Operator：操作者。

Establishment：许可持有者。

QA-90 Serial no：XXXXX，QA-90 编号。

IT-Net：N，是否为 IT-NET 网电源。

Power-up delay time：2　Seconds，开机电源延迟时间。

Stop at new power config：N，设置新电源时停止。

Stop before new power config：N，新电源前停止。

Stop at new module：N，新电源模式时停止。

Multiple protective earth tests：N，多种接地保护测试。

Multiple enclosure tests：N，多种外壳测试。

PE test current：25，接地保护电流测试。

External isolating transformer：N，外接绝缘变压器。

Acoustic alarm for failed test：Y，测试失败声音报警。

Auxiliary power：N，是否有辅助电源。

Language：English，操作系统语言。

Date：XX/XX/XXXX（DD/MM/YYYY），日期。

Time：XX:XX:XX（HH:MM:SS），时间。

Report page length：每页打印报告的行数。

FIRMWARE Ver.：XX.XX，操作软件版本号。

其中，操作软件的语言有多种语言：英语、英语（美国）、德语、法语、意大利语等，根据实际需要设置。

4．QA-90 的系统校准

在主菜单按功能键 F3（SETUP）进入系统设置菜单，如图 5-73 所示。

按功能键 F3（CAL）进入系统校准菜单，如图 5-74 所示。

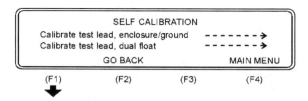

图 5-74　系统校准菜单

Calibrate test lead，enclosure/ground：外壳/接地线（mΩ）。

Calibrate test lead，dual float：双线测试浮动（mΩ）。

不同类型的测试选择不同的校准方式，校准时测试线连接如图 5-75 所示。

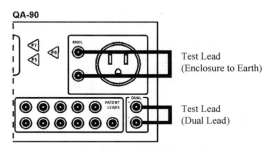

图 5-75　校准时测试线连接

外壳/接地线校准为连接 ENCL 接口和 EARTH 接口，双线测试校准为连接双线测试浮动接口。

5．QA-90 的存储功能和打印功能

QA-90 的存储器存储内容包括测试存储和次序存储。它可以保存多个测试结果和次序结果，并可在 PRO-Soft 软件中被调用。当测试相同的多台仪器时，可以使用次序存储来方便管理。因为仪器编号是唯一的，所以在不同的仪器编号中可设置不同的次序号。这样就方便了相同仪器的测试比较。内置存储器可储存多达 200 个的设备测试结果。

在主菜单中按 F2（MEMORY）进入存储菜单，如图 5-76 所示。

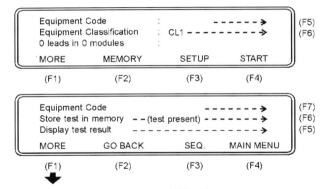

图 5-76　存储菜单

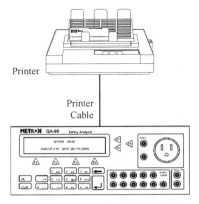

图 5-77　QA-90 与打印机接线

菜单中有显示测试结果、调用测试结果、打印测试结果、删除测试结果等。按 F1（MORE）有更多的参数。

按 F3（SEQ.）进入次序存储菜单。其功能和测试存储菜单的格式一样，都可以对存储的次序进行管理、查看、删除、调用、打印等。

打印功能是 QA-90 的一大特点，该功能可十分方便地打印结果报告。

在 QA-90 不接计算机时，打印机可直接接到后面板的 25 针 D-sub 并行接口上。QA-90 自带了一般打印机的驱动程序，不用另外装打印机驱动程序。QA-90 与打印机接线如图 5-77 所示。

当 QA-90 接计算机时，打印机不能直接接在 QA-90 的打印接口上，只能接在计算机的打印接口上，如图 5-78 所示。

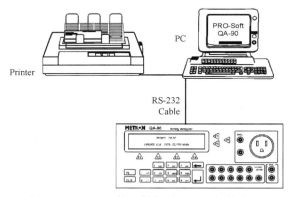

图 5-78　QA-90 接计算机时与打印机接线图

思考题

1. 试叙述医用电气设备安全检测试验的温度、相对湿度和大气压力条件。
2. GB 9706.1—2020 规定的"单一故障状态"指的是什么？
3. 漏电流的检测包括哪几种？分别叙述测量方法。
4. 简述医用电气设备试验介电强度与其他行业试验介电强度的区别。

第6章 医用电气设备的系统安全性

6.1 医用电气安全系统工程

6.1.1 安全系统工程的概念

安全系统工程是指应用系统工程的原理与方法,识别、分析、评价、排除和控制系统中的各种危险,对工艺过程、设备、生产周期和资金等因素进行分析评价和综合处理,使系统可能发生的事故得到控制,并使系统安全性达到最佳状态。由于安全系统工程是从根本上和整体上来考虑安全问题的,因此它是解决安全问题的战略性措施,为安全工作者提供了一种既能对系统发生事故的可能性进行预测,又可对安全性进行定性、定量评价的方法,为有关决策人员提供了决策依据,并据此采取相应的安全措施。

安全系统工程是系统工程学科的一个分支,它的学科基础除了系统论、控制论、信息论、运筹学、优化理论等,还包括预测技术、可靠性工程、人机工程、行为科学、工程心理学、职业卫生学、劳动保护法律法规及相关的各种工程学等。

6.1.2 安全系统工程的目标及实现

将系统思想引入安全生产科学技术,就形成了系统安全的概念。概念或思想方法是可以指导实践、改造客观世界的。按照系统安全的思想方法指导生产,是安全系统工程的任务。

在研究系统的安全性时,必须考虑输入、输出和系统模型。系统安全可定义为,在功能、时间、经济成本等要求得到满足的情况下,系统在生命周期的各个阶段均可以达到最佳的安全状态。

安全系统工程是系统安全思想方法在安全生产中的实践。因此,系统安全所要达到的目标,就是安全系统工程的目标。对于一个既定的系统,系统安全所要达到的目标是建立这样一种状态:系统中的每个人都在危险均已被识别并被控制在可以接受的潜在伤害水平上的环境中生活和工作。美国原子能委员会于1974年发表的《美国商用核电站风险评价报告书》,就应用了安全系统工程中的系统安全分析方法,定量地对核电站可能带来的风险进行了分析,令人信服地得出了核电站安全的结论。

应用系统安全思想方法指导安全生产,是从全局的观点和事物内部相互联系的观点来开展安全活动的。为了达到系统安全目标,从系统形成的初期阶段到系统投入使用后的各个阶段,一系列安全活动贯穿其中。开发新系统一般包括制定方案、技术设计、研制、生产、使用维修5个阶段。针对每个阶段开展的安全活动主要有:拟定安全方案、参与故障分析和风险分析、鉴定安全设备、拟定安全试验计划并试验、安全教育、培训与事故调查等。

制定方案阶段是开发系统的初始阶段。调查系统在安全方面的历史数据资料和未来技术的安全状况,是开发系统的基础。本阶段应当辨认系统中的主要危险源,分析发生危险的原因和对系统的影响程度,判断危险的类型,以便提出措施,在技术设计和使用维修阶段加以控制。本阶段还要提出安全设计标准与要求，进行设计安全审查，并就初步设计的安全性得出结论。

技术设计阶段是方案化的阶段。在此阶段要广泛地研究系统的适用性和验证初步设计，对技术风险、成本、人机工程、操作与维修的合理性及安全状况进行全面详细的分析，形成报告，以供审查设计之用。通过技术设计，得到一个在安全方面可接受且合适的总体方案，以便在下一阶段进一步完善。

研制阶段是对技术设计的进一步深化与完善。本阶段要完善安全设计标准，针对控制系统的危险性提出完善措施，进行更完善的试验以验证设计的可靠性和可行性，对全部故障均要进行研究并分析对系统安全的影响。通过修改设计、改进工艺、安全培训等措施完善系统，遵循安全设计标准，审查设计的安全性，并得出结论。

在生产阶段，监督制造厂有关安全试验，与质量监督部门配合控制质量，同时对操作者进行安全培训，对危险性进行分析并对控制措施进行客观审查，以便得出可行性结论。

使用维修阶段的主要工作是，在系统运行以后，进行安全教育培训，并对发生的事故进行调查分析，以便采取新的措施。

综上所述，安全活动在系统形成的初期阶段就开始了，贯穿于系统形成的各阶段之中，体现了系统思想的整体观点和全局观点。系统形成初期所认识的危险，可通过修改设计、改进工艺等措施得到消除和控制。这是一种预测性、预防性工作，保证系统在运行时达到最佳安全状态，做到防患于未然。由此可见，安全系统工程与过去以经验为主的安全管理有着质的区别。

6.1.3　安全系统工程的研究对象

安全系统工程作为一门科学技术，自有它本身的研究对象。在任何一种人类的生产活动中，始终存在安全与危险这一对矛盾。安全系统工程的基本任务就是解决这一对矛盾，促使矛盾向安全方面转化。一般来说，任何生产系统都包括三部分，即从事生产活动的操作人员和管理人员，生产必须具备的机器装备、厂房等各种物质条件，以及生产活动所处的环境。这三部分构成了一个"人-机器-环境"系统，每一部分是一个子系统，分别称为人子系统、机器子系统和环境子系统。

人子系统涉及人的生理因素和心理因素，以及规章制度、规程等如何适应人的特性、易被人们接受的问题。我们不仅要把人看作"生物人""经济人"，还要把人看作"社会人"，必须运用安全心理学、行为科学等方面的知识和技能科学地解决上述问题，以充分发挥人的主观能动性。

机器子系统不仅要从工件的形状、大小、材料、强度、工艺、设备的可靠性等方面考虑其安全性，还要考虑仪表、操作部件对人提出的要求，以及从人体学、生理学、心理学方面研究人在正常劳动条件下，人体参数、结构特点、运动特点、心理与生理过程等有关参数对仪表和操作部件的设计提出的要求。

环境子系统主要包括环境的物化因素和社会因素。物化因素主要有噪声、振动、粉尘、有毒气体、射线、光、温度、湿度、压力、热、化学有害物质等；社会因素主要有管理制度、工时定额、班组结构、人际关系等。

环境子系统、机器子系统和人子系统相互影响，物化因素将影响机器的寿命、精度，甚至损坏机器；机器产生的噪声、振动、温度、粉尘、有毒气体等又影响人和环境；而人的心理状态、生理状态往往是引起误操作的主观因素；社会因素又会影响人的心理状态和生理状态，给安全带来潜在危险。所以，在"人-机器-环境"系统中，三个子系统相互联系、相互制约、相互影响，构成了一个有机的整体。安全系统工程就是从系统思想出发，研究"人-机器-环境"系统的，其目标是提高系统整体的安全性。

6.1.4　医用电气系统安全性

现代临床系统多是复杂医用电气系统，包括医用电子仪器、计算机等硬件，控制这些并进行信息处理的软件，以及工作人员或患者等。在这样的系统中，为保持系统的安全性，想明确哪个部件重要，各部件和系统安全性的关系等问题，通常是非常困难的。换句话说，为了预防某事故的发生，对哪部分采取安全措施及采取怎样的安全措施效果最好，是很难了解的。对于部件安全性而言，如果忽略或遗漏某部件的安全措施，将使整个系统失去平衡，危险性很大。在系统安全措施上，先将安全问题从系统整体上加以考虑，再对每个问题进行研究，以便从整体到部分地找出问题。即采取自上而下的方法，以降低上述危险性。

疾病在质和量上的变化促进了新的医学理论和医疗技术向着专业化的方向发展。随着医疗辅助人员数量的急剧增加，专业化和共同协作已成为近代医疗工作的一个特征。结果是，医疗安全管理变得非常复杂，造成灾害的原因或因素也多样化了。

引入自动化医用电气设备和计算机，改变了医生和患者的一对一关系。参与治疗一名患者的不仅有医生、护士、医疗仪器操作人员，还有系统仪器，这促进了医疗的自动化和系统化。诊疗室、CCU、ICU 等完全改变了过去医疗方式的例子已有不少。迅速的系统化带来了技术发展不够完善的问题。系统工程学告诉我们，随着组合因素的增加，系统的可靠性大致成比例地下降，也就是说，事故发生率变大。

近年来，科学技术高度发展，新产品从开始研究到实用，再到被下一个新产品取代，技术使用周期已大大缩短了。在 21 世纪初，一项技术从研究到实用大约需 20 年，现在则缩短到 5 年，甚至更短。因技术使用周期的缩短而造成的新产品泛滥使过去的边试用、边评价安全性、边进行标准化的做法，变得极难实现，对下一个十年会出现的新技术完全不能预测。这就造成了安全标准的多样化，制定标准变得非常困难。随着临床技术发展的快速化，造成灾害原因的多样化，责任问题的复杂化，安全管理变得非常困难。这就需要一个与这种情况相适应的新的安全管理方法，即医用电气系统安全性分析。

6.2　医用电气系统安全性定性分析

6.2.1　安全检查表

安全检查表（Safety Check List，SCL）是进行安全检查，发现潜在危险，督促各项安全法规、制度、标准实施的一个较为有效的工具。它是安全系统工程中最基本、最初步的一种形态。

1970 年之前，日本交通事故发生频率很高，交通事故数量随机动车辆的增加而直线上升。1970 年之后，日本将安全检查表运用到交通安全管理工作中，对交通安全进行严格管理。当时，在发生交通事故后，运用安全检查表需要填写的内容有 500 多项，对天气情况、司机年龄、司机毕业学校、道路情况、汽车牌号、轮胎花纹等都要进行填报，然后对填报内容进行统计分析和预测。交通运输部门根据统计结果分析事故规律，并采取相应措施改进，如某弯道事故多、某坡度不安全、车辆零件有问题、驾驶员素质不达标等。通过系统整改，以及运用安全检查表指导交通安全工作，交通治理效果显著。安全检查表成了交通安全管理的秘诀，在日本得到认可和推广。

20世纪70年代末至80年代初，安全检查表法开始在中国应用。由于此种方法简单，在国内得到了推广，收到了较好的效果。

安全检查表包括序号、项目名称、检查内容和检查结果。

安全检查表实际上就是一份实施安全检查和诊断的项目明细表，是安全检查结果的备忘录，内容通常为某一系统、设备及各种操作管理和组织措施中的不安全因素。相关人员事先对检查对象加以剖析、分解，查明问题所在，并根据理论知识、实践经验、有关标准和规范、事故情报等进行周密细致的思考，确定检查的项目和要点。以提问的方式，将检查项目和要点编制成表，以便在检查时，按规定的项目进行检查和诊断。

安全检查表的编制原则：具有科学性，要识别、控制、预防系统中的危险，就必须对母系统进行充分的认识。安全检查表具有科学性体现在，在编制安全检查表之前要充分揭示特定系统中的危险及危险发生的可能性；既要重视"人的不安全行为"，也要重视"物的不安全状态"，以及两者对医院安全管理的影响，着重在物的安全性方面下功夫。

安全检查表具有科学性还体现在，表中的内容和项目顺序必须与技术规范、安全技术规程、工艺要求等相匹配。例如，在编制医用电气设备的"气密性试验作业安全检查表"时，必须把强度试验（水压试验）项目放在前面，这是因为即使其他子项目经检查都符合安全要求，但只要没有做水压试验，在气压试验或在用户手中时就可能发生重大事故。这充分说明了安全检查表的科学性不能被忽视。在编制"气密性试验作业安全检查表"时，如果把"运用观察镜观察气压试验装置上的压力表读数"列入"气密性试验作业安全检查表"子项目，则这种检查表就更加具有特定内涵，增加了其在科学预防事故方面的技术含量。编制内容要求简洁。安全检查表是发现问题和危险的统一"标尺"。它的"刻度"既要精密，又要适度；既要便于测量，又要便于使用。所谓精密，指表中的项目应包括所有检查点。但检查点过多，往往又会掩盖重点。因此，检查表应概括众多的检查点，做到简单明了，便于使用，既全面又突出重点，具有适度性。共同编制过程中应采取"三结合"的方法，由工程技术人员、管理人员和操作人员共同编制，并在实践中不断修改补充，逐步完善。

6.2.2　预先危险性分析

预先危险性分析（Preliminary Hazard Analysis，PHA）又称预先危险分析，是一种定性分析评价系统内危险因素和危险程度的方法。

预先危险性分析是指在每项工程活动（如设计、施工、生产）之前，或者在技术改造后制定操作规程和使用新工艺等之前，对系统存在的危险类型、来源、出现条件、导致事故的后果及有关措施等做概略分析。其目的是辨识系统中存在的潜在危险，确定危险等级，防止这些危险发展成事故。

当在固有系统中采取新的操作方法，接触新的危险性物质、工具和设备时，进行预先危险性分析比较合适。这种方法是一种简单易行、经济有效的定性分析方法。

1. 危险性辨识

要对系统进行危险性分析，首先要找出系统中可能存在的所有危险因素，也就是危险性辨识要解决的问题。所谓危险因素，就是在一定条件下能够导致事故发生的潜在因素。对一个系统进行危险因素辨识，可以从以下三方面入手。第一，从能量转移概念考虑。进行危险性辨识的原始出发点是防止人身伤害事故，事故来自能量的非正常转移，因此在对一个系统进行危险性辨识时，需要确定系统存在的各种类型的能源及所在部位、正常或不正常转移的方式，从而确定各种危险因素。第二，从人的操作失误考虑。一个系统运行得好坏和安全状况如何，除机械设备本身的性能、工艺条件外，很重要的因素就是人的可靠性。第三，从外界危险因素考虑。系统安全不仅取决于系统内部人、机器、环境因素及其配合状况，有时还受系统以外其他危险因素的影响。其中，既有外界发生的事故对系统的影响，如火灾、爆炸，又有自然灾害对系统的影响。尽管外界危险因素发生的可能性很小，但危害却很大。因此，在辨识系统危险性时也应该考虑这些因素，特别是处于设计阶段的系统。

2．危险等级

在分析系统危险性时，为了衡量危险性及其对系统的破坏程度，可以将危险划分为 4 个等级，如表 6-1 所示。

表 6-1　危险等级

级　别	危险程度	可能导致的后果
I	安全的	不会造成人员伤亡及系统损坏
II	临界的	处于事故发生的边缘状态，暂时还不至于造成人员伤亡、系统损坏或降低系统性能，但应予以排除或采取控制措施
III	危险的	会造成人员伤亡和系统损坏，要立即采取防范措施
IV	灾难性的	造成人员重大伤亡、引发系统严重破坏，必须予以果断排除并进行重点防范

3．分析步骤

进行预先危险性分析，一般采取以下步骤。

（1）通过经验判断、技术诊断或其他方法调查确定危险源（即危险因素存在于哪个子系统），对所要分析的系统的生产目的、物料、装置及设备、工艺过程、操作条件及周围环境等进行充分详细的调查。

（2）根据过去的经验教训及同类行业中发生的事故（或灾害）情况，以及对系统的影响、损坏程度，类比判断所要分析的系统中可能会出现的情况，查找能够造成系统故障、物质损失和人员伤害的危险，分析事故（或灾害）的可能类型。

（3）对确定的危险源分类，制成预先危险性分析表。

（4）识别转化条件，即研究危险因素转化为危险状态的触发条件和危险状态转化为事故（或灾害）的必要条件，并进一步寻求对策措施，检验对策措施的有效性。

（5）进行危险等级划分，排列出重点和轻、重、缓、急，以便处理。

（6）制定事故（或灾害）的预防性对策措施。

6.2.3　故障模式与影响分析

故障模式与影响分析（Failure Mode and Effects Analysis，FMEA）是安全系统工程中重要的分析方法之一。它是由可靠性工程发展起来的，主要分析系统、产品的可靠性和安全性。它采用系统分割的方法，根据需要将系统划分成子系统或元件，然后逐个分析各种潜在的故障模式、原因及对子系统乃至整个系统产生的影响，以便制定措施加以消除和控制。对可能造成人员伤亡或重大财产损失的故障模式进一步分析致命影响的概率和等级，称为危害度分析（Criticality Analysis，CA）。故障模式与影响分析是定性分析，而危害度分析是定量分析，两者结合起来称为故障模式、影响及危害分析（Failure Mode，Effects and Criticality Analysis，FMECA）。

故障不同于事故，它是指元件、子系统或系统在运行时达不到设计规定的要求，因而完不成规定的任务或完成得不好。故障不一定都能引起事故。故障模式是故障呈现的状态。

故障模式与影响分析最早由美国于 1957 年用于飞机发动机故障分析，因其容易掌握且实用性强，得到迅速推广。目前，FMEA 在电子、机械、电气等领域得到广泛应用，国际电工委员会（IEC）颁布了 FMEA 标准，我国有关部门也制定了相应标准。

1．故障模式与故障等级

故障模式包括元件、子系统或系统发生的每一种故障。例如，一个阀门发生故障，可能有 4 种故障模式：内漏、外漏、打不开、关不严等。

故障等级，是指根据故障模式对系统影响程度的不同而划分的等级。划分故障等级主要是为了针对轻重缓急采取措施。

故障等级的划分方法有多种，大多根据故障模式的影响后果进行划分。如表 6-2 所示为其中的一种划分方法，称为直接判断法，该方法将故障等级按危险程度划分为 3 个等级。

由于直接判断法只考虑了故障的危险程度，具有一定的片面性。为了更全面地确定故障等级，可以采用风险率（或危险度）分级，即通过综合考虑故障的发生概率及严重度两个方面的因素来确定故障等级。该方法把故障的发生概率和严重度都划分成几个等级，然后做出矩阵图。这里介绍的是把两者都划分为 4 个等级，划分原则如表 6-3 和表 6-4 所示。

表 6-2　故障危险程度等级

故 障 等 级	危 险 程 度	可能造成的伤害和损失
Ⅰ	安全的	不会造成人身伤害和职业病，系统也不会受损，不需要采取措施
Ⅱ	临界的	可能致人轻伤或轻度职业病，造成次要系统损坏，应采取措施
Ⅲ	危险的	会造成人员伤亡和系统破坏，应立即采取措施

表 6-3　故障严重度等级

故障严重度等级	严 重 度	内 容
Ⅰ	低的	① 对系统任务无影响； ② 对子系统造成的影响可忽略不计； ③ 通过调整，故障易于消除
Ⅱ	主要的	① 对系统任务虽然有影响，但可忽略； ② 导致子系统功能下降； ③ 出现的故障能够立即恢复
Ⅲ	关键的	① 系统功能有所下降； ② 子系统功能严重下降； ③ 出现的故障不能通过检修立即恢复
Ⅳ	灾难性的	① 系统功能严重下降； ② 子系统功能全部丧失； ③ 出现的故障需要彻底修理才能消除

表 6-4 故障发生概率等级

故障发生概率等级	发 生 概 率	故障出现的机会
Ⅰ级	概率很低	元件操作期间故障出现的机会可以忽略
Ⅱ级	概率低	元件操作期间故障不易出现
Ⅲ级	概率中等	元件操作期间故障出现的机会为 50%
Ⅳ级	概率高	元件操作期间故障容易出现

2. 故障模式与影响分析步骤

（1）熟悉系统。首先要收集与系统有关的各种资料，如设计说明书、设备图纸、工艺流程及各种规范、标准等，了解各部分的功能和相互关系。

（2）确定分析的深度。系统是由若干子系统组成的，子系统又可逐层向下划分至元件。分析到哪一层应事先明确，一般根据分析目的而定。如果用于设备的设计，则应分析到元件为止；若用于安全管理，则可分析到电子元器件模块为止。

（3）绘制逻辑框图。根据系统、子系统、元件之间的逻辑关系绘制逻辑框图。逻辑框图不同于流程图，除包括各子系统输入/输出关系外，还应标明各部分之间的并联或串联关系。例如，几个元件共同完成一项功能时用串联表示，冗余回路则用并联表示。

（4）分析故障模式与影响。按照逻辑框图，以表格的方式详细查明子系统或元件可能出现的故障模式、产生的原因，并进一步分析对子系统、系统及人员的影响，然后根据故障模式的影响程度划分等级，以便按轻重缓急采取安全措施。

（5）结果汇总。故障模式与影响分析完成以后，对系统影响大的故障要汇总列表，详细分析并制定安全措施加以控制。对危险性特别大的故障模式尽可能做危害度分析。

FMEA 是一种方法，它根据结果找到故障原因，分析故障的影响、发生频率，进而找到对策，减少故障的发生。下面就医疗供氧、接地部件做出 FEMA 表，如表 6-5 所示。

表 6-5 FMEA 表（实例）

部 件	时 期	故障的形式	效 果	措 施
供氧	手术中	停止供给	心跳停止	装配氧气供给量检查、警报装置
接地	人体检查中	因引线脱落触电	强电击	装配安全地线及检查漏电流

6.2.4 医疗事故的种类和发生因素

医疗事故种类很多，大致可分为以下几种：和医学本身有关的误诊与治疗失误等，和为医学服务的系统有关的医疗仪器的操作失误与故障等，以及和环境有关的房屋与设备的不完善等。此外，医疗事故还和社会因素有关系。这些因素多是互相关联结合在一起的。多数情况下，确定某一事故属于哪个种类是比较困难的。在考虑和医学本身有关的问题时，也会遇到和其他因素重叠而使事故扩大的情况，但在这里不予讨论。

人、仪器、设施、药品、情报、软件、环境及它们之间的相互关系，都是导致医疗事故发生的因素。将医疗事故按其发生因素来区分，可以找到蕴藏医疗事故的地方，如表 6-6 所示。与广义的软件有关的问题，在部件安全性中不作为讨论对象，但在系统安全性上是非常重要的。

表 6-6　蕴藏医疗事故的地方

因　　　素	可能蕴藏事故原因的地方
人	操作错误、判断错误、决定错误等
仪器	设计错误、故障、错误工作、错误使用等
设施	电源不好、接地不好、施工失误、管理失误等
药品	使用错误、拿错、管理失误、副作用等
情报	不正确、错误解释、不明确、遗漏、不正常使用等
软件	伦理失误、编码失误、订正失误等
环境	公害、尘埃、细菌等
相互关系	人-机器、人-人、机器-机器相互作用不好

以上都只是做定性的讨论，如果能给出适当的加权系数，则能利用它们对系统安全性做定量评价。

6.3　医用电气系统安全性定量分析

6.3.1　概述

医用电气系统安全性定量分析通常采用事故树分析（Fault Tree Analysis，FTA）方法。事故树（FT）也称故障树，它是一种描述事故因果关系的逻辑"树"。FTA 是安全系统工程中的重要分析方法之一。它能对各种系统的危险性进行识别评价，既适用于定性分析，又能进行定量分析；具有简明、形象化的特点，体现了以系统工程方法研究安全问题的系统性、准确性和预测性。FTA 作为安全分析、事故预测的一种先进科学方法，已得到国内外的认可和广泛采用。

1962 年，美国贝尔电报公司电话实验室的维森（Watson）提出 FTA。该方法最早用于民兵式导弹发射控制系统的可靠性研究，为解决导弹系统偶然事件的预测问题做出了贡献。波音公司的科研人员进一步发展了 FTA，使之在航空航天工业方面得到应用。20 世纪 60 年代后期，FTA 从航空航天工业发展到以原子能工业为中心的其他产业部门。1974 年，美国原子能委员会发表了关于核电站灾害性危险性的评价报告——拉斯穆森报告（Rasmussen Report），该报告对 FTA 做了大量和有效的应用，引起了全世界的广泛关注。目前，此方法已在国内外许多工业部门和医疗机构中得到应用。

FTA 不仅能分析出事故发生的直接原因，而且能深入揭示事故发生的潜在原因。因此，在工程或设备的设计阶段，在事故查询或编制新的操作方法时，都可以使用 FTA 对安全性做出评价。日本劳动省积极推广 FTA，并要求安全人员学会使用该方法。

从 1978 年起，我国开始了对 FTA 的研究和应用。实践证明，FTA 适合我国国情，应该得到普遍推广。

　　FTA 需要对既定生产系统或作业中可能出现的事故条件及可能导致的灾害后果，按工艺流程、先后次序和因果关系绘成程序方框图，展示导致灾害、伤害事故（不希望事件）的各种因素之间的逻辑关系。它由输入符号和关系符号组成，可用于分析系统的安全问题或运行功能问题，并为判明灾害、伤害的发生途径及其与灾害、伤害之间的关系，提供一种最形象、简洁的表达形式。

　　FTA 基本程序如下。

　　（1）熟悉系统。详细了解系统状态、工艺过程及各种参数，以及作业情况、环境状况等，绘出工艺流程图及布置图。

　　（2）调查事故。广泛收集同类系统的事故资料，进行事故统计（包括未遂事故），设想给定系统可能发生的事故。

　　（3）确定顶上事件。要分析的对象事故即为顶上事件。对所调查的事故进行全面分析，分析损失大小和发生频率，从中找出后果严重且较易发生的事故作为顶上事件。

　　（4）确定目标值。根据经验教训和事故案例，进行统计分析，求出事故发生的概率（频率），作为要控制的事故目标值，计算事故的损失率，采取措施，使指标达到安全范围。

　　（5）调查原因事件。全面分析、调查与事故有关的所有原因事件（包括各种因素），如设备、设施、人、安全管理、环境等。

　　（6）画出事故树。从顶上事件起，按演绎分析的方法，逐级找出直接原因事件，直到达到所要分析的深度，按其逻辑关系，用逻辑门将上下层连接，画出事故树。

　　（7）定性分析。按事故树结构，运用布尔代数进行简化，求出最小割（径）集，确定各基本事件的结构重要度。

　　（8）求出顶上事件发生概率。确定所有原因事件发生概率，标在事故树上，进而求出顶上事件发生概率。

　　（9）进行比较。将求出的概率与统计所得的概率进行比较，若不符，则返回步骤（5）确认原因事件是否有误或遗漏，逻辑关系是否正确，基本原因事件发生概率是否合适等。

　　（10）定量分析。分析、研究事故发生概率，找出降低事故发生概率的方法，并选出最优方法。通过重要度分析，确定突破口，加强控制，防止事故的发生。

　　FTA 基本程序原则上包括上述 10 个步骤，在分析时可视具体问题灵活进行。如果事故树规模很大，则可借助计算机进行。目前，我国 FTA 一般都进行到第（7）步定性分析为止，也能取得较好的效果。

6.3.2　FTA 使用的基本符号

　　FTA 使用布尔逻辑门（与门、或门等）构造系统的故障逻辑模型，并描述设备故障和人为失误是如何组合在一起导致顶上事件的。许多故障逻辑模型可通过分析一个较大的工艺过程得到，实际的模型数取决于危险分析人员选定的顶上事件数，一个顶上事件对应着一个故障逻辑模型。事故树分析人员常对每个故障逻辑模型求解以产生故障序列，称为最小割集序列，由此可导出顶上事件。这些最小割集序列可以通过每个割集中的故障数和类型来定性排序。一般地，故障数较少的割集比故障数较多的割集更可能导致顶上事件。最小割集序列揭示了系统设计、操作的缺陷，对此分析人员应提出可能提高过程安全性的途径。

　　进行 FTA，需要掌握装置或系统的功能、详细的工艺图和操作程序，以及各种故障模式和相应的结果。经过良好的训练且富有经验的分析人员是有效和高质量运用 FTA 的保证。

下面介绍 FTA 使用的基本符号。

（1）与门，只有当全部输入都满足条件时才有输出，如图 6-1 所示。

（2）或门，即使只有一个输入满足条件也有输出，如图 6-2 所示。

（3）栅极门（偶然发生的条件），满足一定条件时，输入本身变为输出，如图 6-3 所示。

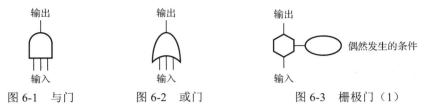

图 6-1　与门　　　　图 6-2　或门　　　　　图 6-3　栅极门（1）

（4）栅极门（函数的条件），满足一定条件时，输入本身变为输出，如图 6-4 所示。

（5）有条件的输入，指定输入条件。当指定输入顺序时，只有满足这个顺序和与门的条件时才有输出，如图 6-5 所示。

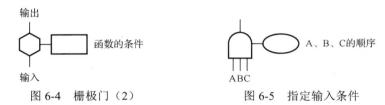

图 6-4　栅极门（2）　　　　图 6-5　指定输入条件

（6）长方形表示逻辑门电路的输出结果，圆表示不能再进行细分的基本故障，菱形表示基本故障，如图 6-6 所示。

（7）屋形图表示经常发生的、可以预测的现象，如图 6-7 所示。

（8）当 FT 很大时，可用如图 6-8 所示的符号进行分割。图 6-8（a）表示从别处进入，图 6-8（b）和（c）表示进入别处。

图 6-6　组合表示　　图 6-7　屋形图　　　　图 6-8　三角形分割符

6.3.3　电刀造成烫伤的 FT

（1）画出电刀和心电图机（ECG）间的低频、高频电路模型，如图 6-9 所示。

（2）根据烫伤的结果查找原因，制成 FT，如图 6-10 所示。

根据 FT 即可明确烫伤事故的因果关系，进而明确安全措施的要点或电刀系统的改进之处。这个阶段还只是定性的，如果能给出 FT 各因素发生率，则可以进行更具体的分析。

可见，FTA 的实质是运用节点分析法，查找事故发生的原因，寻找防患化解的方法。

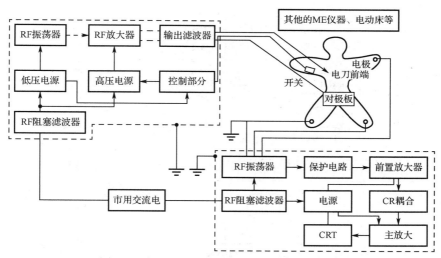

图 6-9　电刀和 ECG 间的低频、高频电路模型

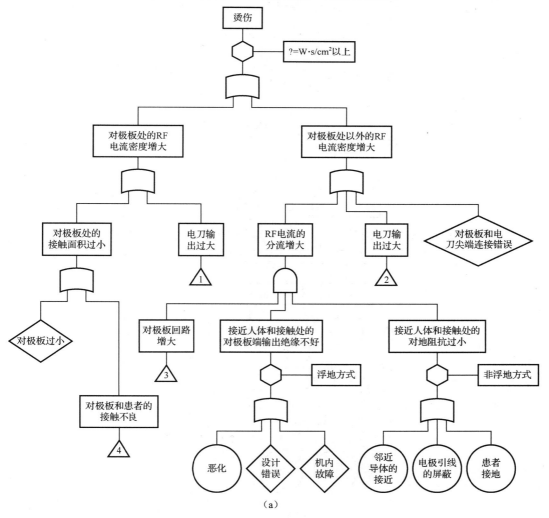

（a）

图 6-10　电刀造成的烫伤 FT

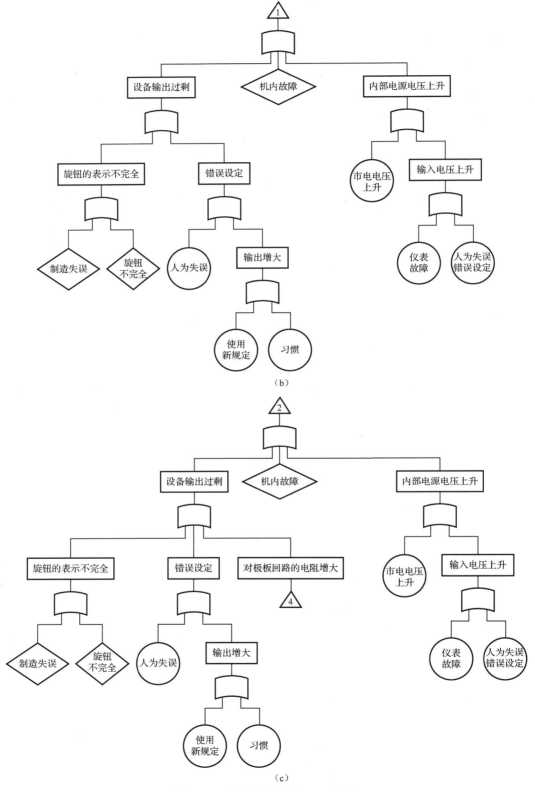

图 6-10　电刀造成的烫伤 FT（续）

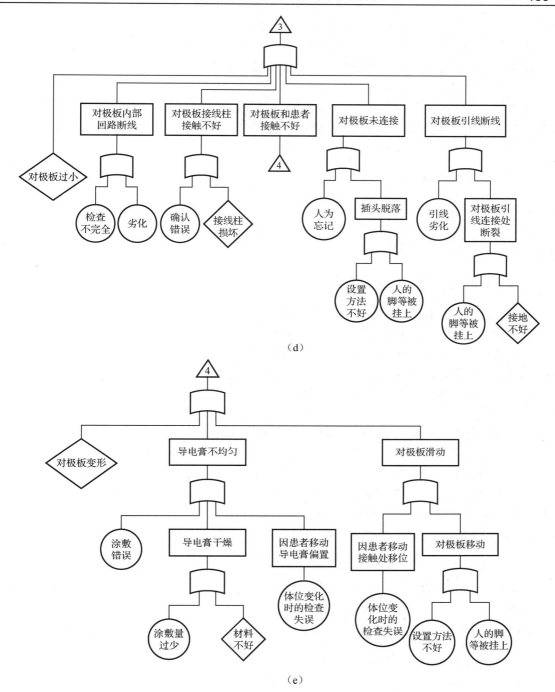

（d）

（e）

图 6-10　电刀造成的烫伤 FT（续）

6.4　医用电气设备的系统安全性评价

当前，医疗中大量引入工程技术，手术室及诊查室中正在使用各种复杂的自动化仪器。随着工程技术的发展，可以预测，工程技术在医疗中的应用将出现急剧增长的趋势。而安全性问题，将随工程技术的发展、技术评价的增多，日趋严重。

某一技术已经出现并不等于可以使用。在普及之前，应从该技术所有的正面与反面进行评价比较，并对反面采取必要的措施，这种过程就称为技术评价。

医疗上的技术评价，正面对应于诊疗上的有效性，反面对应于危险性。只重视其中任何一方面都是不行的。如果只重视有效性，则有可能出现"手术成功而患者死亡"；如果只重视安全性（没有事故发生），医院就得关门不再接收患者。所以两方面都要考虑，这就是技术评价的目的。

6.4.1　安全性评价程序

1．成立评价组织

评价组织通常由医院领导、安全部门负责人、医务人员、技术部门负责人、高级技工等组成。

2．做好评价前的各项准备工作

（1）制订评价计划，提出一个供讨论的初步方案。方案应是动态的，在评价过程中发现某些缺陷或漏掉某些项目时应及时修改、补充和完善。

一般情况下，计划中应包括以下项目：①评价的目的和任务；②评价的对象和区域；③评价的标准；④评价的程序；⑤评价的负责人和成员；⑥评价的进度；⑦评价的要求；⑧试点建议；⑨问题的发现、统计和列表，以及整改措施；⑩测试方法及整改效果分析；⑪总结报告等。

（2）收集资料，包括各项目的安全标准、评价参考资料、安全规章制度、安全教育资料、设备运行记录、事故分析报告和有关统计数据等。

（3）对员工进行安全教育，并提出要求。

（4）制定安全性评价的危险等级划分表、评价表、检查表，统一检查方法。若用打分法评价，则应对各检查项目的安全程度进行量化。

3．试点

试点是为了摸索经验，也是为了让评价组织成员先做热身操作，考验自身的评价能力。在总结试点经验的基础上进行铺开，这样有利于较好地掌握评价方法，避免返工，少走弯路，提高效率。

4．全面铺开检测和评价

（1）从对管理部门的安全概念、职责、规章制度等的检查入手，按预先设计好的检查表中的内容逐项检查。通过看、听、问、检测、考试、推断、打分，对每个评价项目得出结论。

（2）抓住主要矛盾，如对事故多发或易发区域进行全面性检查，不漏掉一个小问题。若发现问题，则立即采取措施，将事故隐患消灭于萌芽状态。

（3）以专业组为单位，分头对各科室进行检查，包括对生产设备、安全装置、起重设备、运输工具、护栏、物料旋转、安全标志，以及科室的环境条件（安全通道占道率、采光、噪声、粉尘、温度、湿度、通风、垃圾清理等）是否符合标准进行评价。

5. 分析并制定整改措施

汇总、分析资料，计算总分，划定安全级别，制定整改措施，写出评价报告。汇总资料应突出不安全问题，分清轻重缓急，做出标记。

安全问题分析包括人的安全素质分析（人的安全素质包括安全意识和安全技能）、设备现状分析（设备现状包括结构安全、电器安全、安全装置完好率、管道有无泄漏）、环境分析和管理分析等。

制定整改措施是评价后期的一项重要工作。所谓整改，就是采取改进方法，使未达标的事项按期达标。它包括提高全员安全素质、完善规章制度和操作规程、强化职工自我保护意识、减少人为失误、消除各种隐患。例如，对带病运转的设备应及时安排检修，对缺乏安全装置的设备要设法配上，科室安全通道被他物所占的应限期将其撤去，所有物料要按"定置"原则进行存放。对噪声大的空压机房，要作为课题招标解决，将噪声降到规定范围内。措施要具体可行，医院要拨出一定的资金，落实各项安全措施。

6.4.2　安全性评价方法

安全性评价起源于 20 世纪 30 年代美国的保险行业。评价目的、对象不同，具体的评价内容和指标就不同，所采用的评价方法也不同。目前，国内外常用的安全性评价方法主要有指数评价法、概率风险评价法、综合评价法等。

1. 指数评价法

指数评价法改变了以往安全性评价仅限于定性而缺乏定量分析的局面。该法运用大量的试验数据和实践结果，如与化工生产装置与工艺有关的物质、设备、数量等数据，通过逐步计算的方式，求出火灾等潜在危险对应的数值。评价过程中所运用的数据源自对以往事故的统计、物质的潜在能量及现行防灾措施的经验数据等。该方法主要用于化工行业的安全性评价，而对于涉及人员众多、环境复杂的医院治疗系统就很难应用。

2. 概率风险评价法

概率风险评价法代表了安全性评价的又一个发展方向，是一种精度较高的定量评价方法。此方法通过综合分析系统最基本单元元件的性能及其致灾结构关系，推算整个系统发生事故的概率、估计灾害后果，综合反映系统的危险程度，并同既定目标值比较，判定系统是否达到预期的安全要求。同时，可将风险概率值划分为若干等级，作为系统进行安全性评价及制定安全措施的依据。

3. 综合评价法

综合评价法包括常规、模糊等方法，是目前应用较为广泛的安全性评价方法。综合评价法中的模糊综合评价为多因素和多层次评价方法，在将多因素指标综合为一个或若干的评价过程中有着其他方法不可比拟的优势；缺陷是因素权重的定权和变权问题需要处理，这也是关键问题所在。模糊综合评价模型需要人为解决隶属函数和隶属度的处理和求解问题，大多采用人工确定的方法；至于权重的分配几乎完全依赖于人工，模型没有根据评价对象指标因素的客观状态自动调整权重的能力，因此，在一定程度上限制了该评价方法解决问题的能力。

在以上方法的基础上，安全性综合评价法是从安全角度出发，对研究对象进行综合评价的一种方法，其优越性在于使人们对整个系统或局部的安全状况有一个整体认识，从而有目标、有重点地采取措施，掌握安全生产的主动权。在生产阶段进行安全性综合评价的目的在于了解生产过程中的安全状况，并通过对安全状况的总体评价，指导下一时期的安全工作。这一阶段的安全性综合评价属于动态评价，是综合了多因素的评价。进行安全性综合评价有利于区分轻重缓急，并有针对性地采取对策，真正落实"安全第一、预防为主"的方针。另外，进行安全性综合评价还有助于政府安全监察部门对医院的安全生产进行宏观控制，进一步提高医院安全管理水平，使安全管理工作实现科学化和系统化。

6.5　医疗系统安全措施

研究安全系统工程的最终目的是，通过控制危险（即降低事故发生概率和严重度）使系统达到最优的安全状态。根据系统安全性评价结果，为减少事故的发生应采取的基本安全措施有降低事故发生概率、加强安全管理等。

6.5.1　降低事故发生概率

影响事故发生概率的因素很多，如系统的可靠性、系统的抗灾能力、人为失误和违章操作等。在医疗过程中，既存在自然的危险因素，也存在人为的危险因素。这些因素能否转化为事故，不仅取决于组成系统的各要素的可靠性，还受到医院管理水平和物质条件的限制，因此，降低事故发生概率的最根本措施是使系统达到本质安全化，使系统中的人、物、环境和管理安全化。所谓本质安全，是指设备或系统的本质必须安全，设备或系统一旦发生故障，就能自动排除、切换或安全地停止运行；当出现人为失误时，设备或系统能自动保证人机安全。要做到系统的本质安全化，应采取以下措施。

1．提高设备的可靠性

要控制事故发生概率，提高设备的可靠性是基础。为此，应采取以下具体措施。

（1）提高元件的可靠性。

（2）增加备用系统。在一定条件下增加备用系统，当发生意外事件时可随时启用，不中断系统的正常运行，有利于系统的抗灾救灾。

（3）利用平行冗余系统。实际上，平行冗余系统也是一种备用系统，就是在系统中选用多台单元设备，每台单元设备都能实现同样的功能，一旦其中一台或几台设备出现故障，系统仍能正常运转。只有当平行冗余系统的全部设备都出现故障时，系统才可能失效。在规定时间内，多台设备同时出现故障的概率等于每台设备单独出现故障的概率的乘积。显然，平行冗余系统事故发生概率是相当低的，系统的可靠性大大增加。

（4）对在恶劣环境下运行的设备采取安全保护措施。

（5）加强预防性维修。预防性维修是排除事故隐患、排除设备潜在危险、提高设备可靠性的重要手段。为此，应制定相应的维修制度，并认真贯彻执行。

2．选用可靠的工艺技术，降低危险因素的感度

危险因素的存在是事故发生的必要条件。危险因素的感度是指危险因素转化成事故的难易程度。虽然物质本身所具有的能量和性质不可改变，但危险因素的感度是可以控制的，其关键是选用可靠的工艺技术。

3．减少人为失误

人在医疗过程中的可靠性远比医用电气设备差，很多事故都是人为的失误造成的。要降低事故发生概率，必须减少人为失误。

4．加强监督检查

建立健全各种自动制约机制，加强专职与兼职、专管与群管相结合的监督检查工作。

6.5.2　加强安全管理

要控制事故发生概率和严重度，必须以最优化的安全管理为保证。控制事故的各种技术措施的制定与实施也必须以合理的安全管理措施为前提。

1．建立健全安全管理机构

应依法建立健全各级安全管理机构，配备足够精明强干、技术过硬的安全管理人员。要充分发挥安全管理机构的作用，并使其与设计、生产、劳动人事等职能部门密切配合，形成一个有机的安全管理机构，全面贯彻落实"安全第一，预防为主"的安全生产方针。

2．建立健全安全医疗责任制

安全医疗责任制是根据"管医疗必须管安全"的原则，明确规定各级领导和各类人员在医疗过程中应负的安全责任。它是医院岗位责任制的组成部分，是医院中最基本的一项安全措施，是安全管理规章制度的核心。应根据各医院的实际情况，建立健全这种责任制。

3．编制安全技术措施计划，制定安全操作规程

编制安全技术措施计划，有利于有计划、有步骤地解决重大安全问题，合理地使用国家资金，吸收工人群众参加安全管理工作。制定安全操作规程是安全管理的一个重要方面，是事故预防的一个重要环节。

4．加强安全监督和检查

建立安全信息管理系统，加快安全信息运转速度，以便对安全医疗进行监督和经常性的"动态"检查，对系统中的人、事、物进行严格控制。经常性的安全检查是医院医疗过程中必不可少的基础性工作，是揭露和消除隐患、交流经验、推动安全工作的有效措施。

5．加强职工安全教育

职工安全教育的内容主要包括政治思想教育、劳动纪律教育、方针政策教育、法治教育、安全技术培训和事故教训教育等。

6.5.3　医疗系统安全措施在不同阶段的要求

医疗系统安全措施随问题的不同而不同。当将安全问题分析结果分解到各个部件时，原来部件的安全措施虽然也适用，但对于与人的因素有关的问题，以及对于各种因素混合存在的情况，必须采取多方面的安全措施。

对于能用安全标准来衡量的问题及人为失误引起的事故等单纯问题，比较容易确定安全措施，但对于错误操作引起的因果关系不明确的问题或类似的问题很难采取措施。

医疗系统安全措施的基本内容是日常的安全管理和安全教育。要使安全措施有效，充分获得医疗事故实例资料，并对此进行分析是很重要的前提；同时，应在系统的使用周期中分别采取适当的措施。各阶段的要求及管理中的安全措施如下。

1. 构思阶段

医疗系统安全措施必须从构思阶段开始实施，包括对医疗系统在使用周期内的安全措施进行计划，决定实施方法，将安全目标和达成目标的方法写成书面材料，这也是以后各阶段评价采用的标准。为此，需要对系统所发生的或预计发生的事故进行分析（FEMA 或 FTA），并对应采取的安全措施进行研究。这个阶段实行的措施对全阶段的影响很大。

2. 设计阶段

医疗系统安全措施的有效性需要先在设计阶段进行评价。设计中应该包括在对预计发生事故分析基础上的措施。在性能、保养性、经济性等条件满足的基础上，医疗系统必须达到最合适且最有效。为了确定具体的安全设计，这里要做比预计发生事故分析更进一步的系统安全事故分析。分析应当针对具体问题，如"是什么原因引起这部分出现故障""它会给系统的安全性以什么影响"，给予回答。应用安全的、防止事故发生的多重系统及安全余量等人机工程学设计概念也在这个阶段。

3. 制造阶段

在制造时必须保证整个系统（包括系统中的每个元件）、辅助系统具有构思与设计阶段所计划的那种安全性。为此，必须对制造、组装及试验方法和过程进行研究评价，必须对设计中指定的标准问题进行监督和确认。此外，为了保证最终产品具有最大的安全性，需要对技术进步进行预测，并估计伴随发生事件。如果发现可能引起危险状态的缺陷，则不要忘记确立向前反馈的机制。该阶段也要编制装置或系统在使用时的安全管理事项。

4. 安装阶段

实际中，发生灾害和事故的原因大多是安装工作中出现了错误或过失。必须严格执行安装步骤、实施安全标准、进行试运转，看医疗系统是否按设计的那样工作。这时要校验的问题是前三个阶段所指定的。

5. 使用阶段

使用阶段需要进行系统安全工程学上的证实和检查。实际上，在使用系统时会发生各种问题。但是，如果前 4 个阶段中的一切工作都做得很充分，则不会发生完全预想不到的事故，或者造成二次灾害等。尽管如此，当事故发生时，对事故及其原因进行调查分析重要的是，要有将信息向恰当的阶段进行反馈的过程，以便有可能实施更合适的安全措施。此外，未能很好地阅读使用说明书，或者安全检查和管理不够充分，会导致发生事故的情况特别多，所以在医疗上这个阶段极为重要。因此，在医疗系统的使用阶段，安全教育和管理责任制是不可缺少的。

6. 更新（扩展）阶段

在技术进步、社会条件变化、设备更新或扩展时，多数情况下都会需要新的安全措施。按构思阶段中的计划进行更新、扩展时，虽然不会出现太多问题，但实际上可能需要经过数年或数十年，周围的许多条件已经发生变化。新的医疗系统虽然从构思阶段就计划了适当的安全措施，但装备这个系统的医院，其房屋和设备大多不容易得到改善。将这样的实际情况附加进来之后，就必须对安全措施重新评价。

7．管理中的安全措施

在实施安全措施的过程中，管理中的安全措施也很重要。从系统安全管理的观点来看，医疗系统的合适的设计书和使用说明书（手册类）、保养检查及安全教育等是重要项目。

操作和管理医疗系统的大多是缺乏工程学知识的医生、护士、医务辅助人员。为此，医用电气设备制造厂为了使使用者能正确操作和确保安全，必须准备合适的手册。手册必须包括下列 4 项内容：

（1）关于使用说明的问题；

（2）关于性能试验的结果；

（3）关于保养管理的问题；

（4）关于保修合同的问题。

使用说明书不单是一个操作说明书，应该包括性能、操作步骤、限度、禁忌及用语的说明等。其中，操作步骤兼有实用性，限度包括仪器的使用范围或使用条件、耐用年限等详细的注意事项。在禁忌中，应写明禁止使用的环境和禁止并用的仪器等，以便明确各方的责任，还应写明用户检查修理的限度。而且，还应将手册中出现的专门用语等归纳整理在一起，并进行浅显易懂的解释；手册中应该附有仪器性能试验结果书，不仅要有仪器的性能试验结果，而且应包含安全试验结果。这些试验结果应将测得值定量表示出来，并且要清楚易懂。

为了保持一定的性能，并且能安全使用，用户最好也进行一定程度的保养管理。对此，手册必须起到指导书的作用。也就是说，用户最好根据手册的指示进行日常的保养检查。为此，手册需要附有仪器使用前后所进行的开机检查及关机检查用的检查明细表。这些检查明细表应该包括检查操作步骤和安全性项目。作为生产厂家来说，也应该对仪器进行专门、定期的检查和保养。

6.6　医用电气设备的安全人机工程学

6.6.1　安全人机工程学的定义

安全人机工程学（Safety Ergonomics）是从安全的角度出发，研究人与机关系的一门学科，其立足点是安全，以对活动过程中的人实行保护为目的，主要阐述人与机保持什么样的关系，才能保证人的安全。也就是说，在实现一定的生产效率的同时，最大限度地保障人的安全健康与舒适愉快。这主要是从活动者的生理、心理、生物力学的需要等角度，着重研究人在从事生产或其他活动过程中实现一定活动效率的同时最大限度地免受外界因素作用的机理，为预防和消除危害的标准与方法提供科学依据，从而达到实现安全卫生的目的，确保人类能在安全健康、舒适愉快的条件与环境中从事各项活动。从安全的角度出发，即以人的活动效率为条件和以人的身心安全为目标，将安全人机工程学从人机工程学中分解出来，并作为安全工程学的一个重要分支学科而自成体系，这是现代科学技术发展的必然趋势，是文明生产、生活、生存的象征。

安全人机工程学可以定义为，从安全的角度出发，运用人机工程学的原理和方法解决人机结合面安全问题的一门新兴学科。它作为人机工程学的一个应用学科的分支，以安全为目标、以工效（工作、活动效率）为条件，与以安全为前提、以工效为目标的工效人机工程学并驾齐驱，成为安全工程学的一个重要分支。

6.6.2　安全人机工程学研究的内容及目的

所谓的机（Machine），是广义的，它包括劳动工具、机器（设备）、劳动手段和环境条件、原材料、工艺流程等所有与人相关的物质因素。机执行人的安全意志，服从于人。我们可以通过安全机电工程学、卫生设备工程学和环境工程学等学科去研究。

所谓人机结合面，就是人与机在信息交换和功能上接触或互相影响的领域（或称"界面"）。此处所说的接触或互相影响，不仅指人与机的硬接触（即一般意义上的人机界面或人机接口），而且包括人与机的软接触，结合面不仅包括点、线、面的直接接触，还包括远距离的信息传递与控制的作用空间。人机结合面是人机系统的中心环节，主要由安全工程学的分支学科——安全人机工程学研究和提出解决依据，并通过安全设备工程学、安全管理工程学及安全系统工程学去研究具体的解决方法、手段、措施。

由以上分析可以看出，安全人机工程学主要是从安全的角度出发，以人机工程学中的安全为着眼点进行研究的，其研究对象是人、机和人机结合面三个安全因素。其以保证工作（包括各种活动）效率为必要条件和以追求实现人的安全（含健康）为目标，研究实现这一要求所需要的人机学理论、方法、手段及采取安全设备工程措施或其他工程措施的依据。

安全人机工程学研究的内容，除了人机工程学所研究的内容，还包括安全人机工程的学科体系、人机结合面的安全标准依据、人机系统的安全设计等问题。

安全人机工程学的基础研究方法与人机工程学基本相同，与工效人机工程学一起成为同一研究领域的两个不同研究侧面，即不同侧重点。安全人机工程学从适合人的角度出发，侧重于研究人机结合面。

人的活动效率和人的安全是同一事物运动变化过程中两个不同的要求。人们不仅希望活动时有收获，力求耗费最少的能量，获取最大的成果，而且要求在安全、舒适、健康（健康应包括躯体与精神两个方面的内容）、愉快的环境下进行生产劳动或其他活动。

在原始时期，人的体力是唯一的动力，后来风力、水力、牲畜也成为动力，发展到现在，人们可以将热能、机械能、电能、化学能、核能、太阳能、生物能等作为动力。现代机器也有动力作用，有的承担着一系列过去只有人才能完成的工作，如复杂运算、自动控制、逻辑推理、图像识别、信息存储、故障诊断等。它们把人从简单的劳动中解放出来，去执行更多、更复杂的任务。

尽管人类采用了种种新的、高效能的机器或设备，但如果机器或设备的结构不能满足人的生理和心理特征及人体生物力学的要求，则既不能保证安全，又得不到应有的效益。

可见，"机"的效能不仅取决于它本身的有效系数、生产率和可靠性等，还取决于是否适应人的操作要求。而适应人的操作要求，又取决于机的信息传递方式和操纵装置的布局等。因此，通过信息显示器、操纵器和控制装置把人和机连接成一个系统、一个整体，它们都是人机系统中不可缺少的环节，是人与机连通的桥梁。

在任何一个人类活动的场所，总是包含着人和机，以及围绕着人和机的关系及其环境条件，这是一个综合体。

安全工程学体系主要由以下 4 部分组成：①安全管理工程学；②安全设备工程学；③安全人机工程学；④安全系统工程学。若将安全工程学视为一个系统，则上述 4 部分便可以看作 4 个子系统。安全人机工程学（代表安全人体工程学）是实现安全工程学的科学依据，专注于理解和优化人作为系统中最活跃和至关重要的组成部分，提高人与机器和环境互动过程中的安全性和效能。

6.6.3　人机系统的安全可靠性

人机系统的安全可靠性既取决于机器设备本身的可靠性，又取决于操作者的可靠性。而机器或人在工作时都会出现预想不到的故障或差错，于是可能引起设备或人身事故，影响人机系统的安全性，这是不可能完全避免的。可见人机系统的安全性与机器和人的可靠性密切相关。为了保证人机系统的安全可靠性，必须提高机器和人的可靠性。机器的可靠性不仅是评价其性能好坏的质量指标，也是衡量人机系统安全性的重要依据，为人机系统安全提供了必要的物质条件；而人的可靠性也直接影响人机系统的安全性，而且往往起主导作用。影响人的可靠性因素很多，如人的生理、心理、环境条件、家庭及社会等因素，而且这些因素是变化的。总之，人机系统是由人、机（含环境）等子系统组成的，它的可靠性取决于各子系统的可靠性。

1. 可靠性的定义及其度量

1）可靠性的定义

可靠性是指研究对象在规定条件下和规定时间内完成规定功能的能力。在可靠性定义中需要阐明以下要点。

（1）规定时间。人机系统中，由于目的和功能不同，对系统正常工作时间的要求也就不同，若没有时间要求，就无法对系统在正常工作时间内能否正常工作做出合理判断。因此，时间是可靠性指标的核心。

（2）规定条件。人机系统所处条件包括使用条件、维护条件、环境条件和操作条件。系统能否正常工作与上述各种条件密切相关。条件的改变，会直接改变系统的寿命，有时相差几倍甚至几十倍。

（3）规定功能。人机系统的规定功能常用各种性能指标来描述，如果人机系统在规定时间、规定条件下各项指标都能达到，则称系统完成了规定功能；否则称为"故障"或"失效"。因此，对失效的判断依据是重要的，否则无据可依，使可靠性的判断失去依据。

（4）能力。在可靠性定义中的"能力"具有统计意义。例如，"平均无故障时间"越长，可靠性就越高。由于人机系统相当广泛，且各有不同，因此，度量系统可靠性"能力"的指标有很多，如可靠度、平均寿命等。

2）可靠性度量指标——可靠度

把仪器组合成系统时，系统整体的可靠性是由每个仪器的可靠性来确定的。计算不同情况对应的概率，使仪器分别在串联和并联的状态下工作，假设其中一个仪器出现故障使系统停止工作，可以分别得到系统的可靠度。

如图 6-11（a）所示的两个仪器串联起来工作，任何一方发生故障则成为系统全体的故障，这时各个仪器的可靠度分别为 r_a 和 r_b，系统的可靠度 r 为

$$r = r_a r_b \qquad (6\text{-}1)$$

对于有备用仪器的情况，如图 6-11（b）所示，一个仪器出故障时可以用另一个来代替，所以只有当双方都出故障时，系统才会出故障。这时系统的可靠度 r 为

$$r = 1 - (1 - r_a)(1 - r_b) \qquad (6\text{-}2)$$

可见有备用仪器时，可靠度可提高。

（a）　　　　　　　　　　　　　（b）

图 6-11　可靠度计算示例

把图 6-11（a）更加复杂化，如果有 n 个仪器串联工作，其中之一有故障则可认为系统全体有故障，设一个仪器的可靠度为 0.96，则 30 个仪器的可靠度为 0.29。可见，系统的可靠度随着 n 的增加而急剧下降，如表 6-7 所示。

表 6-7　系统的可靠度变化表

n	r
1	0.96
2	0.92
10	0.67
30	0.29

2．人与医疗系统的关系

一般来说，随着系统复杂程度的增加，保持高的系统可靠度越来越困难。系统的复杂程度和可靠度一般成反比关系。这一点应引起注意。盲目地要求高性能，设计制造出和现代技术不一致的复杂系统，会使这个系统的故障增多，反而使可靠度下降。

组成复杂医疗系统的，不只是仪器。无论从什么情况来考虑，为了完成医疗工作，医疗工作者和仪器都要协同起来，共同组成一个系统。在这种意义上，人也是构成系统的要素。认为人是系统的构成要素时，人的判断和工作的可靠度也是值得研究的问题。人失误的概率是不可被忽视的，"绝对不许出错"这样单纯的命令是行不通的。重要的是要了解可能有哪些失误，并把它们反映到系统的设计中去。从设计入手，减少失误。

人的误操作概率受训练、疲劳、积极性等人的各种因素影响。当然，这些是研究的重要内容，但另一方面，对仪器的研究也是重要的。对难以操作的仪器和容易引起判断错误的仪器来说，不能责备操作有误的人。研究这样一系列问题的知识属于人机工程学。

由于医疗中仪器的作用是不同的，规定统一的可靠度很困难。为了提高仪器的可靠度，同时兼顾经济性，可以从以下三个方面分别考虑。

（1）发生故障但对患者没有直接危害的仪器，如病房里的单个诊断仪器和检查仪器等。可通过定期检修找出毛病，加以修复，或者完全用其他仪器来代替。

（2）故障虽严重，但能立刻发现并采取措施的仪器，如重症患者监视装置和麻醉机等。它们的故障警报装置是准确的，只要有备用仪器或备有手工操作等紧急措施即可。

（3）故障严重，有造成患者死亡危险的仪器。现在这类仪器相对极少，心脏起搏器、计算机控制的治疗器械等属于这一类仪器。需要严格地进行可靠性管理，以及采取备用仪器并用等措施。

综上所述，既考虑高可靠性，又兼顾经济性是非常重要的。

6.7　医院信息系统的安全性

6.7.1　医院信息系统的形成和发展

医院信息系统（Hospital Information System，HIS）是计算机技术、通信技术和管理科学在医院信息管理中的应用，是计算机技术对医院管理、临床医学、医院信息管理长期影响、渗透及相互结合的产物。它与医院建设和医学科学技术同步发展。从其内容、方式和规模来看，医院信息系统的发展过程大体上可分为 4 个阶段。第 1 阶段是相对独立的、单个项目的信息管理。第 2 阶段是多个项目的综合信息管理。第 3 阶段是医院各部门共享的信息系统。以上 3 个阶段主要着眼于医院管理信息及其管理。第 4 阶段是大规模一体化的医院信息系统，既面向管理，又面向医疗。在国外，20 世纪 60 年代初美国少数医院引进大型计算机并应用于医院管理，主要是以整个医院为对象进行数据处理，对耗费时间的一般业务实行自动化，如科研病案、具体事务管理等。由于计算机不仅价格高，处理功能弱，而且专业技术人员和软件数量极少，因此影响了计算机在医院信息管理中的应用。进入 20 世纪 70 年代，廉价的小型机迅速普及，发达国家多数医院引进使用，主要用于医疗信息的记录、存储、传递、检索，使医院各部门均应用计算机进行信息管理。不少医院建成了各部门之间可以信息共享的网络化的医院信息系统。到了 20 世纪 80 年代，价廉物美且功能较强的微型计算机和微型计算机局部网络、用于数据处理的高速计算机和用于数据存储的大容量磁盘和光盘等的出现，使网络化的信息系统费用大幅下降，从而大大促进了医院信息系统的推广应用和发展。20 世纪 80 年代后期以来，医院信息系统得到了持续的开发、应用，经过 30 年的艰辛历程，正向广度和深度方向发展，达到了前所未有的新高度、新水平。这主要表现在建立大规模一体化的医院信息系统，并形成计算机区域网络，这不仅包括一般的信息管理内容，还包括以计算机化的患者病历（也称电子病历，Computer-based Patient Record，CPR）、医学图像档案管理和通信系统（Picture Archieving and Communication System，PACS）为核心的临床信息系统（Clinical Information System，CIS），以及用于管理和医疗的决策支持系统、医学专家系统、图书情报检索系统、远程医疗系统等。

在我国，计算机在医院中的应用始于 20 世纪 70 年代，但用于医院信息管理主要是在 1984 年微型计算机在全国推广应用以后，现已广泛应用于药品、器材、统计、病案首页、人事、财务等项目的信息管理；许多医院建立了微机局部网络，开发了各种子系统，如门诊住院收费系统、机关事务处理系统等。较为完整的医院信息系统，目前正在开发研制和试用。与发达国家相比，我国医院信息系统尚处于落后阶段，但又处在迅速发展之中。目前，全国医院对广泛采用计算机建立医院信息系统的呼声越来越广泛而强烈。一方面，医院要强化自身的管理，医院的管理决策需要完整可靠的信息支撑，除了临床医疗、护理，教学、科研也需要有效的信息系统支持；另一方面，随着医疗卫生制度的改革，患者-医院的二元关系将变为患者-医院-保险-政府监督的多元关系，这对医院管理现代化提出了更高的要求。大量的有关患者的诊断、治疗、用药、资源消耗等信息，不仅要在医院内部而且要在社会的许多部门之间流通、传递，提供及时和可靠的患者数据，这就要求建立广域医疗信息网络，而各个医院的信息系统是这个广域网络的基础。因此，医院信息系统的建立和实际应用，已成为我国医院现代化建设中的一项十分紧迫的重要任务。

6.7.2　医院信息系统的组成

医院信息系统的组成主要由硬件系统和软件系统两大部分组成。在硬件方面，需要有高性能的中心电子计算机或服务器、大容量的存储装置、遍布医院各部门的用户终端设备及数据通信线路等，组成信息资源共享的计算机网络；在软件方面，需要具有面向多用户和多种功能的计算机软件系统，包括系统软件、应用软件和软件开发工具等，还需要有各种医院信息数据库及数据库管理系统。

医院信息系统一般可分成 3 个部分：一是满足管理要求的管理信息系统；二是满足医疗要求的医疗信息系统；三是满足以上两种要求的信息服务系统。各分系统又可划分为若干子系统。此外，许多医院还承担临床教学、科研、社会保健、医疗保险等任务，因此在医院信息系统中，也应设置相应的信息系统。

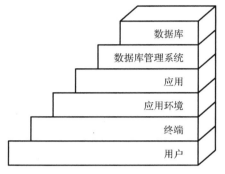

图 6-12　医院信息系统模型

医院信息系统是一个复杂的大系统。它的具体构型、分系统和子系统的划分、功能和规模的大小及实施途径可以是多种多样的。但是从系统论和信息论的角度来看，医院信息系统是医院这一实体在数据（信息）结构和信息处理概念上的抽象，可以用一个简单的模型来描述其基本组成。该模型由 6 个层次组成，如图 6-12 所示。

第 1 个层次是用户；第 2 个层次是用户实际使用的终端，可根据用户的应用作业给予不同功能的终端（如无盘或有盘计算机、多媒体计算机、图形工作站等）；第 3 个层次是应用环境，也就是医院信息系统的硬件和系统软件提供给用户应用时各种装置的混合体，如窗口操作、屏幕表格处理、键盘上的功能键、打印工具、辅助设备等；第 4 个层次是应用，包括应用程序或医院信息系统的子系统，在这个层次，用户得以进入医院信息系统的应用程序，完成相关的功能；第 5 个层次是数据库管理系统（Data Base Management System，DBMS），它实现下设层次对数据库的要求，应用层次的所有应用程序都可以与 DBMS 通信并访问数据库，数据库中的所有数据也能被各种应用程序访问、共享，并符合一致性的要求；第 6 个层次是数据库，大量存储着医院各部门有关管理、患者诊疗等各类数据，这些数据来自用户、应用程序并通过 DBMS 而获得。

6.7.3　医疗信息系统的安全性

由于计算机应用于医疗数据的处理系统，计算机发生故障就可能给医院业务带来重大影响。而且，如果用计算机对患者数据进行处理，则这方面的故障可能会导致患者个人隐私泄露，同时由于错误数据而造成的误诊也是医疗上的重大问题。必须分析与计算机有关的危害发生的可能性，并采取适当的措施。

与计算机有关的危害有两种：一种是和医用电气设备联机使用的计算机漏出的电流，通过人体时将产生触电事故；另一种是和计算机的信息处理功能有关的事故。因为第一种是组合仪器的问题，所以这里只限于讨论数据保护的问题。

数据保护包括数据保全和机密保护。数据保全是防止数据的破坏和损失；机密保护是防止与人隐私有关的数据被不正常地泄露。

医疗信息系统可以看成一个支持系统，它能使医生有效地完成对患者的诊断、治疗等工作。因此，医疗信息系统应能高效率地将诊疗记录、病历、生理学的数据、家族史等患者资料作为数据库存储起来，根据需要或者取出来进行参照，或者用计算机进行分析等。基于这样的需要，作为综合信息管理的工具，数据库管理系统尤为重要。数据库管理系统根据各自应用程序而使数据管理机能独立化，具有数据独立、外存储器综合化、易于进行维修及便于使用等优越的机能，它担负着医疗信息系统中的主要任务。医疗数据作为数据库被综合化时，包含数据库的信息系统的安全措施显得格外重要。

例如，如果中心检查室输入的检查结果和患者的号码不一致，那么使用该数据的诊断将是错误的；患者的数据若泄露给第三者，则成为泄密问题。这些或者是因程序有错误，或者是因操作者中断数据处理，或者是因仪器输出错误结果，又或者是由于"程序的飞逸"使其他患者的数据也被破坏。这类事故一旦发生，不仅可能造成医疗业务停滞，而且容易引发社会问题。因此，需要采取适当的安全措施。

数据保全是对数据的破坏和损失等事故所采取的安全措施。发生此类事故的原因如下：

① 硬件故障；
② 软件错误；
③ 操作错误；
④ 记忆元件被盗；
⑤ 数据错误或改写错误；
⑥ 火灾、水灾、停电等灾害。

机密保护是对与患者有关的信息被泄露给第三者的事故所采取的措施。发生这类事故的原因如下：

① 无权限者对不正常数据的存取；
② 因错误对不适当数据的存取；
③ 记忆元件被盗。

数据保护措施是对上述事故所采取的安全措施，可分为技术措施和管理措施。技术措施是指应用硬件技术和软件技术来实现数据保护；管理措施是指按照法律规定对计算机房及计算机人员进行的安全管理。

系统安全措施的实现，是以系统性能有一定程度的降低和成本提高为代价的，数据保护措施的实现也必须以此为交换条件。再者，实施适当的数据保护措施，要考虑它的目的、数据处理系统的环境和费用，以及必须保护的数据的性质等条件。一般采用一种手段是不够的，最好将几种不同手段组合起来使用。

为了不使患者的隐私数据因不注意或不正常工作而被泄露，可采取下列措施：

① 按法律规定使用个人数据；
② 在数据库内控制个人数据的存取；
③ 使第三者对数据不能理解。

在数据库内对数据存取进行控制的方法，是作为机密保护技术措施被使用最多的方法，主要有以下 4 种：

① 限制终端的使用；
② 限制程序的使用；
③ 限制外存储器的使用；
④ 限制特定项目的存取。

医院数据处理系统的职能有预约登记、会计、来自中心检查室的数据输入、诊疗用的患者数据询问和输入、医学研究用的统计处理等。根据用户处理业务不同，使用的程序和数据也不同。为了有效地实现机密保护措施，应对医疗数据进行适当的分类。

医院系统数据可分为医疗数据和医学数据。医疗数据还可分为患者姓名、ID 号码、住所等的长期数据和预约、会计等当天数据。医学数据也分为出生时间、性别、血型等长期（生理的）数据和检查结果、诊断病名、处方等当天数据。医疗业务通过各科室的终端对医疗数据边存取边完成，临床业务通过医生的终端，对数据（主要是医学数据，必要时也有医疗数据）边存取边完成。检查室的终端只输入 ID 和检查结果，通常不进行数据存取。在医学研究中，根据需要可存取全部医学数据，但应当用子程序来控制输出不是患者个人的数据，而是集体平均统计值。

同医疗数据及与其相关联的业务相对应，对使用者也必须进行适当的分类。使用者可分为医生、护士、医疗辅助人员、办事员、计算机使用人员及患者。患者也是问诊终端的使用者。这种分类只是大致的，实际上还需要按各业务单位、病房或科室进行细分。

如果将数据库内的数据密码化，则即使因不正常存取而导致数据泄露，或者外存储器元件被盗，第三者也无法了解内容。所谓密码化（Ciphering）就是将原始记录（Plain Text）变换成和它相等的文字组（Cipher Text），使用密码键能够还原为原来的记录。

密码化法包括编码法、数据压缩法、置换法等。编码法是指使用变换表等将数据变换为不同规则的编码系的方法；数据压缩法依靠除掉剩余性等方法，将记录的长度缩短，同时有降低数据通信成本的效果；置换法使用变换规则或变换表等，在同一编码系中将进行变换的元素重新排列。

上述保护措施要根据系统的使用环境、统计目的和处理数据的机密程度等具体情况适当选取。

思考题

1. 何谓安全系统工程？安全系统工程主要研究的内容有哪些？
2. 故障模式与影响分析的步骤有哪些？
3. 事故树分析的基本程序有哪些？
4. 安全评价的方法有哪几种？
5. 叙述医疗器械风险分析的基本概念及分析过程。
6. 叙述医院信息系统的组成及医疗信息系统的安全性。

第 7 章　医疗器械的生产管理

7.1　医疗器械管理

7.1.1　医疗器械管理的基本内容

随着医院现代化建设的飞速发展，各级医疗机构大量引进先进的医疗技术与现代化的医疗器械。正确使用先进的医疗器械，确保医疗器械的安全性、可靠性和有效性，充分发挥医疗器械应有的效能，是现代化医院管理的一个非常重要的课题。

医疗器械管理是综合了自然科学与社会科学、医学与工程学的边缘学科，同时也是一项系统工程，其内容包括医疗器械在整个生命周期内的动态管理。随着我国法治化建设进程的加快及相关法律、法规的相继出台，加强对医疗器械的规范化管理已是医疗器械管理工作的当务之急。

医疗器械管理的规范化是实现信息化建设的基础。传统的管理理论与方法已不能完全适应医学科学的发展与实际工作的需要，我们应采用信息化的手段和方法。因此，在管理规范中，我们既要考虑实际工作的需要与习惯，又要考虑信息化发展的趋势，尤其是要重视数字化医院的建设，实现卫生信息资源的共享。

世界各国，尤其是发达国家，对医疗器械均采取法治化监督管理，一方面监督产品，另一方面监督生产制造企业。监督产品旨在验证产品的安全性和有效性，对已准许上市的产品进行定期再评价、不良事件报告等；监督生产制造企业旨在保证产品的安全和有效，具体体现在审核生产制造企业的质量管理体系。

美国自 1938 年开始将医疗器械纳入美国食品药品监督管理局（FDA）管理范围，1968年发布了《旨在保健和安全的辐射性控制性法案》（Radiation Control for Health and Safety Act）。严格地说，美国对医疗器械的系统管理，应从 1976 年发布《医疗器械修正案》（the Medical Device Amendments，MDA）算起，管理运行历史较长，管理体系比较健全，在国际上有一定的权威性。

我国对医疗器械的管理也借鉴了 FDA 的管理办法。国家为了加强对医疗器械的监督管理，保证医疗器械的安全、有效，保障人体健康和生命安全，制定了《医疗器械监督管理条例》（以下简称《条例》）。《条例》于 1999 年 12 月 28 日国务院第 24 次常务会议审议通过，2000 年 1 月 4 日公布，2000 年 4 月 1 日起施行。2014 年 2 月 12 日，《条例》在国务院第 39次常务会议上修订通过。根据 2017 年 5 月 4 日的《国务院关于修改〈医疗器械监督管理条例〉的决定》，2020 年 12 月 21 日，《条例》在国务院第 119 次常务会议上修订通过，自 2021 年 6月 1 日起实施。《条例》适用于在中华人民共和国境内从事医疗器械研制、生产、经营、使用和监督管理的单位或个人，贯穿医疗器械的整个生命周期，是目前国家对医疗器械实施监督管理的法律依据。国务院监督管理部门负责全国医疗器械的监督管理工作，《条例》中规定医疗器械实行分类管理和生产注册制度。分类方法与 FDA 的相似，厂家生产第二类、第三类医疗器械应当通过临床验证，并且第三类医疗器械还要经国务院监督管理部门审查批准。医疗器械的安全管理不完全等同于一般设备的安全管理和日常维护，尤其是医用电气设备，除了对其实施一般管理项目来保证设备的安全性，还强调电气安全、放射防护、电磁兼容及生物安全等方面。医疗器械直接或间接作用于人体，对健康和生命安全有重大影响，所以无论是国内还是国外对其安全管理都很重视。

近年来，我国医疗器械产业快速发展，取得了令人瞩目的成绩。国家出台了一系列政策，为医疗器械产业带来了新的发展机遇。医疗器械生产管理是指对医疗器械生产环节的管理，包括对医疗器械的研发设计、生产备案、生产许可、委托生产等活动的监督管理。我们应加强对医疗器械生产的监督管理，规范生产秩序，保证医疗器械的安全、有效。加强对医疗器械生产环节的监督管理不仅必要，而且还十分重要。

2022年3月10日，国家市场监督管理总局令第53号公布了《医疗器械生产监督管理办法》，自2022年5月1日起施行。《医疗器械生产监督管理办法》作为《条例》的配套规章之一，在修订的总体思路上，主要把握了以下三点：一是遵循《条例》的风险管理和分类管理原则，在具体制度设计上突出管理的科学性；二是借鉴国外先进的经验，综合考虑当前医疗器械监管基础，体现可操作性；三是结合我国现阶段经济社会的市场成熟度和社会诚信体系情况，注重落实企业的主体责任，构建以企业为主的产品质量安全保障体系，体现管理的引导性。

根据《医疗器械生产监督管理办法》第五条，国家药品监督管理局负责全国医疗器械生产监督管理工作。省、自治区、直辖市药品监督管理部门负责本行政区域第二类、第三类医疗器械生产监督管理，依法按照职责负责本行政区域第一类医疗器械生产监督管理，并加强对本行政区域第一类医疗器械生产监督管理工作的指导。设区的市级负责药品监督管理的部门依法按照职责监督管理本行政区域第一类医疗器械的生产活动。

监督管理部门依照风险管理原则，对医疗器械生产实施分类分级管理。实施医疗器械生产企业分类分级管理，对于提高医疗器械生产企业监督管理科学化水平，明确各级监督管理部门的责任，提高监督管理效能，依法保障医疗器械安全有效，有着重要的意义。

生产企业许可证管理制度实质上是一种市场准入制度。市场准入方法有很多，主要有许可或审批、标准两大类。许可或审批是使用最广泛的市场准入方法，包括批准、注册、核准、登记等任何具有审批性质的政府制定方法。颁发医疗器械生产许可证就是一种具体的许可方法。

《医疗器械生产监督管理办法》体现了以下原则。一是风险管理原则。对具有不同风险的生产行为进行分类管理，完善分类监管措施，突出对高风险产品生产行为的严格管理。二是落实责任原则。细化企业生产质量管理的各项措施，要求企业按照医疗器械生产质量管理规范的要求建立质量管理体系并保持有效运行，实行企业自查和报告制度，督促企业落实主体责任。三是强化监管原则。通过综合运用抽查检验、质量公告、飞行检查、责任约谈、"黑名单"等制度，丰富监管措施，完善监管手段，推动监管责任的落实。四是违法严处原则。完善相关行为的法律责任，细化处罚种类，加大、加重对违法行为的处罚力度。

我国对医疗器械的监督管理包括上市前产品注册，上市后产品监测，生产企业、经营企业监督管理等内容。近年来，国际上对医疗器械的监督管理重点呈现出从上市前审查向上市后监测、从产品质量检测向生产质量体系检查转移的趋势。我国对医疗器械的监督管理重点也在向上市后倾斜。对医疗器械生产企业的日常监督管理，是从源头上保障医疗器械安全、有效的关键环节，也是实施医疗器械生产监管的重要内容。

医疗器械管理是一项系统工程，在实施过程中，实际上存在两种运动状态。一是物质运动状态，包括从医疗器械购置、验收、安装、调试、使用、维护维修至报废的整个生命周期，管理内容一般为技术管理，目的是保证所使用医疗器械的安全性和质量控制的有效性，促进医疗技术水平的提高。二是价值运动状态，包括医疗器械购置的资金筹集、预算与计划的论证，运行和维护的成本、财务管理，成本、效益/效果评价；管理内容一般为经济管理；目的是合理组织人力、物力、财力，充分利用有限的资源为卫生事业服务。所以，医疗器械管理应该是两种状态的全面动态过程，集经济与技术管理于一体，实现资源的高效利用。

从管理的内容上看，医疗器械管理大体上分为以下几个方面。

1. 制度管理

制度管理包括结构、职能、职责、人员，以及各项规章制度和操作规程的规范化。要做到有章可循，这是实施规范化管理，做到机构落实、职责明确、分级管理、责任到人、管理与服务相结合的制度保证。

2. 物流管理

物流管理包括设备计划、采购、合同签订、验收出入库、资产物流管理的各个流程的程序化。要严格遵守国家相关法律、法规，如《中华人民共和国政府采购法》《中华人民共和国招投标法》等。

3. 质量管理

设备到货验收、安装调试、应用质量检测、计量管理、预防性维护及使用的操作规程等，是质量管理的重要内容，目的是确保医疗器械在整个生命周期中的安全、有效，为患者提供良好的服务。

4. 信息化管理

信息化管理是医疗器械规范化管理的一种重要手段。为了实现医疗器械信息资源的共享与合理利用，进行信息化管理是提高管理水平的必由之路，具体包括设备名称的统一、代码的规范、信息采集的完整、操作流程的标准化等。

5. 考核与评估

考核与评估是检查实施管理规范化程度的一种必要手段。它包括对管理体系、制度、质量保证体系、经济成本效益的考核与评估等。它可以检验管理工作的成效，并对发现的问题提出改进方案，从而进一步优化管理体系。

7.1.2　医疗器械管理分类

美国医疗器械的职能管理部门是美国食品药品监督管理局（FDA），FDA 把 1800 多种医疗器械分成三类进行不同层次的管理。

第一类：进行一般性管理。对于危险性比较低的医疗器械，能够遵守一般性管理条例和生产规范即可，如外科手术器械、体温计等，约占 27%～30%。

第二类：实施标准管理。除了一般性管理，还必须建立一整套企业生产标准，以确保医疗器械的安全性和有效性，如心电图机、X 线机等，约占 65%。

第三类：进行售前批准管理。第三类医疗器械必须遵守第一类和第二类医疗器械管理条例，并且在出售前还要把各种证明安全性、有效性的数据报 FDA，如起搏器、植入人体的材料等，约占 5%～8%。

我国的医疗器械管理也借鉴了 FDA 的管理方法，常见医疗器械管理分类如表 7-1 所示。在临床应用中加强对医疗器械的管理，可以减少因医疗器械而发生的事故。从购进安全的医疗器械，创造安全的环境，到安全操作医疗器械都是比较关键的。就用电的医疗器械来说，应引进第一、二类医疗器械，必要时引进第三类医疗器械和内部电源仪器；在心脏导管室、手术室、ICU 室、CCU 室等向心脏直接插入电极和导管较多的场所，需要使用 CF 型仪器。对于使用环境，需要加强对接地设备（EPR 系统）的规范使用，采用接地的三孔插头，安装备用电源，安装管道，配备温度和湿度调节装置等。

表 7-1　常见医疗器械管理分类

管理类别	产品类别	品名举例
一	心电导联线	—
	医用 X 线机配套用具	非电动床、椅等用具，胶片处理装置等
二	肌电诊断仪器	肌电图机
	其他生物电诊断仪器	眼动图仪、眼震电图仪、视网膜电图仪和诱发电位检测系统（含视、听、体）
	电声诊断仪器	听力计、小儿测听计、心音图仪、舌音图仪、胃电图仪、胃肠电流图仪
	无创医用传感器	—
	心电诊断仪器	单导心电图机、多导心电图机、胎儿心电图机、心电向量图机、心电图综合测试仪、晚电位测试仪、无损伤心功能检测仪、心率变异性检测仪、心电分析仪、运动心电功量计、心电多相分析仪、心电遥测仪、心电电话传递系统、实时心律分析记录仪、长程心电记录仪、心电标测图仪、心电工作站
	脑电诊断仪器	脑电图机、脑电阻仪、脑电波分析仪、脑地形图仪、脑电实时分析记录仪
	无创监护仪器	患者监护仪（监护参数含心电、血氧饱和度、无创血压、脉搏、体温、呼吸、呼吸末 CO_2），以及麻醉气体监护仪、呼吸功能监护仪、睡眠评价系统、分娩监护仪
	呼吸功能及气体分析测定装置	综合肺功能测定仪、呼吸功能测试仪、氧浓度测定仪、肺通气功能测试仪、CO_2 浓度测定仪、肺内气体分布功能测试仪、弥散功能测试仪、氮气计、微量气体分析器、压力型容积描绘仪、肺量仪
	医用刺激器	声、光、电、磁刺激器
	血流量、容量测定装置	脑血流图仪、阻抗血流图仪、电磁血流量计、无创心输出量计、心脏血管功能综合测试仪
	电子压力测定装置	电子血压脉搏仪、动态血压监护仪
	生理研究实验仪器	方波生理仪、生物电脉冲频率分析仪、生物电脉冲分析仪、微电极控制器、微操纵器、微电极监视器、足底压力测量系统、人体脂肪测量计
	光谱诊断设备	医用红外热像仪、红外线乳腺诊断仪
	睡眠呼吸治疗系统	助眠器
	心电电极	—
	磁共振成像（MRI）设备	脑磁图系统

续表

管理类别	产品类别	品名举例
二	放射性核素治疗设备	骨密度仪、伽马照相机、肾功能仪、甲状腺功能测定仪、核素听诊器、心功能仪、闪烁分层摄影仪、放射性核素透视机、γ射线探测仪
	核素标本测定装置	放射免疫测定仪
	核素设备用准直装置	放射性同位素设备准直器、医用人体辐照校准体模
三	体外反搏及其辅助循环装置	气囊式体外反搏装置
	医用磁共振成像设备	永磁型磁共振成像系统、常导型磁共振成像系统、超导型磁共振成像系统、胃肠道造影显影剂（用于 B 超、CT、MRI 的胃肠道造影显像）
	生理研究实验仪器	快速过敏皮试仪
	用于心脏疾病治疗的急救装置	植入式心脏起搏器、体外心脏起搏器、心脏除颤器、心脏调搏器、主动脉内囊反搏器、心脏除颤起搏器
	有创式电生理仪器及创新电生理仪器	体外震波碎石机、患者有创监护系统、颅内压监护仪、有创心输出量计、有创多导生理记录仪、心内希氏束电图机、心内外膜标测图仪、有创性电子血压计
	有创医用传感器	各种植入体内的医用传感器
	医用刺激器	心脏工作站电刺激器
	无创监护仪器	心律失常分析仪及报警器、带 ST 段的监护仪
	放射性核素治疗设备	钴 60 治疗机、其他远距离放射性核素治疗装置、核素后装近距离治疗机、植入放射源
	放射性核素诊断设备	发射型计算机断层扫描装置（ECT）、正电子发射型计算机断层扫描装置（PECT）、单光子发射型计算机断层扫描装置（SPECT）、放射性核素扫描仪

7.2　医疗器械生产备案与许可

从事医疗器械生产活动应当具备基本条件。不管是从事第一类医疗器械生产活动，还是第二类、第三类医疗器械生产活动，都要符合该条件。备案（从事第一类医疗器械生产活动）和许可（从事第二类、第三类医疗器械生产活动）均要提交相应材料，以证明具备基本条件。监督管理部门应依法及时公布医疗器械生产许可和备案相关信息，以便申请人查询审批进度和审批结果。公众可以查阅审批结果。

7.2.1　医疗器械生产备案

医疗器械生产备案是指从事第一类医疗器械生产活动的生产企业向企业所在地的设区的市级药品监督管理部门提交相关材料，进行生产备案告知的行为。2022 年施行的《医疗器械生产监督管理办法》第四条与第二十二条规定，从事第一类医疗器械生产活动，应当向所在地设区的市级负责药品监督管理的部门办理医疗器械生产备案；在提交第十条规定的相关材料后，生产备案完成，并得到备案编号。医疗器械备案人自行生产第一类医疗器械的，可以在办理产品备案时一并办理生产备案。

从事医疗器械生产活动，应当具备下列条件：①有与所生产的医疗器械相适应的生产场地、环境条件、生产设备以及专业技术人员；②有对所生产的医疗器械进行质量检验的机构或者专职检验人员以及检验设备；③有保证医疗器械质量的管理制度；④有与所生产的医疗器械相适应的售后服务能力；⑤满足产品研制、生产工艺文件规定的要求。这些条件，适用于所有从事医疗器械生产活动的企业，从事第一类医疗器械生产活动的企业在进行备案时提交的材料应该与所生产的医疗器械产品相适应。这些条件既是开办医疗器械生产企业的基本条件，又是监管部门依据医疗器械生产质量管理规范开展生产许可现场核查的核心内容。

从事第一类医疗器械生产的企业应填写第一类医疗器械生产备案表（见表7-2），向所在地设区的市级监督管理部门备案，并提交符合第一类医疗器械生产备案要求的备案材料。

表 7-2　第一类医疗器械生产备案表

企业名称					
统一社会信用代码			注册资本（万元）		
成立日期			营业期限		
			企业类型		一类
住所			邮编		
			联系电话		
生产地址			邮编		
			联系电话		
人员情况	姓名	身份证号	职务	学历	职称
法定代表人					
企业负责人					
联系人	姓名	身份证号	联系电话	传真	电子邮件
企业人员情况	人员总数（人）	生产管理人员数（人）	质量管理人员数（人）	专业技术人员数（人）	
生产场所情况	建筑面积（m²）	生产面积（m²）	净化面积（m²）	检验面积（m²）	仓储面积（m²）
检验机构状况	总人数（人）		技术人员数（人）		
备案事项	生产范围				
生产产品列表					
序号	产品名称		产品备案编号		备注
本企业承诺所提交的全部备案材料真实有效，并承担一切法律责任。同时，保证按照法律法规的要求从事医疗器械生产活动。					

法定代表人（签字）　　　　　（企业盖章）
年　月　日

开办第一类医疗器械生产企业的，应当向所在地设区的市级监督管理部门办理第一类医疗器械生产备案，提交备案企业持有的所生产医疗器械的备案凭证复印件以及相关材料。这些材料主要有：

（1）所生产的医疗器械注册证以及产品技术要求复印件；

（2）法定代表人（企业负责人）身份证明复印件；

（3）生产、质量和技术负责人的身份、学历、职称相关材料复印件；

（4）生产管理、质量检验岗位从业人员学历、职称一览表；

（5）生产场地的相关文件复印件，有特殊生产环境要求的，还应当提交设施、环境相关文件复印件；

（6）主要生产设备和检验设备目录；

（7）质量手册和程序文件目录；

（8）生产工艺流程图；

（9）证明售后服务能力的相关材料；

（10）经办人的授权文件。

申请人应当确保所提交的材料合法、真实、准确、完整和可追溯。

相关材料可以通过联网核查的，无须申请人提供其他证明材料。

药品监督管理部门应当在生产备案之日起 3 个月内，对提交的材料以及执行医疗器械生产质量管理规范的情况开展现场检查，符合规定条件的予以备案，发给第一类医疗器械生产备案凭证。生产企业完成生产备案，获取备案编号。对不符合医疗器械生产质量管理规范要求的，依法处理并责令限期改正；不能保证产品安全、有效的，取消备案并向社会公告。第一类医疗器械生产备案内容发生变化的，应当在 10 个工作日内向原备案部门提交符合上述规定的与变化有关的材料，药品监督管理部门必要时可以依照《医疗器械生产监督管理办法》第二十二条的规定开展现场核查。

一般而言，备案是生产企业履行的一种信息告知义务。备案后，生产企业获得生产备案凭证，以备后续检查。任何单位或者个人不得伪造、变造、买卖、出租、出借生产备案凭证。出口医疗器械的生产企业应当将出口产品相关信息向所在地设区的市级监督管理部门备案。相关信息包括出口产品、生产企业、出口企业、销往国家（地区）以及是否由境外企业委托生产等内容。

第一类医疗器械生产备案凭证内容发生变化的，应当变更备案。变更备案是对已经备案而又发生变化的内容进行更新，是对备案信息的及时补充。备案凭证遗失的，医疗器械生产企业应当及时向原备案部门办理补发手续。设区的市级监督管理部门应当建立第一类医疗器械生产备案信息档案。

7.2.2 医疗器械生产许可

《医疗器械生产监督管理办法》第十条规定：在境内从事第二类、第三类医疗器械生产的，应当向所在地省、自治区、直辖市药品监督管理部门申请生产许可，并提交相关材料。该规定确立了我国医疗器械生产许可制度。

医疗器械生产许可制度，是指在我国从事第二类、第三类医疗器械生产活动的企业，应向企业所在地的省级药品监督管理部门申请生产许可，提交相关材料并证明自身具备从事相关医疗器械产品生产的条件，省级药品监督管理部门核实、审批后，对符合条件的生产企业发给《医疗器械生产许可证》。

对于根据原有规定获得《医疗器械生产许可证》的企业，现有《医疗器械生产许可证》

在有效期内继续有效。《医疗器械生产监督管理办法》实施后，对于医疗器械生产企业申请变更、延续、补发的，应当按照《医疗器械生产监督管理办法》有关要求进行审核，必要时进行现场核查，符合规定条件的，发给新的《医疗器械生产许可证》，有效期自发证之日起计算。

1. 生产许可申请

申请生产许可提交的材料，相对于生产备案而言，多了一项"申请企业持有的所生产医疗器械的注册证及产品技术要求复印件"的材料要求。增加的材料要求与第二类、第三类医疗器械的注册要求相适应。医疗器械生产企业跨省、自治区、直辖市设立生产场地的，应当单独申请医疗器械生产许可。因企业分立、合并而新设立的医疗器械生产企业应当申请办理《医疗器械生产许可证》。医疗器械生产许可申请表如表7-3所示。

表7-3　医疗器械生产许可申请表

企业名称					
统一社会信用代码			注册资本（万元）		
成立日期			营业期限		
			企业类型	二类□　　三类□	
住所			邮编		
			电话		
生产地址			邮编		
			电话		
人员情况	姓名	身份证号	职务	学历	职称
法定代表人					
企业负责人					
联系人	姓名	身份证号	联系电话	传真	电子邮件
企业人员情况	人员总数（人）		生产管理人员数（人）	质量管理人员数（人）	专业技术人员数（人）
生产场所情况	建筑面积（m²）	生产面积（m²）	净化面积（m²）	检验面积（m²）	仓储面积（m²）
检验机构状况	总人数（人）		检验人员数（人）		
申请生产范围					

生产产品列表					
序号	产品名称	注册号	类别（无菌、植入、体外诊断试剂、定制式义齿、独立软件、其他）	是否受托生产	注册人名称	注册人统一社会信用代码

本企业承诺所提交的全部材料真实有效，并承担一切法律责任。同时，保证按照法律法规的要求从事医疗器械生产活动。
法定代表人（签字）　　　　　（企业盖章） 年　　月　　日

2. 材料受理

省、自治区、直辖市监督管理部门收到申请后，应当根据下列情况分别做出处理。

（1）申请事项属于其职权范围，申请材料齐全、符合法定形式的，应当受理申请。

（2）申请材料不齐全或者不符合法定形式的，应当当场或者在 5 个工作日内一次告知申请人需要补正的全部内容，逾期不告知的，自收到申请材料之日起即为受理。

（3）申请材料存在可以当场更正的错误的，应当允许申请人当场更正。

（4）申请事项不属于本部门职权范围的，应当即时做出不予受理的决定，并告知申请人向有关行政部门申请。

3. 许可审核

省、自治区、直辖市药品监督管理部门应当对申请材料进行审核，按照国家药品监督管理局制定的医疗器械生产质量管理规范的要求进行核查，并自受理申请之日起 20 个工作日内做出决定。现场核查可以与产品注册体系核查相结合，避免重复核查。需要整改的，整改时间不计入审核时限。

医疗器械生产许可申请直接涉及申请人与他人之间重大利益关系的，监督管理部门应当告知申请人、利害关系人依照法律、法规以及国家市场监督管理总局的有关规定享有申请听证的权利；在对医疗器械生产许可进行审查时，监督管理部门认为涉及公共利益的重大许可事项，应当向社会公告，并举行听证会。医疗器械生产企业因违法生产被监督管理部门立案调查但尚未结案的，或者收到行政处罚决定但尚未履行的，监督管理部门应当中止许可，直至案件处理完毕。

4. 许可决定

自治区、直辖市药品监督管理部门应当对申请材料进行审核。药品监督管理部门进行许可审核后，认为医疗器械生产企业的申请符合规定条件的，依法做出准予许可的书面决定，并于 10 个工作日内发给《医疗器械生产许可证》；不符合规定条件的，做出不予许可的书面决定，并说明理由。《医疗器械生产许可证》的格式由国家市场监督管理总局统一制定，并由省、自治区、直辖市监督管理部门印制。

《医疗器械生产许可证》的有效期为 5 年，载明了许可证编号、企业名称、法定代表人、企业负责人、住所、生产地址、生产范围、发证部门、发证日期和有效期限等事项。《医疗器械生产许可证》附医疗器械生产产品登记表，表中载明了产品名称、注册号等信息。医疗器械生产许可证电子证书与纸质证书具有同等法律效力。

5. 许可变更

增加生产产品的，医疗器械生产企业应当向原发证部门提交生产许可申请材料中发生变化的有关材料。申请增加生产的产品不属于原生产范围的，原发证部门应当依照规定进行审核并开展现场核查，符合规定条件的，变更《医疗器械生产许可证》载明的生产范围，并在医疗器械生产产品登记表中登载产品信息。申请增加生产的产品属于原生产范围，且与原许可生产的产品生产工艺和生产条件等要求相似的，原发证部门应当对申报材料进行审核，符合规定条件的，在医疗器械生产产品登记表中登载产品信息；与原许可生产的产品生产工艺和生产条件要求有实质性不同的，应当依照《医疗器械生产监督管理办法》第十条的规定进行审核并开展现场核查，符合规定条件的，在医疗器械生产产品登记表中登载产品。

生产地址变更或者生产范围增加的，应当向原发证部门申请医疗器械生产许可变更，并提交《医疗器械生产监督管理办法》第十条中涉及变更的有关材料，原发证部门应当依照第十三条进行审核并开展现场核查。依照《医疗器械生产监督管理办法》进行车间或者生产线改造，导致生产条件发生变化，可能影响医疗器械安全、有效的，应当向原发证部门报告。属于许可事项变化的，应当按照规定办理相关许可变更手续。

企业名称、法定代表人（企业负责人）、住所变更或者生产地址文字性变更，以及生产范围核减的，应当在变更后 30 个工作日内，向原发证部门申请登记事项变更，并提交相关材料。原发证部门应当在 5 个工作日内完成事项变更登记。原发证部门应当及时办理变更。对变更材料不齐全或者不符合形式审查规定的，应当一次告知需要补正的全部内容。变更的《医疗器械生产许可证》编号和有效期限不变。

因分立、合并而存续的医疗器械生产企业，应当依法申请变更许可。

6．许可延续与补发

《医疗器械生产许可证》的有效期为 5 年，临近有效期届满需要延续的，生产企业需要依照有关行政许可的法律规定办理延续手续。生产企业应当在有效期届满 6 个月前，向原发证部门提出《医疗器械生产许可证》的延续申请。

原发证部门应当依照生产许可审批的相关规定对延续申请进行审查，必要时开展现场核查，在《医疗器械生产许可证》有效期届满前做出是否准予延续的决定。符合规定条件的，准予延续。不符合规定条件的，责令限期整改；整改后仍不符合规定条件的，不予延续，并书面说明理由。逾期未做出决定的，视为准予延续。

《医疗器械生产许可证》遗失的，生产企业应当立即在原发证部门指定的媒体上登载遗失声明。自登载遗失声明之日起满 1 个月后，生产企业向原发证部门申请补发。原发证部门应及时补发《医疗器械生产许可证》。补发的《医疗器械生产许可证》编号和有效期限不变。延续的《医疗器械生产许可证》编号不变。

医疗器械生产企业有法律、法规规定应当注销的情形，或者有效期未满但企业主动提出注销的，省、自治区、直辖市监督管理部门应当依法注销其《医疗器械生产许可证》，并在网站上予以公布。因企业分立、合并而解散的医疗器械生产企业，应当申请注销《医疗器械生产许可证》。医疗器械生产企业不具备原生产许可条件或者与备案信息不符，且无法取得联系的，经原发证或者备案部门公示后，依法注销其《医疗器械生产许可证》或者在第一类医疗器械生产备案信息中予以标注，并向社会公告。省、自治区、直辖市监督管理部门应当建立《医疗器械生产许可证》核发、延续、变更、补发、撤销和注销等许可档案。

7.3　生产监督

医疗器械法规注重过程的监督。在医疗器械生产过程中，许多环节被纳入监督范围。对医疗器械生产过程的监督，体现了风险源头管理的思想。因此，《条例》和《医疗器械生产监督管理办法》对医疗器械的生产过程设置了许多监督措施，以下是对生产监督措施的介绍。

7.3.1　生产企业成立监督

成立从事第一类医疗器械生产活动的企业尽管仍然要求备案，但是已经把备案的管理机关变为设区的市级监督管理部门；成立从事第二类或第三类医疗器械生产活动的企业，可通过工商行政管理部门进行企业登记注册，并进一步取得《医疗器械生产许可证》。申请开办医疗器械生产企业的要求如表 7-4 所示。

表 7-4　申请开办医疗器械生产企业的要求

企 业 类 型	管 理 机 构	提 交 材 料
第一类医疗器械 生产企业	向所在地设区的市级监督管理 部门办理第一类 医疗器械生产备案	（1）本企业持有的所生产医疗器械的备案凭证复印件； （2）营业执照复印件； （3）组织机构代码证复印件； （4）企业人员证明材料复印件； （5）生产场地证明文件复印件； （6）质量文件等
第二类、第三类医疗器械 生产企业	向所在地省、自治区、直辖市 监督管理部门申请生产许可	（1）本企业持有的所生产医疗器械的注册证复印件； （2）营业执照复印件； （3）组织机构代码证复印件； （4）企业人员证明材料复印件； （5）生产场地证明文件复印件； （6）质量文件等

7.3.2　生产企业分类分级监督管理

为提高医疗器械生产企业监督管理科学化水平，明确各级监督管理部门的监管责任，提高监管效能，依法保障医疗器械安全有效，根据《条例》和《医疗器械生产监督管理办法》等规章，国家市场监督管理总局发布了《医疗器械生产企业分类分级监督管理规定》，明确要求对医疗器械生产企业实行分类分级监督管理。所谓分类分级监督管理，是指根据医疗器械的风险程度、医疗器械生产企业的质量管理水平，结合医疗器械不良事件、企业监督管理信用及产品投诉状况等因素，将医疗器械生产企业分为不同的类别，并按照属地监督管理原则，实施分级动态管理的活动。

1. 分类分级

1）重点监管医疗器械目录的制定

国家市场监督管理总局负责制定《国家重点监管医疗器械目录》，指导和检查全国医疗器械生产企业分类分级监督管理工作。

省级监督管理部门负责制定《省级重点监管医疗器械目录》，并根据《国家重点监管医疗器械目录》《省级重点监管医疗器械目录》和本行政区域内生产企业的质量管理水平，确定生产企业的监管级别，组织实施分类分级监督管理工作。设区的市及以下监督管理部门负责本行政区域内医疗器械生产企业分类分级监督管理的具体工作。

国家市场监督管理总局以及各省级市场监督管理局在制定重点监管医疗器械目录时应当

重点考虑以下因素：产品的风险程度，同类产品的注册数量与生产情况，产品的市场占有率，产品的监督抽验情况，产品不良事件监测及召回情况，产品质量投诉情况。

国家市场监督管理总局结合产品风险程度、实际工作状况，关注某些高风险的第三类医疗器械产品，通过监测不良事件、风险，进行监督抽验等，发现普遍存在严重问题的产品。2022 年 9 月 9 日《国家药监局综合司关于加强医疗器械生产经营分级监管工作的指导意见》（药监综械管〔2022〕78 号）印发，提出对风险程度高的企业实施 4 级监管。

省级监督管理部门对除《国家重点监管医疗器械目录》外的其他第三类医疗器械产品和部分第二类医疗器械产品，以及通过不良事件监测、风险监测和监督抽验发现存在较严重问题的产品，制定《省级重点监管医疗器械目录》。

2）生产企业监管级别

对医疗器械生产企业的监管分为 4 个级别。

一级监管是对除《国家重点监管医疗器械目录》和《省级重点监管医疗器械目录》外的第一类医疗器械涉及的生产企业进行的监管活动。

二级监管是对除《国家重点监管医疗器械目录》和《省级重点监管医疗器械目录》外的第二类医疗器械涉及的生产企业进行的监管活动。

三级监管是对《省级重点监管医疗器械目录》涉及的生产企业和质量管理体系运行状况较差、存在产品质量安全隐患的生产企业进行的监管活动。

四级监管是对《国家重点监管医疗器械目录》涉及的生产企业和质量管理体系运行状况差、存在较大产品质量安全隐患的生产企业进行的监管活动。

医疗器械生产企业涉及多个监管级别的，按最高级别对其进行监管。

省级监督管理部门依据上述原则对本行政区域内医疗器械生产企业进行评估，并确定监管级别。医疗器械生产企业监管级别评定工作按年度进行，对于企业出现重大质量事故或新增高风险产品等情况可即时评定并调整企业监管级别。各级监督管理部门按照评定的级别进行相应的监督管理。

2．监管措施

省级监督管理部门应当编制本行政区域的医疗器械生产企业监督检查计划，确定医疗器械监管重点、检查频次和覆盖率，并监督实施。各级监督管理部门对医疗器械生产企业按照监管级别确定监督检查的层级、方式、频次和其他管理措施，并综合运用全项目检查、飞行检查、日常检查、跟踪检查和监督抽验等多种方式强化监督管理。

1）分级监管措施

（1）一级监管措施：对于实施一级监管的医疗器械生产企业，设区的市级监督管理部门在第一类医疗器械产品生产企业备案后 3 个月内必须组织开展一次全项目检查，并安排每年对本行政区域内一定比例的一级监管企业进行抽查。

（2）二级监管措施：对于实施二级监管的医疗器械生产企业，设区的市级监督管理部门确定本行政区域内二级监管企业的检查频次，每 4 年对每家企业的全项目检查不少于一次。

（3）三级监管措施：对于实施三级监管的医疗器械生产企业，各级监督管理部门应当采取严格的措施，防控风险。省级监督管理部门确定本行政区域内三级监管企业的检查频次，每两年对每家企业的全项目检查不少于一次。

（4）四级监管措施：对于实施四级监管的医疗器械生产企业，各级监督管理部门应当采取特别严格的措施，加强监管。省级监督管理部门确定本行政区域内四级监管企业的检查频次，实施重点监管，每年对每家企业的全项目检查不少于一次。

地方各级监督管理部门对于监管中发现的共性问题、突出问题或企业质量管理薄弱环节，要结合本行政区域的监管实际，制定加强监管的措施并组织实施。涉及重大问题的，应当及时向上一级监督管理部门报告。对于处于停产状态的生产企业，监督管理部门应当根据实际情况约谈企业负责人，了解相关情况，以便开展后续监管工作。

2）风险管理与事故汇报

各级监督管理部门应当督促医疗器械生产企业加强风险管理，做好风险评估和风险控制，预防系统性风险，防止发生重大医疗器械质量事故。

对于生产企业发生产品重大质量事故并造成严重后果的，省级监督管理部门应当及时组织检查，检查结果上报国家市场监督管理总局。一般质量事故由设区的市级监督管理部门组织检查。

3）监管档案

地方各级监督管理部门应当建立本行政区域内医疗器械生产企业分类监管档案。监管档案应当包括医疗器械生产企业产品注册和备案、生产许可和备案、委托生产、监督检查、监督抽验、不良事件监测、产品召回、处罚情况、不良行为记录和投诉举报等信息，同时应当将其录入医疗器械生产企业监管信息系统，定期更新，确保相关信息实时、准确。

各级监督管理部门对医疗器械生产企业实施的监督检查主要包括全项目检查、飞行检查、日常检查和跟踪检查等。全项目检查是指按照医疗器械生产质量管理规范逐条开展的检查。飞行检查是指根据监管工作需要，对医疗器械生产企业开展的突击性有因检查。日常检查是指对医疗器械生产企业开展的一般性监督检查或有侧重的单项监督检查。跟踪检查是指对医疗器械生产企业有关问题的整改措施与整改效果的复核性检查。

对于未按医疗器械产品技术要求组织生产，生产质量管理体系运行状况差，擅自降低生产条件，不能执行相关法律法规的医疗器械生产企业，可视其情节责令其依法整改、限期整改、停产整改，直至吊销《医疗器械生产许可证》。

7.3.3　生产过程监督

医疗器械生产企业应当按照医疗器械生产质量管理规范的要求，建立健全与所生产医疗器械相适应的质量管理体系并保证其有效运行；严格按照经注册或者备案产品的技术要求组织生产，保证出厂的医疗器械符合强制性标准以及经注册或者备案产品的技术要求。医疗器械生产企业应当在经许可或者备案的生产场地进行生产，对生产设备、工艺装备和检验仪器等设施、设备进行维护，保证其正常运行。医疗器械生产企业应当按照经注册或者备案产品的技术要求组织生产，保证出厂的医疗器械符合强制性标准以及经注册或者备案产品的技术要求。出厂的医疗器械应当检验合格并附有合格证明文件。医疗器械生产企业生产条件发生变化，不再符合医疗器械质量管理体系要求的，应当立即采取整改措施；可能影响医疗器械安全、有效的，应当立即停止生产活动，并向所在地县级人民政府监督管理部门报告。医疗器械产品连续停产一年以上且无同类产品在产的，重新生产时，医疗器械生产企业应当提前书面报告所在地省、自治区、直辖市或者设区的市级监督管理部门，经核查符合要求后方可恢复生产。医疗器械生产企业生产的医疗器械发生重大质量事故的，应当在 24 小时内报告所在地省、自治区、直辖市监督管理部门。医疗器械生产企业应当加强采购管理，建立供应商审核制度，对供应商进行评价，确保采购产品符合法定要求。为了指导医疗器械生产企业做好供应商审核工作，提高医疗器械质量安全保证水平，2015 年 1 月 19 日，国家食品药品监督管理总局发布了《关于医疗器械生产企业供应商审核指南的通告》。医疗器械生产企业应当对原材料采购、生产、检验等过程进行记录。记录应当真实、准确、完整，并符合可追溯的要求。国家鼓励医疗器械生产企业采用先进技术手段，建立信息化管理系统。生产出口医疗器械的，应当保证所生产的医疗器械符合进口国（地区）的要求，并将产品相关信息向所在地设区的市级监督管理部门备案。生产企业接受境外企业委托生产在境外上市销售的医疗器械的，应当取得医疗器械质量管理体系第三方认证或者同类产品境内生产许可或者备案。

医疗器械生产企业应当定期对质量管理体系的运行情况进行自查，并向所在地省、自治区、直辖市监督管理部门提交自查报告。医疗器械生产企业应当开展医疗器械法律、法规、规章、标准等知识培训，并建立培训档案。生产岗位操作人员应当具有相应的理论知识和实际操作技能。

省、自治区、直辖市监督管理部门应当编制本行政区域的医疗器械生产企业监督检查计划，并建立监管档案。医疗器械生产监督检查部门应当检查医疗器械生产企业执行法律、法规、规章、规范、标准等的情况，监督管理部门组织监督检查，应当制定检查方案，明确检查标准，如实记录现场检查情况，将检查结果书面告知被检查企业。需要整改的，应当明确整改内容及整改期限，并实施跟踪检查。监督管理部门应当加强对医疗器械的抽查检验。省级以上监督管理部门应当根据抽查检验结论及时发布医疗器械质量公告。对投诉举报或者其他信息显示以及通过日常监督检查发现可能存在产品安全隐患的医疗器械生产企业，或者有不良行为记录的医疗器械生产企业，监督管理部门可以实施飞行检查。对有违法苗头或违法倾向的相对人，监督管理部门可以对医疗器械生产企业的法定代表人或者企业负责人进行责任约谈。责任约谈主要是一种事先警示措施，起到告诫、提醒以及警告等作用。责任约谈适用于以下情形：①生产存在严重安全隐患；②生产产品因质量问题被多次举报、投诉或者媒体曝光；③信用等级评定为不良信用企业；④监督管理部门认为有必要开展责任约谈的其他情形。

国家市场监督管理总局建立统一的医疗器械生产监督管理信息平台，地方各级监督管理部门应当加强信息化建设，保证信息衔接。

地方各级监督管理部门应当根据医疗器械生产企业监督管理的有关记录，对医疗器械生产企业进行信用评价，建立信用档案。对有不良信用记录的企业，应当增加检查频次。对列入"黑名单"的企业，按照国家市场监督管理总局的相关规定处理。

个人或组织发现医疗器械生产企业进行违法生产活动时，有权向监督管理部门举报，监督管理部门应当及时核实、处理。经查证属实的，应当按照有关规定给予举报者奖励。

7.3.4　委托生产监督

委托生产医疗器械时，由委托方对所委托生产的医疗器械质量负责。受托方应当是符合《条例》规定、具备相应生产条件的医疗器械生产企业。委托方应当加强对受托方生产行为的管理，保证其按照法定要求进行生产。这是对医疗器械委托生产做出的基本规定。设立医疗器械委托生产制度的初衷，是在激发市场竞争活力、充分利用社会资源的基础上，对医疗器械这一特殊产品的生产进行规范管理。医疗器械委托生产的进行，使监督管理部门对委托方的管理出现了一定的"逃逸"空间，先前进行的许可及系列质量监管活动的管理效果，因委托生产的进行受到了较大的影响。因此，有必要对医疗器械的委托生产做出较为严格的规定。

1．基本规定

医疗器械委托生产的委托方应当是委托生产医疗器械的境内注册人或者备案人。其中，委托生产不属于按照创新医疗器械特别审批程序审批的境内医疗器械的，委托方应当取得委托生产医疗器械的生产许可或者办理第一类医疗器械生产备案。医疗器械委托生产的受托方应当是取得受托生产医疗器械相应生产范围的生产许可或者办理第一类医疗器械生产备案的境内生产企业。受托方对受托生产医疗器械的质量负相应责任。

委托方和受托方应当签署委托生产合同，明确双方的权利、义务和责任。委托生产医疗器械的说明书、标签除应当符合有关规定外，还应当标明受托方的企业名称、住所、生产地址、生产许可证编号或者生产备案凭证编号。委托生产终止时，委托方和受托方应当向所在地省、自治区、直辖市或者设区的市级监督管理部门及时报告。

2．委托方职责

委托方应当向受托方提供委托生产医疗器械的质量管理体系文件和经注册或者备案的产品技术要求，对受托方的生产条件、技术水平和质量管理能力进行评估，确认受托方具有受托生产的条件和能力，并对生产过程和质量控制进行指导和监督。委托方在同一时期只能将同一医疗器械产品委托一家医疗器械生产企业（绝对控股企业除外）进行生产。医疗器械生产企业应当对生产的医疗器械质量负责。委托生产的，委托方对所委托生产的医疗器械质量负责。

受托方《医疗器械生产许可证》中的生产产品登记表和第一类医疗器械生产备案凭证中的受托生产产品应当注明"受托生产"字样和受托生产期限。

3．受托方职责

受托方应当按照医疗器械生产质量管理规范、强制性标准、产品技术要求和委托生产合同组织生产，并保存所有受托生产文件和记录。受托生产第二类、第三类医疗器械的，受托方应当依照《医疗器械生产监督管理办法》中的规定办理相关手续，在医疗器械生产产品登记表中登载受托生产产品的信息。

受托生产第一类医疗器械的，受托方应当向原备案部门办理第一类医疗器械生产备案变更。受托方办理增加受托生产产品信息或者第一类医疗器械生产备案变更时，除提交符合《医疗器械生产监督管理办法》规定的材料外，还应当提交以下材料：

（1）委托方和受托方的营业执照、组织机构代码证复印件；

（2）受托方《医疗器械生产许可证》或者第一类医疗器械生产备案凭证复印件；

（3）委托方的医疗器械委托生产备案凭证复印件；

（4）委托生产合同复印件；

（5）委托生产医疗器械拟采用的说明书和标签样稿；

（6）委托方对受托方质量管理体系的认可声明；

（7）委托方关于委托生产医疗器械的质量、销售及售后服务责任的自我保证声明。

受托生产不属于按照创新医疗器械特别审批程序审批的境内医疗器械的，还应当提交委托方的《医疗器械生产许可证》或者第一类医疗器械生产备案凭证复印件；属于按照创新医疗器械特别审批程序审批的境内医疗器械的，应当提交创新医疗器械特别审批证明材料。

4．委托生产备案

委托生产第二类、第三类医疗器械的，委托方应当向所在地省、自治区、直辖市监督管理部门办理委托生产备案；委托生产第一类医疗器械的，委托方应当向所在地设区的市级监督管理部门办理委托生产备案。符合规定条件的，监督管理部门应当发给医疗器械委托生产备案凭证。

备案时应当提交以下材料：①委托生产医疗器械的注册证或者备案凭证复印件；②委托方和受托方企业营业执照和组织机构代码证复印件；③受托方的《医疗器械生产许可证》或者第一类医疗器械生产备案凭证复印件；④委托生产合同复印件；⑤经办人授权证明。委托生产不属于按照创新医疗器械特别审批程序审批的境内医疗器械的，还应当提交委托方的《医疗器械生产许可证》或者第一类医疗器械生产备案凭证复印件；属于按照创新医疗器械特别审批程序审批的境内医疗器械的，应当提交创新医疗器械特别审批证明材料。

5．委托禁止

2022 年 3 月 24 日，国家药品监督管理局发布了《禁止委托生产医疗器械目录》（2022年第 17 号），自 2022 年 5 月 1 日起施行，明确了禁止委托生产的医疗器械目录（见表 7-5）。

表 7-5　禁止委托生产的医疗器械目录

序　　号	类　　别	医 疗 器 械
1	有源植入器械	（1）植入式心脏起搏器（12-01-01）； （2）植入式心脏收缩力调节器（12-04-01）； （3）植入式循环辅助设备（12-04-02）
2	无源植入器械	（1）硬脑（脊）膜补片（不含动物源性材料的产品除外）（13-06-04）； （2）颅内支架系统（13-06-06）； （3）颅内动脉瘤血流导向装置（13-06-11）； （4）心血管植入物（外周血管支架、腔静脉滤器、心血管栓塞器械除外）（13-07）； （5）整形填充材料（13-09-01）； （6）整形用注射填充物（13-09-02）； （7）乳房植入物（13-09-03）； （8）组织工程支架材料（不含同种异体或者动物源性材料的产品除外）（13-10）； （9）可吸收外科防粘连敷料（不含动物源性材料的产品除外）（14-08-02）
3	其他同种异体植入性医疗器械和直接取材于动物组织的植入性医疗器械	—

已办理第二类、第三类医疗器械委托生产登记备案的，《医疗器械生产监督管理办法》实施后，委托双方中的任何一方原先获得的《医疗器械生产许可证》到期或者发生变更、延续、补发时，原委托生产登记备案应当终止，需要继续委托生产的，应当按照《医疗器械生产监督管理办法》的有关规定办理委托生产手续。

思考题

1. 简述什么是医疗器械生产备案。
2. 简述什么是医疗器械生产监督。

第8章 医疗器械注册管理

医疗器械是用于人类疾病预防、诊断、治疗、监护、康复的特殊产品，是现代临床医疗、疾病防控、公共卫生和健康保障体系的重要物质基础。为从源头上保障医疗器械安全有效，医疗器械在上市前必须经由政府或政府授权的第三方组织审查批准，这是国际通行的监管措施。医疗器械注册或备案制度就是围绕这一目的而建立的法规体系、组织体系、技术体系以及工作程序、条件和标准等的总和。实施这一制度的目标是保障公众健康和生命安全，同时通过规范市场秩序，促进医疗器械产业健康发展。

自我国对医疗器械进行管理以来，上市前的监管经历了以下5个历史阶段。

（1）我国对医疗器械实施注册管理始于1996年，当时的国家医药管理局发布了《医疗器械注册管理办法》（局令第16号），自1997年1月1日起执行。这是我国第一次对医疗器械的申请注册做出正式规定，未经注册的医疗器械不得进入市场。该规定建立了医疗器械分级分类管理的雏形，将医疗器械按照风险程度分为三类。这是我国首次对医疗器械探索管理制度，为后续制度的发展打下了基础。

（2）2003年，我国成立国家食品药品监督管理局。2004年8月9日，国家食品药品监督管理局对《医疗器械注册管理办法》进行了修订，进一步明确了在我国境内销售、使用的医疗器械均应按《医疗器械注册管理办法》的规定申请注册，未获准注册的医疗器械不得销售使用。根据《医疗器械注册管理办法》，我国建立了产品检测、体系审查、技术审评、行政审批等与医疗器械注册相关的操作程序，逐步实现了审批程序和工作程序的规范化运作。医疗器械注册工作从制度建设、完善工作程序、统一技术审查尺度等方面，逐一得到了完善。

（3）2007年6月1日，国家食品药品监督管理局颁布实施了《体外诊断试剂注册管理办法》，对划归医疗器械管理的体外诊断试剂的注册工作做出了具体的规定，明确了体外诊断试剂注册的要求、程序以及法律责任。另外，为了应对紧急情况下医疗器械的使用需求，国家食品药品监督管理局于2009年8月28日发布了《医疗器械应急审批程序》，这对于完善应急管理有着重大意义。

（4）2014年6月1日，《医疗器械监督管理条例》实施，医疗器械注册制度有了新的发展，首次规定对第一类医疗器械不实施注册管理，仅对第二类、第三类医疗器械实施注册管理。为了配合注册制度的改革，国家食品药品监督管理总局发布了《医疗器械注册管理办法》（局令第4号）和《体外诊断试剂注册管理办法》（局令第5号），两者都从2014年10月1日起施行。

（5）2020年12月21日，国务院第119次常务会议修订通过了《医疗器械监督管理条例》，自2021年6月1日起施行。2018年3月起，国家药品监督管理局成立，由国家市场监督管理总局管理。2022年3月10日，国家市场监督管理总局令第53号公布，自2022年5月1日起施行《医疗器械生产监督管理办法》。

8.1　医疗器械注册与备案的基本要求

医疗器械注册申请人和备案人应当建立与产品研制、生产有关的质量管理体系，并使其保持有效运行。办理医疗器械注册或者备案事务的人员应当具有相应的专业知识，熟悉医疗器械注册或者备案管理的法律、法规、规章和技术要求。申请人或者备案人申请注册或者办理备案，应当遵循医疗器械安全有效的基本要求，保证研制过程规范，所有数据真实、完整和可溯源。

申请注册或者办理备案的资料应当使用中文。根据外文资料翻译的，应当同时提供原文。引用未公开发表的文献资料时，应当提供资料所有者许可使用的证明文件。申请人、备案人对资料的真实性负责。

申请注册或者办理备案的进口医疗器械，应当在申请人或者备案人注册地或者生产地所在国家（地区）已获准上市销售。申请人或者备案人注册地或者生产地所在国家（地区）未将该产品作为医疗器械管理的，申请人或者备案人需提供相关证明文件，包括注册地或者生产地所在国家（地区）准许该产品上市销售的证明文件。

境外申请人或者备案人应当通过其在中国境内设立的代表机构或者指定中国境内的企业法人作为代理人，配合境外申请人或者备案人开展相关工作。

代理人除办理医疗器械注册、备案事宜外，还应当承担以下责任：①与相应的药品监督管理局、境外申请人或者备案人联络；②向申请人或者备案人如实、准确传达相关的法规和技术要求；③收集上市后医疗器械不良事件信息并反馈给境外注册人或者备案人，同时向相应的药品监督管理局报告；④协调医疗器械上市后的产品召回工作，并向相应的药品监督管理局报告；⑤其他涉及产品质量和售后服务的连带责任。

8.2　医疗器械备案

根据《医疗器械注册与备案管理办法》第八条的规定，第一类医疗器械实行产品备案管理，第二类、第三类医疗器械实行产品注册管理。医疗器械备案是指医疗器械备案人向国家药品监督管理局提交备案资料，国家药品监督管理局对提交的备案资料存档备查。医疗器械注册人、备案人以自己的名义把产品推向市场，对产品负法律责任。实行备案的医疗器械为《第一类医疗器械产品目录》和相应的《体外诊断试剂分类子目录》中的第一类医疗器械。凡在中华人民共和国境内销售、使用的第一类医疗器械，均应当按照规定申请备案，未获准备案的第一类医疗器械，不得销售、使用。

8.2.1　备案要求与资料

办理备案前，备案人应具备相应的基本条件，包括办理人员的能力、质量管理体系运行情况和相关的资料等方面。

1. 第一类医疗器械产品类别界定

为了做好第一类医疗器械备案管理，国家药品监督管理局组织制定、发布了《第一类医疗器械产品目录》。《第一类医疗器械产品目录》对《医疗器械分类目录》和相关分类界定文件中的第一类医疗器械进行了归纳和整理，以目录的形式细化和补充了有关内容，扩展了产品类别，在相应产品类别下增加了"产品描述"和"预期用途"，并扩充了"品名举例"中的产品名称。其中，"产品描述"和"预期用途"中的内容，是对每个产品类别下相关产品具有的共性内容的基本描述，用于指导具体产品所属类别的判定；"品名举例"所列举的产品名称为该类产品中常见的和具有代表性的名称。根据规定，以无菌形式提供的器械、含消毒剂的卫生材料、与内窥镜配套使用的手术器械、使用过程中与椎间隙直接接触的矫形外科（骨科）手术器械，均不属于第一类医疗器械。第一类体外诊断试剂按照《体外诊断试剂分类子目录》的规定执行。

2. 对已经取得注册证的第一类医疗器械产品的处理

已获准第一类医疗器械注册且在《第一类医疗器械产品目录》和相应的《体外诊断试剂分类子目录》中的，企业应当在注册证有效期届满前，按照相关规定办理备案。注册证有效期届满前，企业可继续使用经注册审查的医疗器械说明书以及原标签、包装标识。在注册证有效期内，原注册证载明内容发生变化的，企业应当按照相关规定办理备案。

已获准第一类医疗器械注册，重新分类后属于第二类或者第三类医疗器械的，企业应当按照相关规定申请注册。按照规定，第一类医疗器械产品的备案和第二类、第三类医疗器械的注册一样，需要提交相关资料证明产品的安全性和有效性。办理医疗器械备案，备案人应当按照相关要求提交备案资料，并对备案资料的真实性、完整性、合规性负责。第一类医疗器械备案需要递交的资料包括：产品风险分析资料；产品技术要求；产品检验报告（可以提交产品自检报告）；临床评价资料（不需要进行临床试验）；产品说明书和最小销售单元标签设计样稿；生产制造信息资料；证明产品安全、有效所需的其他资料。其中，《国家药品监督管理局关于第一类医疗器械备案有关事项的公告》（2022年第62号）附件4中的第一类医疗器械备案信息表如表8-1所示。

表8-1　第一类医疗器械备案信息表

备案编号：

备案人名称	
备案人统一社会信用代码	（境内医疗器械适用）
备案人住所	
生产地址	
代理人	（进口医疗器械适用）
代理人住所	（进口医疗器械适用）
产品名称	
型号/规格	
产品描述	
预期用途	
备注	
备案部门 备案日期	××× （备案部门名称） 备案日期：　年　月　日

续表

| 变更情况 | ××××年××月××日，××变更为××。
…… |

注：（1）境内备案人委托生产的，"备注"栏应当标注受托企业名称。

（2）备案人应当确保提交的资料合法、真实、准确、完整和可追溯。

（3）备案人实际生产的产品应当与备案信息一致。

医疗器械产品风险分析资料应按照《医疗器械风险管理对医疗器械的应用》有关要求编制，主要包括：医疗器械预期用途和与安全性有关特征的判定、危害的判定，估计每个危害处境的风险；对每个已判定的危害处境，评价和决定是否需要降低风险；风险控制措施的实施和验证结果，必要时应引用检测和评价性报告；任何一个或多个剩余风险的可接受性评定等，形成风险管理报告。关于体外诊断试剂，应对产品生命周期的各个环节，在对预期用途、可能的使用错误、与安全性有关的特征、已知和可预见的危害等方面的判定，以及对患者风险估计进行风险分析、风险评价及相应的风险控制的基础上，形成风险管理报告。

备案人应当编制拟备案医疗器械的产品技术要求。产品技术要求主要包括医疗器械成品的性能指标和检验方法。产品技术要求应按照《医疗器械产品技术要求编写指导原则》编制。

产品检验报告应为产品全性能自检报告或委托检验报告，被检验的产品应当具有典型性。

临床评价资料不需要进行临床试验，但应该满足以下条件。

（1）详述产品预期用途，包括产品所提供的功能，并可描述适用的医疗阶段（如治疗后的监测、康复等），目标用户和操作该产品应具备的技能、知识或培训，预期与其组合使用的器械。

（2）详述产品预期使用环境，包括该产品的预期使用地点，如医院、医疗实验室、救护车、家庭等，以及可能会影响其安全性和有效性的环境条件（如温度、湿度、功率、压力、移动路线等）。

（3）详述产品适用人群，包括目标患者人群的信息（如成人、儿童或新生儿），患者选择标准的信息，以及使用过程中需要监测的参数、考虑的因素。

（4）详述产品禁忌证，若适用，则应明确说明禁止使用该器械的疾病或情况。

（5）已上市同类产品临床使用情况的比对说明。

（6）同类产品不良事件情况说明。

产品说明书和最小销售单元标签设计样稿要求，医疗器械产品应符合相应法规的规定。对于进口医疗器械，应提交境外政府主管部门批准或者认可的产品说明书原文及其中文译本。对于体外诊断试剂，应按照《体外诊断试剂说明书编写指导原则》的有关要求，参考有关技术指导原则，编写产品说明书。进口体外诊断试剂产品应提交境外政府主管部门批准或者认可的说明书原文及其中文译本。

生产制造信息资料是对生产过程相关情况的概述。对于无源医疗器械，应明确产品生产加工工艺，注明关键工艺和特殊工艺。对于有源医疗器械，应提供关于产品生产工艺的描述性资料，可采用流程图的形式，是对生产过程的概述。对于体外诊断试剂，应概述主要生产工艺，包括对固相载体、显色系统等的描述及确定依据，反应体系包括样本采集及处理、样本要求、样本用量、试剂用量、反应条件、校准方法（如果需要）、质控方法等。另外，还应概述研制、生产场地的实际情况。

8.2.2　备案流程

1.备案机关

办理医疗器械备案,备案人应当按照 2021 年 6 月 1 日起施行的《医疗器械监督管理条例》第十五条的规定提交备案资料。其中,境内第一类医疗器械备案,备案人向设区的市级药品监督管理局提交备案资料;境外第一类医疗器械备案,备案人向国家药品监督管理局提交备案资料;我国香港、澳门、台湾地区医疗器械的注册、备案,参照进口医疗器械办理。备案机关一览表如表 8-2 所示。

表 8-2　备案机关一览表

医疗器械类别	备案机关
境内第一类医疗器械	设区的市级药品监督管理部门
境外第一类医疗器械	国家药品监督管理局
我国香港、澳门、台湾地区医疗器械	除另有规定外,参照进口医疗器械

2.备案过程

备案资料符合要求的,药品监督管理局应当当场予以备案;备案资料不齐全或者不符合规定形式的,应当一次告知需要补正的全部内容,由备案人补正后备案;对不予备案的,应当告知备案人并说明理由。

对于已备案的医疗器械,药品监督管理局应当按照相关要求的格式制作备案凭证,并将备案信息表中登载的信息在其网站上予以公布。药品监督管理局按照第一类医疗器械备案操作规范开展备案工作。备案人应当将备案号标注在医疗器械说明书和标签中。

8.2.3　备案变更

1.内容变化

已备案的医疗器械,备案信息表中登载内容及备案的产品技术要求发生变化的,备案人应当提交变化情况的说明及相关证明文件,向原备案局提出变更备案信息且备案资料符合形式要求的,药品监督管理局应当将变更情况登载于变更信息中,将备案资料存档。

2.管理类别变化

已备案的医疗器械管理类别调整的,备案人应当主动向药品监督管理局提出取消原备案;管理类别调整为第二类或者第三类医疗器械的,按照《医疗器械注册管理办法》的规定申请注册。

3.变更备案资料要求

(1)变化情况说明及相关证明文件。变化情况说明应附备案信息表变化内容比对表。涉及产品技术要求变化的,应提供产品技术要求变化内容比对表。变更产品名称、产品描述、预期用途的,变更后的内容应与《第一类医疗器械产品目录》和相应的《体外诊断试剂分类子目录》中的内容一致。其中,产品名称应当与目录所列内容相同;产品描述、预期用途,应当与目录所列内容相同或者少于目录内容。相应证明文件应翔实、全面、准确。

（2）证明性文件。境内备案人提供：企业营业执照副本复印件、组织机构代码证副本复印件。境外备案人分不同情况提供证明性文件：若变更事项在境外备案人注册地或生产地所在国家（地区）应当获得新的医疗器械主管局出具的允许产品上市销售证明文件的，则应提交新的上市证明文件；若该证明文件为复印件，则应经当地公证机关公证。另外，境外备案人还要提供在中国境内指定代理人的委托书、代理人承诺书及营业执照副本复印件或者机构登记证明复印件。

（3）符合性声明。其内容包括：声明符合医疗器械备案相关要求；声明本产品符合《第一类医疗器械产品目录》和相应的《体外诊断试剂分类子目录》中的有关内容；声明本产品符合现行国家标准、行业标准并提供符合标准的清单；声明所提交备案资料的真实性。

8.3　医疗器械标准及技术评价

医疗器械标准是医疗器械生产企业开发生产医疗器械产品和医疗器械行政管理部门行使监督管理职权的重要依据和活动准则。我国自 1984 年发布第一个医疗器械标准以来，医疗器械标准的数量急速增长，表明医疗器械标准体系渐趋完善，但仍存在着覆盖面较窄、标龄偏长、质量较低、基础研究薄弱，以及各参与主体协同机制不完善等问题。

8.3.1　医疗器械标准

有关标准的法律制度建设，国家历来重视。1989 年 4 月 1 日，我国开始施行《中华人民共和国标准化法》。1990 年 4 月 6 日，国务院又颁布了《中华人民共和国标准化法实施条例》。为了加强医疗器械标准工作，保证医疗器械的安全、有效，国家食品药品监督管理总局令第 33 号《医疗器械标准管理办法》自 2017 年 7 月 1 日起施行。

1．标准的定义

标准是对一定范围内的重复性事物和概念所做的统一规定。它以科学、技术和实践经验的综合成果为基础，以获得最佳秩序、促进最佳社会效益为目的，经有关方面协商一致，由主管机构批准，以特定形式发布，作为共同遵守的准则和依据。标准的定义是，为了在一定范围内获得最佳秩序，经协商一致制定并由公认机构批准，共同使用的和重复使用的一种规范性文件。

2．标准的级别

依据《中华人民共和国标准化法》，标准被划分为国家标准、行业标准、地方标准和企业标准 4 个级别。各级别之间有一定的依从关系和内在联系，形成一个覆盖全国又层次分明的标准体系。

（1）国家标准。对需要在全国范围内统一的技术要求，应当制定国家标准。国家标准由国务院标准化行政主管局编制计划和组织草拟，并统一审批、编号、发布。国家标准的代号为"GB"，其是"国标"两个字汉语拼音的第一个字母"G"和"B"的组合。

（2）行业标准。对没有国家标准又需要在全国某个行业范围内统一的技术要求，可以制定行业标准，作为对国家标准的补充，在相应的国家标准实施后，该行业标准应自行废止。行业标准由行业标准归口局审批、编号、发布，实施统一管理。行业标准归口局及其所管理的行业标准范围，由国务院标准化行政主管局审定，并公布该行业的行业标准代号。

（3）地方标准。对没有国家标准和行业标准而又需要在省、自治区、直辖市范围内统一的下列要求，可以制定地方标准：①工业产品的安全、卫生要求；②药品、兽药、食品卫生、环境保护、节约能源、种子等法律、法规规定的要求；③其他法律、法规规定的要求。地方标准由省、自治区、直辖市标准化行政主管局统一编制计划、组织制定、审批、编号、发布。

（4）企业标准。对企业范围内需要协调、统一的技术要求、管理要求和工作要求所制定的标准就是企业标准。企业标准由企业制定，由企业法人代表或法人代表授权的主管领导批准、发布。企业产品标准应在发布后 30 日内向政府备案。此外，为适应某些领域标准快速发展和快速变化的需要，除 1998 年规定的四级标准之外，增加一种"国家标准化指导性技术文件"，作为对国家标准的补充，其代号为"GB/Z"。符合下列情况之一的项目，可以制定指导性技术文件：①技术尚在发展中，需要有相应的文件引导其发展或具有标准化价值，尚不能制定为标准的项目；②采用国际标准化组织、国际电工委员会及其他国际组织（包括区域性国际组织）技术报告的项目。指导性技术文件仅供使用者参考。

3. 标准的属性

依据《中华人民共和国标准化法》的规定，国家标准、行业标准均可分为强制性和推荐性两种属性的标准。保障人体健康、人身与财产安全的标准和法律、行政法规规定，强制执行的标准是强制性标准，其他标准是推荐性标准。省、自治区、直辖市标准化行政主管局制定的工业产品安全、卫生要求的地方标准，在本地区域内是强制性标准。

强制性标准是由法律规定必须遵照执行的标准。强制性标准以外的标准是推荐性标准，又叫非强制性标准。推荐性国家标准的代号为"GB/T"，强制性国家标准的代号为"GB"。行业标准中的推荐性标准也是在行业标准代号后加"T"，如"YY/T"即医药行业推荐性标准，不加"T"即为强制性行业标准。

国家市场监督管理总局下设的国家药品监督管理局是医疗器械标准工作的管理机构，分为局和省级及其以下监管局。2010 年 3 月 30 日，中国药品检定研究院加挂原国家药品监督管理局医疗器械标准管理中心的牌子，宣布国家医疗器械标准管理中心正式成立。该中心统筹管理全国 22 个医疗器械标准化技术委员会（标技委），22 个标技委中有 21 个秘书处挂靠在 9 家国家级医疗器械检测中心上。

国家药品监督管理局的主要职责如下。

（1）组织贯彻、执行医疗器械标准工作的相关法律、法规，制定医疗器械标准工作的方针政策和管理办法。

（2）组织编制和实施医疗器械标准工作规划和计划，指导、监督全国医疗器械标准工作。

（3）组织起草医疗器械国家标准，组织制定、发布医疗器械行业标准，依据国家标准和行业标准的相关要求复核进口医疗器械的注册产品标准及境内生产的第三类医疗器械注册产品标准。

（4）监督实施医疗器械标准。

（5）管理各医疗器械专业标准化技术委员会。

（6）组织转化国际标准，开展对外标准工作交流。

（7）负责医疗器械标准工作的表彰和奖励，管理标准工作经费。

省、自治区、直辖市药品监督管理局在本行政区域内履行下列职责：①贯彻执行医疗器械标准工作的相关法律、法规、方针和政策；②在本行政区域内监督实施医疗器械标准；③负责辖区内生产的医疗器械注册产品标准的复核和第三类医疗器械注册产品标准的初审；④指导、协调委托承担的国家标准、行业标准的起草工作。设区的市级药品监督管理局负责本行政区域内第一类医疗器械注册产品标准的复核。设区的市、县（市）药品监督管理局负责本行政区域内医疗器械标准实施的监督检查工作。

国家药品监督管理局设立医疗器械标准化技术委员会，负责全国医疗器械标准化工作的技术指导和协调，履行下列职责。

（1）开展医疗器械标准体系研究，提出医疗器械标准工作政策及标准项目规划建议。

（2）受国家药品监督管理局的委托，审核医疗器械国家标准、行业标准，复核进口医疗器械的注册产品标准及境内生产的第三类医疗器械注册产品标准。

（3）指导、协调各医疗器械专业标准化技术委员会的工作。

（4）开展标准工作的培训、宣传、技术指导和国内外标准化学术交流活动。

（5）通报医疗器械标准工作信息。

国家设立的各医疗器械专业标准化技术委员会的主要任务如下。

（1）宣传、贯彻执行标准工作的相关法律、法规、方针和政策。

（2）提出医疗器械各专业国家标准或行业标准制定、修订及研究项目的规划和计划建议，开展医疗器械标准研究工作。

（3）承担国家标准和行业标准的制定、修订任务，负责报批标准的整理、校核、编辑工作。

（4）承担医疗器械标准工作的技术指导职责，协助各级药品监督管理局处理标准执行中的技术问题。

（5）负责收集、整理医疗器械标准资料，建立本专业内的医疗器械标准技术档案。

（6）开展医疗器械国家标准、行业标准的宣传贯彻和学术交流活动，协助培训标准工作人员。

标准起草单位应对标准的要求、试验方法、检验规则，开展科学验证，进行技术分析，做好验证汇总，按规定起草标准草案稿，编写标准编制说明和有关附件。医疗器械国家标准和行业标准由国家设立的各医疗器械专业标准化技术委员会或国家药品监督管理局设立的医疗器械标准化技术委员会组织制定和审核。审定后的标准由起草单位按要求修改，经相应的标准化技术委员会秘书处复核后，报送国家药品监督管理局。行业标准由国家药品监督管理局审批、编号、发布。

8.3.2　医疗器械标准产品技术要求

医疗器械注册申请人或者备案人在申请注册或备案时应当提交与产品相适应的产品技术要求。产品技术要求与医疗器械标准一样，都是医疗器械注册检验及注册后产品生产的依据。申请人或者备案人应当编制拟注册或者备案医疗器械的产品技术要求。第一类医疗器械的产品技术要求由备案人办理备案时提交给药品监督管理局。第二类、第三类医疗器械的产品技术要求由药品监督管理局在批准注册时予以核准。

产品技术要求主要包括医疗器械成品的性能指标和检验方法，其中性能指标是指可进行客观判定的成品的功能性、安全性指标及与质量控制相关的其他指标。在我国上市的医疗器械应当符合经注册核准或者备案的产品技术要求。医疗器械注册申请人和备案人应当编制拟注册或者备案医疗器械的产品技术要求。基本内容如下。

1. 基本要求

（1）医疗器械产品技术要求的编制应符合国家相关法律法规。

（2）医疗器械产品技术要求中应采用规范、通用的术语。如果涉及特殊的术语，则需提供明确定义。

（3）医疗器械产品技术要求中的检验方法各项内容的编号原则上应和性能指标各项内容的编号相对应。

（4）医疗器械产品技术要求中的文字、数字、公式、单位、符号、图表等应符合标准化要求。

（5）如医疗器械产品技术要求中的内容引用国家标准、行业标准或中国药典，应保证其有效性，并注明相应标准的编号和年号及中国药典的版本号。

2. 内容要求

（1）产品名称。产品技术要求中的产品名称应使用中文，并与申请注册（备案）的中文产品名称相一致。

（2）产品型号/规格及其划分说明。产品技术要求中应明确产品型号和/或规格，以及其划分的说明。

对同一注册单元中存在多种型号和/或规格的产品，应明确各型号及各规格之间的所有区别（必要时可附相应图示进行说明）。

对于型号/规格的表述文本较大的可以附录形式提供。

（3）产品技术要求中的性能指标是指可进行客观判定的成品的功能性、安全性指标及与质量控制相关的其他指标。产品设计开发中的评价性内容（如生物相容性评价）原则上不在产品技术要求中制定；产品技术要求中性能指标的制定应参考相关国家标准/行业标准并结合具体产品的设计特性、预期用途和质量控制水平且不应低于产品适用的强制性国家标准/行业标准；产品技术要求中的性能指标应明确具体要求，不应以"见随附资料""按供货合同"等形式提供。

（4）检验方法。检验方法的制定应与相应的性能指标相适应。应优先考虑采用公认的或已颁布的标准检验方法。检验方法的制定需保证具有可重现性和可操作性，需要时明确样品的制备方法，必要时可附相应图示进行说明，文本较大的可以附录形式提供。对于体外诊断试剂类产品，检验方法中还应明确说明采用的参考品/标准品、样本制备方法、使用的试剂批次和数量、试验次数、计算方法。

（5）对于第三类体外诊断试剂类产品，产品技术要求中应以附录形式明确主要原材料、生产工艺及半成品要求。

（6）医疗器械产品技术要求编号为相应的注册证号（备案号）。拟注册（备案）的产品技术要求编号可留空。

8.3.3　医疗器械标准注册检验

1. 注册检验的法律依据

早在1995年,当时的国家食品药品监督管理局就发布了第一版《医疗器械注册管理办法》

（局令第 16 号），在对全国的医疗器械产品注册管理中明确提出了产品的注册检验规定；2000 年 4 月 5 日原国家食品药品监督管理局发布的第二版《医疗器械注册管理办法》（局令第 16 号）、2004 年 8 月 9 日原国家食品药品监督管理局发布的第三版《医疗器械注册管理办法》（局令第 16 号）和目前正在实施的由国家药品监督管理局发布的《医疗器械注册管理办法》（局令第 4 号）均对医疗器械产品注册管理中的产品的注册检验做出了明确规定。2021 年 8 月 26 日，国家市场监督管理总局公布，自 2021 年 10 月 1 日起施行《医疗器械注册与备案管理办法》。

2．注册检验的范围

申请第二类、第三类医疗器械注册，应当进行注册检验。医疗器械检验机构应当依据产品技术要求对相关产品进行注册检验。办理第一类医疗器械备案的，备案人可以提交产品自检报告。注册检验样品的生产应当符合医疗器械质量管理体系的相关要求，注册检验合格的方可进行临床试验或者申请注册。办理第一类医疗器械备案的，备案人可以提交产品自检报告。

3．检验机构

医疗器械检验机构应当具有医疗器械检验资质，在其承检范围内进行检验，并对申请人提交的产品技术要求进行预评价，预评价意见随注册检验报告一同出具给申请人。医疗器械检验机构开展医疗器械产品技术要求预评价工作规定，医疗器械检验机构对注册申请人提交的产品技术要求进行预评价：

（1）产品技术要求中性能指标的完整性与适用性，检验方法是否具有可操作性和可重复性，是否与检验要求相适应；

（2）是否依据现行强制性或推荐性国家标准、行业标准检验，所用强制性国家标准、行业标准的完整性，所用标准与产品的适宜性，所用条款的适用性；

（3）如果检验内容涉及引用中国药典的相关内容，则其引用的完整性、适宜性和适用性。

国家对医疗器械检验机构实行资格认可制度。经国家药品监督管理局会同质量技术监督局认可的检验机构（简称医疗器械检验机构），方可对医疗器械实施检验。

4．注册检验的实施

申请注册检验，申请人应当向检验机构提供注册检验所需要的有关技术资料（包括产品技术要求、产品使用说明书和相关安全性的证明材料等）、注册检验用样品（包括整机及安全零部件等）。注册检验样品的生产应当符合医疗器械质量管理体系的相关要求，注册检验合格的方可进行临床试验或者申请注册。

尚未列入医疗器械检验机构承检范围的医疗器械，由相应的注册审批局指定有能力的检验机构进行检验。同一注册单元内所检验的产品应当能够代表本注册单元内其他产品的安全性和有效性。

医疗器械检验机构及其人员对被检验单位的技术资料负有保密义务，并不得从事或者参与同检验有关的医疗器械的研制、生产、经营和技术咨询等活动。检验人员应具有相应的检验能力，经培训取得资格后方能实施医疗器械注册检测工作。

需要特别说明的是：同一生产企业使用相同原材料生产的同类产品，如果生产工艺和预期用途保持不变，延续注册时，对产品的生物学评价可以不再进行生物相容性试验。同一生产企业使用已经通过生物学评价的原材料生产的同类产品，如果生产工艺保持不变，预期用途保持不变或者没有新增的潜在生物学风险，申请注册时，对产品的生物学评价可以不再进行生物相容性试验。

8.3.4　医疗器械临床评价

医疗器械临床评价是由注册申请人实施，用于论证产品对安全和性能基本原则的符合性。申请人或者备案人通过临床文献资料、临床经验数据、临床试验等信息对产品是否满足使用要求或者适用范围进行确认的过程。临床评价资料是指申请人或者备案人进行临床评价所形成的文件。临床试验是医疗器械临床评价的主要方式之一。

2021 年国家药品监督管理局发布了《关于医疗器械临床评价技术指导原则》的通告。该通告适用于第二类、第三类医疗器械注册申报时的临床评价工作，不适用于按医疗器械管理的体外诊断试剂的临床评价工作。指导原则包括 7 部分，分别为编制目的、法规依据、适用范围、基本原则、列入《免于临床评价医疗器械目录产品对比说明技术指导原则》产品的临床评价的要求、通过同品种医疗器械临床试验或临床使用获得的数据进行分析评价的要求、临床试验相关要求。该指导原则规范和统一了进口和境内医疗器械临床评价要求，通过区分不同的临床评价情况，合理设置相应要求，提高了临床评价的针对性、科学性。

按照指导原则，列入免于临床试验医疗器械目录的产品，注册申请人需要提交申报产品相关信息与免于临床试验医疗器械目录所述内容的对比资料。另外，还需提交申报产品与已获准境内注册的免于临床试验医疗器械目录中产品的对比说明，如相应的对比说明能够证明产品是免于临床试验医疗器械目录中的产品，则企业无须进行临床试验。若无法证明申报产品与免于临床试验医疗器械目录中的产品具有等同性，则应按照该指导原则开展相应的工作。

对于通过同品种医疗器械临床试验或临床使用获得的数据进行分析与评价，证明医疗器械安全、有效的情况，申报注册的产品应先选择与已在境内获准注册的同品种医疗器械进行对比，证明二者基本等同，即申报产品与同品种医疗器械的差异不对产品的安全有效性产生不利影响。差异性对产品的安全有效性是否产生不利影响，应通过申报产品自身的数据进行验证和/或确认。在此基础上，提供同品种医疗器械临床文献和临床经验数据并进行分析与评价，完成临床评价工作。指导原则中明确了相应文献检索和筛选要求、文献检索和筛选方案、文献检索和筛选报告格式、通过同品种医疗器械临床试验或临床使用获得的数据进行的分析评价报告格式。

对于在中国境内进行临床试验的产品，其临床试验应在取得资质的临床试验机构内，按照医疗器械临床试验质量管理规范的要求开展。对于列入《需进行临床试验审批的第三类医疗器械目录》中的医疗器械应当在中国境内进行临床试验。对于在境外进行临床试验的进口医疗器械，如其临床试验符合中国相关法规、注册技术指导原则中的相关要求（如样本量、对照组选择、评价指标及评价原则、疗效评价指标等），注册申请人在注册申报时，可提交在境外上市时提交给境外医疗器械主管局的临床试验资料。资料至少应包括伦理委员会意见、临床试验方案和临床试验报告，申请人还需提交论证产品临床性能和/或安全性是否存在人种差异的相关支持性资料。

1. 临床试验的备案和审批

临床试验要通过备案和审批，获得医疗器械临床试验资格的医疗机构对申请注册的医疗器械在正常使用条件下的安全性和有效性按照规定进行试用或验证的过程。医疗器械临床试验的目的是评价受试产品是否具有预期的安全性和有效性。需要进行临床试验的，提交的临床评价资料应当包括临床试验方案和临床试验报告。

根据 2021 年 10 月 1 日起施行的《医疗器械注册与备案管理办法》（第 47 号令）第三十三条和第三十四条规定，第三类医疗器械进行临床试验对人体具有较高风险的，应当经国家药品监督管理局批准备。需进行临床试验审批的第三类医疗器械目录由国家药品监督管理局制定、调整并公布。需进行临床试验审批的第三类医疗器械临床试验应在符合要求的三级甲等医疗机构开展但是，有下列情形之一的，可以免于进行临床试验。

（1）工作机理明确、设计定型，生产工艺成熟，已上市的同品种医疗器械临床应用多年且无严重不良事件记录，不改变常规用途的。

（2）通过非临床评价能够证明该医疗器械安全、有效的。

免于进行临床试验的医疗器械目录由国家药品监督管理局制定、调整并公布。2021 年 9 月 28 日，国家药品监督管理局发布了《列入免于临床评价医疗器械目录产品对比说明技术指导原则》，从 2021 年 10 月 1 日起施行。

医疗器械临床试验机构是指承担医疗器械临床试验的医疗机构，开展医疗器械临床试验，应当按照医疗器械临床试验质量管理规范的要求，在有资质的临床试验机构进行，并向临床试验提出者所在地省、自治区、直辖市人民政府药品监督管理局备案。接受临床试验备案的应当将备案情况通报临床试验机构所在地的同级药品监督管理局和卫生健康委员会。

医疗器械临床试验机构资质认定条件和临床试验质量管理规范，由国家药品监督管理局会同国家卫生健康委员会制定并公布；医疗器械临床试验机构由国家药品监督管理局会同国家卫生健康委员会认定并公布。

临床试验审批是指国家药品监督管理局根据申请人的申请，对拟开展临床试验的医疗器械的风险程度、临床试验方案、临床受益与风险对比分析报告等进行综合分析，以决定是否同意开展临床试验的过程。

根据 2021 年 6 月 1 日起施行的《医疗器械监督管理条例》（国务院令第 739 号）的规定，大部分临床试验并不需要审批管理，根据 2020 年 8 月 25 日国家药品监督管理局发布的《关于需进行临床试验审批的第三类医疗器械目录》的规定，以下六类产品进行临床试验时需要审批。

（1）植入式心脏节律管理设备、植入式心脏起搏器：通常由植入式脉冲发生器和扭矩扳手组成。通过起搏电极将电脉冲施加在患者心脏的特定部位。用于治疗慢性心律失常。再同步治疗起搏器还可用于心力衰竭治疗。植入式心脏除颤器：通常由植入式脉冲发生器和扭矩扳手组成。通过检测室性心动过速和颤动，通过电极向心脏施加心律转复/除颤脉冲对其进行纠正。用于治疗快速室性心律失常。再同步治疗除颤器还可用于心力衰竭治疗。

（2）植入式心室辅助系统：通常由植入式泵体、电源部分、血管连接和控制器组成。用于为进展期难治性左心衰患者血液循环提供机械支持，用于心脏移植前或恢复心脏功能的过渡治疗和/或长期治疗。供具备心脏移植条件与术后综合护理能力的医疗机构使用，医务人员、院外护理人员以及患者须通过相应培训。抗凝治疗不耐受患者禁用。

（3）植入式药物输注设备：通常由药物灌注泵、再灌注组件和导管入口组件组成。该产品与鞘内导管配合使用，进行长期药物的输入。

（4）人工心脏瓣膜和血管内支架：人工心脏瓣膜或瓣膜修复器械一般采用高分子材料、动物组织、金属材料、无机非金属材料制成，可含或不含表面改性物质，用于替代或修复天然心脏瓣膜；血管内支架一般采用金属（包括可吸收金属材料）或高分子材料（包括可吸收高分子材料）制成，其结构一般呈网架状。支架可含或不含表面改性物质，如涂层，可含有药物成分，用于治疗动脉粥样硬化，以及各种狭窄性、阻塞性或闭塞性等血管病变。

（5）含活细胞的组织工程医疗产品：以医疗器械作用为主的含活细胞的无源植入性组织工程医疗产品。

（6）可吸收四肢长骨内固定植入器械：采用可吸收高分子材料或可吸收金属材料制成，适用于四肢长骨骨折内固定。

国家药品监督管理局审批临床试验，应当对拟承担医疗器械临床试验的机构的设备、专业人员等条件，该医疗器械的风险程度，临床试验实施方案，临床受益与风险对比分析报告等进行综合分析。准予开展临床试验的，应当通报临床试验提出者以及临床试验机构所在地省、自治区、直辖市人民政府药品监督管理局和卫生健康委员会。

国家局器械审评中心对受理的临床试验申请进行审评。对临床试验申请应当自受理申请之日 60 日内做出是否同意的决定，并通过国家局器械审评中心网站通知申请人。逾期未通知的，视为同意。

有下列情形之一的，国家药品监督管理局应当撤销已获得的医疗器械临床试验批准文件：①临床试验申报资料虚假的；②已有最新研究证实原批准的临床试验伦理性和科学性存在问题的；③其他应当撤销的情形。

2．临床试验的实施

医疗器械临床试验应当在批准后 3 年内实施；医疗器械临床试验申请自批准之日起，3年内未有受试者签署知情同意书的，该医疗器械临床试验许可自行失效。仍需进行临床试验的，应当重新申请。临床试验的前提条件如下。

（1）该产品具有产品技术要求。

（2）该产品具有自测报告。

（3）该产品具有国家药品监督管理局会同国务院质量技术监督局认可的检测机构出具的产品型式试验报告，且结论为合格。

（4）受试产品为首次用于植入人体的医疗器械，应当具有该产品的动物试验报告。

（5）其他需要由动物试验确认产品对人体临床试验安全性的产品，也应当提交动物试验报告。

（6）第三类医疗器械进行临床试验对人体具有较高风险的，应当经国家药品监督管理局批准。

医疗器械临床试验分为医疗器械临床试用和医疗器械临床验证两类，如表8-3所示。

表 8-3　医疗器械临床试验的分类

定义和范围	医疗器械临床试用	医疗器械临床验证
定义	是指通过临床使用来验证该医疗器械的原理、基本结构、性能等要素能否保证安全性、有效性	通过临床使用来验证该医疗器械与已上市产品的主要结构、性能等要素是否实质性等同，是否具有同样的安全性、有效性

续表

定义和范围	医疗器械临床试用	医疗器械临床验证
范围	市场上尚未出现过，安全性、有效性有待确认的医疗器械	同类产品已上市，其安全性、有效性需要进一步确认的医疗器械

医疗器械临床试验方案是阐明试验目的、风险分析、总体设计、试验方法和步骤等内容的文件，应当以最大限度地保障受试者权益、安全和健康为首要原则，由负责临床试验的医疗机构和实施者按规定的格式在医疗器械临床试验开始前共同设计与制定，报伦理委员会认可后实施；若有修改，必须经伦理委员会同意。医疗机构与实施者签署双方同意的临床试验方案，并签订临床试验合同。医疗器械临床试验必须按照该试验方案进行。医疗器械临床试验应当在两家以上（含两家）医疗机构进行。

市场上尚未出现的第三类植入体内或借用中医理论制成的医疗器械，临床试验方案应当向医疗器械技术审评机构备案。

已上市的同类医疗器械出现不良事件，或者疗效不明确的医疗器械，国家药品监督管理局可制定统一的临床试验方案的规定。开展此类医疗器械的临床试验，实施者、医疗机构及临床试验人员应当执行统一的临床试验方案的规定。

医疗器械临床试验方案应当针对具体受试产品的特性，确定临床试验例数、持续时间和临床评价标准，使试验结果具有统计学意义。它应当证明受试产品的原理、基本结构、性能等要素的基本情况及受试产品的安全性与有效性，以及证明受试产品与已上市产品的主要结构、性能等要素是否实质性等同，是否具有同样的安全性、有效性。

医疗器械临床试验方案包括以下内容。

（1）临床试验的题目。

（2）临床试验的目的、背景和内容。

（3）临床评价标准。

（4）临床试验的风险与受益分析。

（5）临床试验人员的姓名、职务、职称和任职部门。

（6）总体设计，包括成功或失败的可能性分析。

（7）临床试验持续时间及其确定理由。

（8）每个病种临床试验例数及其确定理由。

（9）选择对象的范围、对象数量及选择的理由，必要时对照组的设置。

（10）治疗性产品应当有明确的适应证或适用范围。

（11）临床性能的评价方法和统计处理方法。

（12）副作用预测及应当采取的措施。

（13）受试者《知情同意书》。

（14）各方职责。

医疗器械临床试验完成后，承担临床试验的医疗机构应当按医疗器械临床试验方案的要求和规定的格式出具临床试验报告。医疗器械临床试验报告应当由临床试验人员签名、注明日期，并由承担临床试验的医疗机构中的临床试验管理部门签署意见、注明日期、签章。医疗器械临床试验报告的内容应当包括：①试验的病种、病例总数和病例的性别、年龄、分组分析，对照组的设置（必要时）；②临床试验方法；③所采用的统计学方法及评价方法；④临床评价标准；⑤临床试验结果；⑥临床试验结论；⑦临床试验中发现的不良事件和副作用及其处理情况；⑧临床试验效果分析；⑨适应证、适用范围、禁忌证和注意事项；⑩存在的问题及改进建议。

对医疗器械临床试验资料应当妥善保存和管理。医疗机构应当保存临床试验资料至试验终止后五年。实施者应当保存临床试验资料至最后生产的产品投入使用后 10 年。

3．临床试验的实施者与机构

医疗器械临床试验的实施者，是指为申请注册该医疗器械产品的单位。实施者负责发起、实施、组织、资助和监查临床试验。其主要职责如下。

（1）依法选择医疗机构。

（2）向医疗机构提供《医疗器械临床试验须知》。

（3）与医疗机构共同设计、制定医疗器械临床试验方案，签署双方同意的医疗器械临床试验方案及合同。

（4）向医疗机构免费提供受试产品。

（5）对医疗器械临床试验人员进行培训。

（6）向医疗机构提供担保。

（7）如发生严重的副作用，应当如实、及时地分别向受理该医疗器械注册申请的省、自治区、直辖市药品监督管理部门和国家药品监督管理局报告，同时向进行该医疗器械临床试验的其他医疗机构通报。

（8）实施者中止医疗器械临床试验前，应当通知医疗机构、伦理委员会和受理该医疗器械注册申请的省、自治区、直辖市药品监督管理局和国家药品监督管理局，并说明理由。

（9）受试产品对受试者造成损害的，实施者应当按医疗器械临床试验合同给予受试者补偿。

临床试验的实施机构是指经过国家药品监督管理局会同国务院卫生行政局认定的临床试验基地。其职责如下。

（1）应当熟悉实施者提供的有关资料，并熟悉受试产品的使用。

（2）与实施者共同设计、制定临床试验方案，双方签署临床试验方案及合同。

（3）如实向受试者说明受试产品的详细情况，临床试验实施前，必须给受试者充分的时间考虑是否参加临床试验。

（4）如实记录受试产品的副作用及不良事件，并分析原因；发生不良事件及严重副作用的，应当如实、及时地分别向受理该医疗器械注册申请的省、自治区、直辖市 药品监督管理局和国家药品监督管理局报告；发生严重的副作用，应当在二十四小时内报告。

（5）在发生副作用时，临床试验人员应当及时做出临床判断，采取措施，保护受试者利益；必要时，伦理委员会有权立即中止临床试验。

（6）临床试验中止的，应当通知受试者、实施者、伦理委员会和受理该医疗器械注册申请的省、自治区、直辖市药品监督管理局和国家药品监督管理局，并说明理由。

（7）提出临床试验报告，并对报告的正确性及可靠性负责。

（8）对实施者提供的资料负有保密义务。

8.4　医疗器械产品注册

8.4.1　注册申请与受理

申请注册，应当按照国家药品监督管理局有关注册、备案的要求提交相关资料，申请人对资料的真实性负责。注册、备案资料应当使用中文。根据外文资料翻译的，应当同时提供原文。引用未公开发表的文献资料时，应当提供资料权利人许可使用的文件。申请医疗器械注册申请人应当按照相关要求向药品监督管理局报送申报资料。

注册申请需要提交的资料在《医疗器械监督管理条例》（国务院令第 739 号）第十四条中有具体的规定。2021 年 9 月 30 日，在国家药品监督管理局公布的关于《医疗器械注册申报资料要求和批准证明文件格式》的公告（2021 年第 121 号）中，以附件的形式对注册申报资料列出了具体的要求。

医疗器械注册申报资料要求及说明如表 8-4 所示。

表 8-4　医疗器械注册申报资料要求及说明

申报资料一级标题	申报资料二级标题
1. 监管信息	1.1 章节目录
	1.2 申请表
	1.3 术语、缩写词列表
	1.4 产品列表
	1.5 关联文件
	1.6 申报前与监管机构的联系情况和沟通记录
	1.7 符合性声明
2. 综述资料	2.1 章节目录
	2.2 概述
	2.3 产品描述
	2.4 适用范围和禁忌证
	2.5 申报产品上市历史
	2.6 其他需说明的内容
3. 非临床资料	3.1 章节目录
	3.2 产品风险管理资料
	3.3 医疗器械安全和性能基本原则清单
	3.4 产品技术要求及检验报告
	3.5 研究资料
	3.6 非临床文献
	3.7 稳定性研究
	3.8 其他资料
4. 临床评价资料	4.1 章节目录
	4.2 临床评价资料
	4.3 其他资料

申报资料一级标题	申报资料二级标题
5. 产品说明书和标签样稿	5.1 章节目录
	5.2 产品说明书
	5.3 标签样稿
	5.4 其他资料
6. 质量管理体系文件	6.1 综述
	6.2 章节目录
	6.3 生产制造信息
	6.4 质量管理体系程序
	6.5 管理职责程序
	6.6 资源管理程序
	6.7 产品实现程序
	6.8 质量管理体系的测量、分析和改进程序
	6.9 其他质量体系程序信息
	6.10 质量管理体系核查文件

注册受理由药品监督管理局收到申请后对申报资料进行形式审查，并根据下列情况分别做出处理。

（1）申请事项属于本局职权范围，申报资料齐全、符合形式审查要求的，予以受理。

（2）申报资料存在可以当场更正的错误的，应当允许申请人当场更正。

（3）申报资料不齐全或者不符合形式审查要求的，应当在 5 个工作日内一次告知申请人需要补正的全部内容，逾期不告知的，自收到申报资料之日起即为受理。

（4）申请事项不属于本局职权范围的，应当即时告知申请人不予受理。

药品监督管理局受理或者不予受理医疗器械注册申请，应当出具加盖本局专用印章并注明日期的受理或者不予受理的通知书。

医疗器械类别不同，注册受理审批机关不同，如表 8-5 所示。

表 8-5　注册受理审批机关一览表

医疗器械类别	审 批 机 关
境内第二类医疗器械	省、自治区、直辖市药品监督管理局审批
境内第二类医疗器械	国家药品监督管理局审批
境外第二类、第三类医疗器械	国家药品监督管理局审批
中国台湾、香港、澳门地区医疗器械	除另有规定外，参照境外医疗器械办理

医疗器械注册申请直接涉及申请人与他人之间重大利益关系的，药品监督管理局应当告知申请人、利害关系人可以依照法律、法规及国家药品监督管理局的其他规定享有申请听证的权利；对医疗器械注册申请进行审查时，药品监督管理局认为属于涉及公共利益的重大许可事项，应当向社会公告，并举行听证。

对于已受理的注册申请，申请人可以在行政许可决定做出前，向受理该申请的药品监督管理局申请撤回注册申请及相关资料，并说明理由。

对新研制的尚未列入分类目录的医疗器械，申请人可以直接申请第三类医疗器械产品注册，也可以依据分类规则判断产品类别并向国家药品监督管理局申请类别确认后，申请产品注册或者办理产品备案。

直接申请第三类医疗器械注册的，国家药品监督管理局按照风险程度确定类别。境内医疗器械确定为第二类的，国家药品监督管理局将申报资料转交申请人所在地省、自治区、直辖市药品监督管理局审评、审批；境内医疗器械确定为第一类的，国家药品监督管理局将申报资料转交申请人所在地设区的市级药品监督管理局备案。

8.4.2　注册审评与决定

2021 年 11 月 4 日，国家药品监督管理局专门发文公布了相关注册审批操作规范：《境内第二类医疗器械注册审批操作规范》（国药监械注〔2021〕54 号）和《境内第三类和进口医疗器械注册审批操作规范》（国药监械注〔2021〕53 号）。这两个规范是医疗器械注册管理局审批第二类、第三类医疗器械注册时应该遵守的操作规范，自发布之日起施行。

1. 技术审评

受理注册申请的药品监督管理局应当自受理之日起 3 个工作日内将申报资料转交技术审评机构。技术审评机构应当在 60 个工作日内完成第二类医疗器械注册的技术审评工作，在 90 个工作日内完成第三类医疗器械注册的技术审评工作。需要外聘专家审评、药械组合产品需与审评机构联合审评的，所需时间不计算在内，技术审评机构应当将所需时间书面告知申请人。

技术审评过程中需要申请人补正资料的，技术审评机构应当一次告知需要补正的全部内容。申请人应当在 1 年内按照补正通知的要求一次提供补充资料；技术审评机构应当自收到补充资料之日起 60 个工作日内完成技术审评。申请人补充资料的时间不计算在审评时限内。申请人对补正资料通知内容有异议的，可以向相应的技术审评机构提出书面意见，说明理由并提供相应的技术支持资料。申请人逾期未提交补充资料的，由技术审评机构终止技术审评，提出不予注册的建议，由药品监督管理局核准后做出不予注册的决定。

医疗器械注册证书的整个审批流程如图 8-1 所示，不同的注册审批局规定审批和决定期限不同，注册审批规定期限如表 8-6 所示。

2. 体系核查

药品监督管理局在组织产品技术审评时可以调阅原始研究资料，并组织对申请人进行与产品研制、生产有关的质量管理体系核查。

境内第二类、第三类医疗器械注册质量管理体系核查，由省、自治区、直辖市药品监督管理部门开展，其中境内第三类医疗器械注册质量管理体系核查，由国家药品监督管理局技术审评机构通知相应省、自治区、直辖市药品监督管理局开展核查，必要时参与核查。省、自治区、直辖市药品监督管理局应当在 30 个工作日内根据相关要求完成体系核查。

2021 年 11 月 4 日，国家药品监督管理局专门发文公布了相关注册审批操作规范《境内第三类和进口医疗器械注册审批操作规范》（国药监械注〔2021〕53 号），对境内第三类医疗器械注册质量管理体系核查做出了安排，并自公布之日起施行。省、自治区、直辖市药品监督管理局可参照该程序制定境内第二类医疗器械注册质量管理体系核查的工作程序。根据该程序的要求,注册申请人应当在注册申请受理后 10 个工作日内向省、自治区、直辖市药品监督管理局提交体系核查资料。这些资料包括:①注册申请人基本情况表;②注册申请人组织机构图;③企业总平面布置图、生产区域分布图;④生产过程有净化要求的,应提供有资质的检测机构出具的环境检测报告(附平面布局图)复印件;⑤产品生产工艺流程图,应标明主要控制点与项目主要原材料、采购件的来源及质量控制方法;⑥主要生产设备和检验设备(包括进货检验、过程检验、出厂的最终检验相关设备,如需净化生产的,还应提供环境监测设备)目录;⑦企业质量管理体系自查报告;⑧拟核查产品与既往已通过核查产品在生产条件、生产工艺等方面的对比说明(如适用);⑨部分注册申报资料的复印件,包括医疗器械(不包括体外诊断试剂),如研究资料、产品技术要求、注册检验报告、临床试验报告(若有)、医疗器械安全有效基本要求清单;体外诊断试剂,如主要生产工艺及反应体系的研究资料(第三类体外诊断试剂)、产品技术要求、注册检验报告、临床试验报告(如有)。

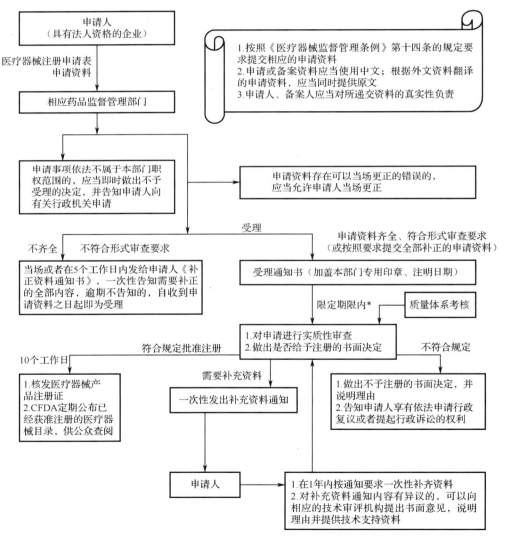

图 8-1　医疗器械注册证书的审批流程

表 8-6　注册审批规定期限

受　理　局	审评时间/日	决定时间/日	备　注
省、自治区、直辖市 药品监督管理局	60	20	在对注册申请进行审查的过程中，需要检测、专家评审和听证的，以及质量体系考核所需时间不计算在本条规定的期限内。药品监督管理局应当将所需时间书面告知申请人
国家药品监督管理局	90	20	

对注册申请人提交的体系核查资料符合要求的，省、自治区、直辖市药品监督管理局应当自收到体系核查通知起 30 个工作日内完成质量管理体系核查工作。因注册申请人未能提交符合要求的体系核查资料导致体系核查不能开展的，所延误的时间不计算在核查工作时限内。

3．注册决定

受理注册申请的药品监督管理局应当在技术审评结束后 20 个工作日内做出决定。对符合安全、有效要求的，准予注册，自做出审批决定之日起 10 个工作日内发给医疗器械注册证，经过核准的产品技术要求以附件形式发给申请人。对不予注册的，应当书面说明理由，并同时告知申请人享有申请复审和依法申请行政复议或者提起行政诉讼的权利。医疗器械注册证有效期为 5 年。

医疗器械注册证遗失的，注册人应当立即在原发证机关指定的媒体上登载遗失声明。自登载遗失声明之日起满 1 个月后，向原发证机关申请补发，原发证机关在 20 个工作日内予以补发。

4．不予注册

对于已受理的注册申请，有下列情形之一的，药品监督管理局做出不予注册的决定，并告知申请人：①申请人对拟上市销售医疗器械的安全性、有效性进行的研究及其结果无法证明产品安全、有效的；②注册申报资料虚假的；③注册申报资料内容混乱、矛盾的；④注册申报资料的内容与申报项目明显不符的；⑤不予注册的其他情形。

对于已受理的注册申请，有证据表明注册申报资料可能虚假的，药品监督管理局可以中止审批。经核实后，根据核实结论继续审查或者做出不予注册的决定。

5．注册救济

申请人对药品监督管理局做出的不予注册决定有异议的，可以自收到不予注册决定通知之日起 20 个工作日内，向做出审批决定的药品监督管理局提出复审申请。复审申请的内容仅限于原申请事项和原申报资料。

药品监督管理局应当自受理复审申请之日起 30 个工作日内做出复审决定，并书面通知申请人。维持原决定的，药品监督管理局不再受理申请人再次提出的复审申请。

申请人对药品监督管理局做出的不予注册的决定有异议，且已申请行政复议或者提起行政诉讼的，药品监督管理局不受理其复审申请。注册申请审查过程中及批准后发生专利权纠纷的，应当按照有关法律、法规的规定处理。

对用于治疗罕见疾病及应对突发公共卫生事件急需的医疗器械，药品监督管理局可以在批准该医疗器械注册时要求申请人在产品上市后进一步完成相关工作，并将要求载明于医疗器械注册证中。

8.4.3　注册变更与延续

已注册的第二类、第三类医疗器械，医疗器械注册证及其附件载明的内容发生变化，注册人应当向原注册局申请注册变更，并按照相关要求提交申报资料。医疗器械注册变更文件与原医疗器械注册证合并使用，其有效期与该注册证相同。取得注册变更文件后，注册人应当根据变更内容自行修改产品技术要求、说明书和标签。医疗器械注册事项包括许可事项和登记事项。许可事项包括产品名称、型号、规格、结构及组成、适用范围、产品技术要求、进口医疗器械的生产地址等；登记事项包括注册人名称和住所、代理人名称和住所、境内医疗器械的生产地址等。

1．许可事项变更

产品名称、型号、规格、结构及组成、适用范围、产品技术要求、进口医疗器械生产地址等发生变化的，注册人应当向原注册局申请许可事项变更。对于许可事项变更，技术审评机构应当重点针对变化部分进行审评，对变化后产品是否安全、有效做出评价。受理许可事项变更申请的药品监督管理局应当按照规定的时限组织技术审评。

2．登记事项变更

注册人名称和住所、代理人名称和住所发生变化的，注册人应当向原注册局申请登记事项变更；境内医疗器械生产地址变更的，注册人应当在相应的生产许可变更后办理注册登记事项变更。

登记事项变更资料符合要求的，药品监督管理局应当在 10 个工作日内发给医疗器械注册变更文件。登记事项变更资料不齐全或者不符合形式审查要求的，药品监督管理局应当一次性告知需要补正的全部内容。

3．注册延续

医疗器械注册证有效期届满需要延续注册的，注册人应当在医疗器械注册证有效期届满 6 个月前，向药品监督管理局申请延续注册，并按照相关要求提交申报资料。除例外情形外，接到延续注册申请的药品监督管理局应当在医疗器械注册证有效期届满前做出准予延续的决定。逾期未做决定的，视为准予延续。

4．不予延续

有下列情形之一的，不予延续注册：①注册人未在规定期限内提出延续注册申请的；②医疗器械强制性标准已经修订，该医疗器械不能达到新要求的；③对用于治疗罕见疾病以及应对突发公共卫生事件急需的医疗器械，批准注册局在批准上市时提出要求，注册人未在规定期限内完成医疗器械注册证载明事项的。

8.4.4　注册监督与收费

1．注册收费

1）收费标准

2015 年 5 月 27 日，国家食品药品监督管理总局发布了《关于发布、医疗器械产品注册收费标准的公告》（2015 年第 53 号），调整了注册收费标准，制定了医疗器械新的收费标准。新的收费标准是根据国家发改委、财政部《关于重新发布中央管理的食品药品监督管理局行政事业性收费项目的通知》和《关于印发〈药品、医疗器械产品注册收费标准管理办法〉的通知》进行制定的。医疗器械注册收费是国际通行做法。国家受理生产企业的医疗器械注册申请和开展审评、审批，需花费大量人力、物力，这部分成本应当由申请者支付，由全体纳税人负担这部分费用是不公平的。按照现行的财务制度，注册收费收入全额上缴中央和地方国库，开展审评审批工作所需经费通过同级财政预算统筹安排。

国家药品监督管理局和省级药品监督管理局依照法定职责，对第二类、第三类医疗器械产品首次注册、变更注册、延续注册申请以及第三类高风险医疗器械临床试验申请开展行政受理、质量管理体系核查、技术审评等注册工作，并按标准收取有关费用。小微企业提出的创新医疗器械产品首次注册申请，免收其注册费。创新医疗器械产品是指由国家食品药品监督管理总局创新医疗器械审查办公室依据《创新医疗器械特别审批程序（试行）》（食药监械管〔2014〕13 号），对受理的创新医疗器械特别审批申请组织有关专家审查并在政府网站上公示后，同意进入特别审批程序的产品。具体收费标准如表 8-7 所示。

表 8-7　医疗器械注册费标准　　　　　　　　　　　　单位：万元

项 目 分 类		境　　内	进　　口
第二类	首次注册费	由省级价格、财政局制定	21.09
	变更注册费	由省级价格、财政局制定	4.20
	延续注册费（五年一次）	由省级价格、财政局制定	4.08
第三类	首次注册费	15.36	30.88
	变更注册费	5.04	5.04
	延续注册费（五年一次）	4.08	4.08
	临床试验申请费（高风险医疗器械）	4.32	4.32

注：① 医疗器械产品注册收费按《医疗器械注册管理办法》《体外诊断试剂注册管理办法》确定的注册单元计收。
② 《医疗器械注册管理办法》《体外诊断试剂注册管理办法》中属于备案的登记事项变更申请，不收取变更注册申请费。
③ 进口医疗器械产品首次注册收费标准在境内相应注册收费标准的基础上加收境内外检查交通费、住宿费和伙食费等差额。
④ 港、澳、台医疗器械产品注册收费标准按进口医疗器械产品注册收费标准执行。
⑤ 医疗器械产品注册加急费收费标准另行制定。

2）缴费程序

（1）首次注册申请。

注册申请人向国家药品监督管理局提出境内第三类、进口第二类和第三类医疗器械产品首次注册申请，国家药品监督管理局受理后出具《行政许可项目缴费通知书》，注册申请人应当按要求缴纳。

（2）变更注册申请。

注册申请人向国家药品监督管理局提出境内第三类、进口第二类和第三类医疗器械产品许可事项变更注册申请，国家药品监督管理局受理后出具《行政许可项目缴费通知书》，注册申请人应当按要求缴纳。《医疗器械注册管理办法》《体外诊断试剂注册管理办法》中属于注册登记事项变更的，不收取变更注册申请费用。

（3）延续注册申请。

注册申请人向国家药品监督管理局提出境内第三类、进口第二类和第三类医疗器械产品延续注册申请，国家药品监督管理局受理后出具《行政许可项目缴费通知书》，注册申请人应当按要求缴纳。

（4）临床试验申请。

医疗器械注册申请人向国家药品监督管理局提出临床试验申请，国家药品监督管理局受理后出具《行政许可项目缴费通知书》，注册申请人应当按要求缴纳。需进行临床试验审批的第三类医疗器械目录由国家药品监督管理局制定、调整并公布。

2. 注册监督

已注册的医疗器械有法律、法规规定应当注销的情形，或者注册证有效期未满但注册人主动提出注销的，药品监督管理局应当依法注销，并向社会公布。

已注册的医疗器械，其管理类别由高类别调整为低类别的，在有效期内的医疗器械注册证继续有效。如需延续的，注册人应当在医疗器械注册证有效期届满6个月前，按照改变后的类别向药品监督管理局申请延续注册或者办理备案。

医疗器械管理类别由低类别调整为高类别的，注册人应当依照规定，按照改变后的类别向药品监督管理局申请注册。国家药品监督管理局在管理类别调整通知中应当对完成调整的时限做出规定。

国家药品监督管理局负责全国医疗器械注册与备案的药品监督管理工作，对地方药品监督管理局医疗器械注册与备案工作进行监督和指导。省、自治区、直辖市药品监督管理局负责本行政区域的医疗器械注册与备案的药品监督管理工作，组织开展监督检查，并将有关情况及时报送国家药品监督管理局。

省、自治区、直辖市药品监督管理局按照属地管理原则，对进口医疗器械代理人注册与备案相关工作实施日常药品监督管理。设区的市级药品监督管理局应当定期对备案工作开展检查，并及时向省、自治区、直辖市药品监督管理局报送相关信息。

省、自治区、直辖市药品监督管理局违反本办法规定实施医疗器械注册的，由国家药品监督管理局责令限期改正；逾期不改正的，国家药品监督管理局可以直接公告撤销该医疗器械注册证。

药品监督管理局、相关技术机构及其工作人员，对申请人或者备案人提交的试验数据和技术秘密负有保密义务。

思考题

1. 简述医疗器械注册申请的内容。
2. 简述医疗器械备案流程。
3. 简述医疗器械注册检验机构的职责。

第9章　医用电气设备的使用管理

对医用电气设备进行管理，必须对从购进到使用、保养、报废（更新）等整个周期内的活动进行综合管理。为保证医用电气设备能安全使用，需要懂各种各样的业务，能将各种业务知识有组织、有系统地运用到仪器使用上来，这就是使用管理业务。医用电气设备在医疗上起着重要作用，但如果使用管理不当，不仅不能发挥作用，而且有带来危险的隐患。

9.1　使用管理内容与依据

在医用电气设备全过程监管中，使用环节是其上市后监管阶段的重要组成部分。医用电气设备上市后在使用单位中使用，不仅是对上市前产品安全性、有效性的检验，而且是对上市前风险管理的自然延续。质量再好的产品，在使用过程中不按说明书和标签指示进行操作与使用，不进行产品质量的管理和维护，都可能使上市前相关管理活动的效果付之东流。因此，加强医疗器械使用环节的管理，加强和优化医疗机构的内部管理，提高医疗质量，保障医疗安全不仅必要而且十分紧迫。

9.1.1　医用电气设备使用管理的内容

医疗器械包括医用电气设备。医疗器械使用管理是指医疗机构在医疗服务中对使用的医疗器械产品安全、人员、制度、技术规范、设施、环境等的管理。一般由国家卫生健康委员会组织成立国家医疗器械临床使用专家委员会，国家医疗器械临床使用专家委员会负责分析全国医疗器械临床使用情况，研究医疗器械临床使用中的重点问题，提供政策咨询及建议，指导医疗器械临床合理使用。省级卫生健康主管部门组织成立省级医疗器械临床使用专家委员会或者委托相关组织、机构负责本行政区域内医疗器械临床使用的监测、评价等工作。医疗机构医疗器械临床使用管理委员会和配备的专（兼）职人员对本机构医疗器械临床使用管理承担以下职责：依法拟订医疗器械临床使用工作制度并组织实施；组织开展医疗器械使用安全管理、技术评估与论证；监测、评价医疗器械临床使用情况，对临床科室在用医疗器械的使用效能进行分析、评估和反馈；监督、指导高风险医疗器械的临床使用与安全管理；提出干预和改进医疗器械临床使用措施，指导临床合理使用；监测识别医疗器械临床使用安全风险，分析、评估使用安全事件，并提供咨询与指导；组织开展医疗器械管理法律、法规、规章和合理使用相关制度、规范的业务知识培训，宣传医疗器械临床使用安全知识。二级以上医疗机构应当明确本机构各相关职能部门和各相关科室的医疗器械临床使用管理职责；相关职能部门、相关科室应当指定专人负责本部门或者本科室的医疗器械临床使用管理工作。其他医疗机构应当根据本机构实际情况，明确相关部门、科室和人员的职责。二级以上医疗机构应当配备与其功能、任务、规模相适应的医学工程及其他专业技术人员、设备和设施。医疗器械使用科室负责医疗器械日常管理工作，做好医疗器械的登记、定期核对、日常使用维护保养等工作。

但目前医疗器械使用单位对使用环节的管理，还存在很大的不足，主要体现在以下方面。

　　首先，大部分医疗器械使用单位漠视医疗器械使用环节的管理。医疗机构是常见的医疗器械使用单位。其对医疗器械使用环节管理的漠视主要表现在很多医院降低器械科的地位，仅仅把它作为后勤辅助科室建制，仅赋予其对医疗设备的维护、保管职能，不能保证其在医疗器械采购和使用中行使质量否决权。其次，医疗器械使用单位在采购医疗器械时质量把关不严。相当部分医疗机构对医疗器械的采购制度不严，为不合格医疗器械流入医院打开了方便之门。大部分医疗机构没有确立专职管理医疗器械的部门，采购人员没有明确的岗位职责；部分医疗机构的医疗器械购进渠道混乱，购进手续不规范；有的医疗机构从没有资质的企业购进医疗器械；有的医疗机构不按照规定索取生产厂家、经销商以及医疗器械的有关合法资质证明材料，从而无法保障医疗器械的质量；质量验收流于形式，没有对其实质性内容进行验收，更无相关验收记录。此外，医疗机构内部医疗器械多头采购现象严重，使用科室、临床医生点名用械，产品验收环节形同虚设。再次，医疗器械使用单位相关管理制度不健全。近年来，医疗器械数量猛增，医院的大小设备遍及全院各科室，器械科技术人员少，工作量大。当有器械同时报修时，技术人员不能及时修理，由器械科统管的方式已不能满足实际工作需要。改革开放以来，随着我国经济的不断发展，代表现代科技最高水平的各类医疗器械不断涌入各级各类医院，传统的医学模式已经发生了根本性改变，医疗器械不仅成为各级各类医院的一种重要资产，更是医院不可或缺的诊疗手段，其自身状态、应用质量的好坏，直接关系着医院的医疗质量和医疗安全。新一届政府的以人为本、关注民生的执政理念，正在推动着医疗卫生服务朝着"以患者为中心，以提高医疗质量为主题"方向转变。有资料表明，17%的医疗事故和使用的医疗器械有关，而和医疗器械有关的医疗事故中，60%～70%是由于使用不当造成的。所以关注医疗质量和医疗安全，不能不关注在用医疗器械的使用安全。

　　在设备生命周期中，医疗器械使用期管理是一个主要的管理阶段。设备运行的有效性与安全性等设备管理关键目标的实现与设备的使用与维护状态密切相关。特别是医用电气设备，其安全性与有效性更加重要。因此，医用电气设备的使用管理是医院设备管理的主要工作，是需要特别加强的。

　　在医务部门中，医用电气设备的使用周期如图 9-1 所示。图中每个项目都和安全管理业务有密切关系。

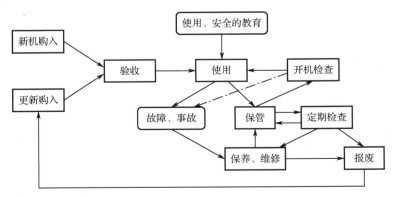

图 9-1　医用电气设备的使用周期

　　根据医用电气设备的能量安全类型，应注意以下安全问题。

　　（1）电引起的安全问题：电击、能量过大、能量分流、对其他仪器的干扰、信息畸变、功能停止、停电等。

（2）机械引起的安全问题：落下、压迫、锐利的边棱、接管脱落、橡胶管破裂、血液漏出、超声波的集中等。

（3）化学引起的安全问题：医用气体和药品等的误用量过多或过少、机器的腐蚀、材料的变质、爆炸、火灾等。

（4）热引起的安全问题：异常高温、异常低温、集中发热、恒温不能保持、爆炸、火灾等。

（5）放射性引起的安全问题：放射线的漏出、过大能量照射、过度集中、长期作用等。

（6）光引起的安全问题：能量过度集中及向目的物外漏出（反射、折射）等。

（7）生物引起的安全问题：由于灭菌不彻底造成细菌感染、血栓和气泡等的混入、生理反应等。

临床上应该考虑的安全问题非常广泛。当使用设备时，对这些危险都必须予以注意，可以说保证安全的第一步就是对危险性的认识。

对危险性有了认识之后，还需要掌握关于安全性的基本知识，了解设备的基本特性。对每台设备必须理解其工作原理、构造和结构、级别和型号、基本性能及其限度、安全使用的条件、操作步骤等。为了熟练使用，首先需充分理解设备的特性，在理解基础上使用，对正确使用设备是非常重要的。不理解就使用设备，人将被设备所驱使。

在掌握基本知识的基础上操作设备时，虽能安全使用，但在操作时还必须注意以下方面。

（1）仔细阅读和理解使用说明书与手册。

（2）反复训练操作步骤。

（3）特别注意接地的方法（一点接地）。

（4）训练能根据不同情况选定灵敏度和输出量。

（5）事先考虑到紧急时的处理方法，并进行训练。

（6）熟悉开机前的检查法。

使用上的注意事项每个设备都不同，但只要遵守注意事项就能安全使用。一般的注意事项可归纳如下。

（1）根据使用场所，要特别注意微电击的危险。

（2）组合使用时，尊重制造厂的技术工作者或具有医用电气设备安全知识的工作者等的意见。

（3）不要用裸手去触及直接插入心脏的电极或插管等的末端（应使用橡胶手套）。

（4）除内部电源设备外，原则上应接地，最好是用 EPR 系统（患者等电位化的系统）。

（5）不使用出了故障的破损的设备，或者有故障的设备。

（6）重要的仪器要准备两台，作为故障时备用。

（7）检查电源容量，注意不要超负荷使用（停电时，各种重要设备都要停用）。

在医疗设施中，指定专人使用的设备不多，要求可能作为操作者的每个人都具有足够的知识和技能，以便能正确操作医疗设施中的仪器，保证安全。为此，组织院内工作人员进行教育和训练是很重要的，还应定期进行医用电气设备安全使用基本知识、医用电气设备及电子工程学等方面的教育。

更直接的安全管理业务，是掌握设备的使用情况，建立必要的制度。例如，要求在每次使用设备时，填写使用报告书；在开机检查或设备使用中，当发现设备发生故障时，应当采取的程序必须尽可能有明确规定，特别是必须先考虑患者的安全。根据故障和异常情况不同，相应采取的措施也不同，所以，为了在紧急时刻能做出恰当的判断和行动，必须进行安全教育和在各种不同情况下的特殊训练。

设备的使用期管理包括使用与维修两个主要方面，也是设备一生管理的最主要和时间最长的阶段。这里把医用电气设备使用期管理的目标表述为如下 5 个方面。

（1）保证医用电气设备医疗工作的安全性。

（2）保证医用电气设备医疗工作的有效性。

（3）提高医用电气设备的使用率。

（4）延长医用电气设备的寿命。

（5）降低医用电气设备运行费用，追求生命周期费用最低。

在这些目标中，设备的安全性与有效性又是医用电气设备管理最主要的两个目标，这也是医用电气设备管理与普通设备管理的明显不同之处。这一阶段的正确与科学管理，对保证这五个目标的实现具有十分重要的作用。

9.1.2　管理部门与依据

医疗器械使用管理部门，是指对医疗器械使用环节实施行政管理的部门。为加强医疗器械临床使用管理，保障医疗器械临床使用安全、有效，根据《医疗器械监督管理条例》、《机构管理条例》等法律法规，《医疗器械临床使用管理办法》（中华人民共和国国家卫生健康委员会第 8 号令）于 2020 年 12 月 4 日中华人民共和国国家卫生健康委员会委务会议审议通过，自 2021 年 3 月 1 日起施行。药品监督管理部门和卫生健康委员会依据各自职责，分别对使用环节的医疗器械质量和医疗器械使用行为进行监督管理。根据该条规定，我国对医疗器械使用环节的监管实行联合监管模式，使用环节的医疗器械质量行为由药品监督管理部门负责，使用环节的医疗器械使用行为由卫生健康委员会部门负责。

由国家卫生健康委员会负责全国医疗器械临床使用监督管理工作。组织制定医疗器械临床使用安全管理规范，根据医疗器械分类与风险分级原则建立医疗器械临床使用的安全控制及监测评价体系，组织开展医疗器械临床使用的监测和评价工作。县级以上地方卫生健康主管部门负责本行政区域内医疗器械临床使用监督管理工作。医疗机构主要负责人是医疗器械临床使用管理的第一责任人。医疗机构应当建立并完善本机构医疗器械临床使用管理制度，确保医疗器械合理使用。

县级以上地方卫生健康主管部门和医疗机构应当依据国家有关规定建立医疗器械应急保障机制，保障突发事件的应急救治需求。医疗机构应当根据国家发布的医疗器械分类目录，对医疗器械实行分类管理。卫生健康主管部门应当逐步完善人工智能医疗器械临床使用规范，鼓励医疗机构加强人工智能医疗器械临床使用培训。同时，医疗机构应当加强对本机构医疗器械管理工作，定期检查相关制度的落实情况。县级以上地方卫生行政部门应当对医疗机构的医疗器械信息档案，包括器械唯一性标识、使用记录和保障记录等，进行定期检查。医疗机构应当制定医疗器械临床使用安全管理制度，建立健全本机构医疗器械临床使用安全管理体系。二级以上医院应当设立由院领导负责的医疗器械临床使用安全管理委员会，委员会由医疗行政管理、临床医学及护理、医院感染管理、医疗器械保障管理等相关人员组成，指导医疗器械临床安全管理和监测工作。

9.2　临床准入管理

医疗器械临床准入管理，是指医疗器械使用环节中医疗器械进入使用单位的管理活动，包括医疗器械临床准入与评价。医疗器械临床准入与评价管理是指医疗机构为确保进入临床使用的医疗器械合法、安全、有效，而采取的管理和技术措施。《医疗器械临床使用管理办法》第二十一条规定医疗机构应当建立医疗器械验收验证制度，保证医疗器械的功能、性能、配置要求符合购置合同以及临床诊疗的法规的规定，使用符合国家规定的消毒器械和一次性使用的医疗器械。

9.2.1　医用电气设备的购置管理

购置管理是医用电气设备临床准入管理的重要一环。医疗机构应当建立医用电气设备采购论证、技术评估和采购管理制度，确保采购的医用电气设备符合临床需求。医疗机构应当建立医用电气设备供方资质审核及评价制度，按照相关法律、法规的规定审验生产企业和经营企业的《医疗器械生产许可证》《医疗器械注册证》《医疗器械经营许可证》及产品合格证明等。纳入大型医用电气设备管理品目的大型医用电气设备，应当有卫生行政部门颁发的配置许可证。

医用电气设备采购应当遵循国家相关管理规定，确保医用电气设备采购规范，入口统一、渠道合法，手续齐全。医疗机构应当按照院务公开等有关规定，将医用电气设备采购情况及时做好对内公开。医用电气设备经营企业、使用单位购进医用电气设备，应当查验供货者的资质和医用电气设备的合格证明文件，建立进货查验记录制度。记录事项包括：①医用电气设备的名称、型号、规格、数量；②医用电气设备的生产批号，有效期、销售日期；③生产企业的名称；④供货者或者购货者的名称、地址及联系方式；⑤相关许可证明文件编号等。进货查验记录和销售记录应当真实，并按照国务院药品监督管理部门规定的期限予以保存。国家鼓励采用先进技术手段进行记录。

医用电气设备的购入计划，一般和安全管理业务没关系，按照各个部门的计划来进行。但是，当购入设备时，必须考虑和现有设备的配套、安全性、可靠性、价格、性能等问题，选择最合适的设备。

在购入设备前，对其性能、价格、设计、制造厂的可靠性等通常都要进行比较和研究，这些都算作安全管理业务，不要给医疗机构购入不安全的、可靠性差的、不易保养管理的设备。

为此，准备一份可行性方案表格，做一些调研，进行比较和评估，为采购部门提供有说服力客观的数据编制计划：①考虑医疗、教学、科研等工作是否确实需要。是否能提高医疗技术水平，在经济上能否取得投资的效益。②编制计划还要精打细算，对正在使用的设备加强管理、延长寿命。靠增收节支来解决一部分设备购置资金问题。③制订计划必须根据本单位的发展规划和财务承受的能力进行。

医用电气设备计划是购置医用电气设备的依据。医用电气设备的装备应当有长远规划、中短期规划和年度计划。使用单位按照有关要求和程序，编制医用电气设备购置计划。并按照计划和预算进行购置，这是一种将设备购置纳入切实可行符合购置要求的控制手段，是防止在购置过程中造成失误的有效措施。

计划管理是为了达到一定的目标而做出的决策、措施和安排。而医用电气设备计划管理就是对计划的编制、审批，计划的执行和调整，计划检查的过程实行规范化、程序化的管理过程。通过计划管理，可以在装备医用电气设备，特别是购置大型医用电气设备时，做好调查研究，收集信息，进行成本效益分析，做好论证工作，保证购置的设备性能价格比合理、技术先进、安全有效。因此，医用电气设备的计划管理，是医用电气设备全过程管理的重要内容。

在编制医用电气设备购置计划时应当遵守以下基本原则：经济原则、有效原则、先进原则。

经济原则，就是要按照经济规律办事，从发挥最大经济效益出发，使有限的财力资源得到充分利用，确保购置的设备，投资回报期短，投资效益高。为此，准备一份可行性方案表格，做一些调研，进行比较和评估，为采购提供客观的数据，设备购入时的比较表实例如表 9-1 所示。要实现经济原则就要在制订计划时遵循客观规律和价值规律，使人力、物力、财力得到充分的利用。

表 9-1　设备购入时的比较表实例

比较表			
年　月　日 医院设备科 （盖章）			
制造厂			
型　号			
价　格			
特　征			
安全性、可靠性……	级·型		
	耐损坏措施		
	患者漏电流		
	MTBF		
	……		
	输出端钮		
	输出条件		
交易单位	交易情况		
	保证期间		
	服务体制		
	其他		
特记事项			
判　断			

有效原则，是制订设备计划的重要原则。所谓有效是指医用电气设备在预防、诊断和治疗过程中能够提供准确信息并得出确切诊断，能够安全且明显改善患者的病情或使患者康复。从有效原则出发，应注意几个问题：要保证医用电气设备与医疗、护理、预防、教学和科研等工作任务相适应；要立足于国产设备，适当引进国外新设备，这样的选择节省资金，维修

方便；购置大型贵重的设备时，既要考虑设备的有效性，又要考虑本单位对设备功能的实际需要。

先进原则，是指医用电气设备的先进性如何。对于进口的精密设备应以高技术水平为原则。购置这种设备后应当对医院的医疗、教学、科研等工作能从工作质量上提高到一个新高度。先进原则要求购置的设备从设计原理、配套组成、各项功能等方面都保证达到国际国内先进水平。

制订医用电气设备计划，首先由设备管理部门根据本单位发展目标和工作重点，组织使用部门提出增加或更新设备的申请。再由设备管理部门依据上年度设备购置计划执行的情况，结合本年度各使用部门设备购置申请做初步汇总，并根据初步汇总的项目内容进行分析和研究。分析和研究的内容包括：购置要求是否符合本单位的总体发展目标和发展重点；使用部门是否具备使用条件和技术力量；配套条件是否齐全等。根据调查和预测的有关数据、资料，确定年度医用电气设备购置计划的总体目标、重点、措施和实施步骤等，并提出初步方案。购置设备计划提出以后，设备管理部门要会同财务部门编制财务预算，使计划数字化。如果计划所需要的资金与财务能够提供的资金差距不大，可以直接编制预算。如果差距大，应当提出解决资金的途径和方法，预算方案应当进行适宜性、可行性评估论证。最后在进行适宜性、可行性论证评估的基础上，单位领导应对计划进行综合平衡，从必要性、技术性、可能性等方面进一步进行审核，然后做出决定并确定方案。

9.2.2　医用电气设备的进货查验管理

医用电气设备购置合同签署以后，由于经过不同的运输途径，包装质量的好坏，运输条件的优劣，订购的设备有可能出现数量或质量方面的问题，所以到货后无论是国产或进口的，都要验收后再进行安装调试。做好验收和安装调试是设备投入使用前的关键环节。正确的安装和调试，能使设备充分发挥各项功能。如果调试不好，会影响设备性能的正常发挥，甚至影响设备的使用寿命。医疗机构应当建立医疗器械验收制度，验收合格后方可应用于临床。医用电气设备验收应当由医疗机构中的医疗器械保障部门或者其委托的具备相应资质的第三方机构组织实施并与相关的临床科室共同评估临床验收试用的结果。

在购入的设备验收时，要鉴定设备是否符合规格，还要测量设备性能的数据，作为以后管理业务的基础。即将购入时的有关功能、性能、安全性等全部数据详细记录并保存起来。验收项目和定期检查项目相同，按机种类型准备检查明细表。

医用电气设备的验收与安装调试，从技术管理角度讲，就是对购进的设备从外包装到内在质量进行检查验收，经过验收的设备进行安装和通电实验，并根据说明书提供的技术指标和各项功能进行调试，保证设备达到良好的工作状态。

1. 查验前的准备工作

（1）验收资料的准备。验收技术资料的准备，主要是收集与设备有关的文字材料，如合同、运输提单、合同备忘录、使用说明书、验收单等有关文件资料。进口设备的外文资料应当提前进行翻译。这些资料是验收工作的技术依据，应当提前熟悉，做好充分的准备。

（2）验收人员和部门的准备。验收工作开始前，要通知单位领导及设备主管部门管理人员、使用人员、维修人员做好验收准备。组织人员熟悉合同及有关配套附件情况，详细阅读使用说明书，了解该设备的主要技术指标、性能，操作规程。

（3）制定验收方案。对于大型精密设备的验收，要组织参加验收的技术人员制定检验技术规程，制定技术验收方案。对验收人员和接机技术人员进行短期培训，在此基础上，提出要求检验的技术指标、功能和检验方法。验收方案要制定得完整、全面并切实可行。

（4）建立验收记录和验收报表。验收工作应当建立必要的规章制度，验收记录及验收报表要完整。内容包括：合同规定双方共同检验的项目、检验计划表、检验通知书、现场检验记录、检验会签等。

（5）做好辅助设备的准备。根据要验收设备的要求，准备足够的堆放场地。提前做好房屋、水、电、空调等有效辅助设备的准备工作。

（6）验收工具的准备。验收工具是指使用于搬运、开箱的设备和用具，大型设备的搬运应当准备吊车或液压搬运车。开箱工具有开箱器、羊角锤、扳手、螺丝刀等。

（7）对进口设备申请商品检验。进口设备应与当地商检部门联系，由商检人员派人进行检验。

（8）对进口计量设备申请计量鉴定。进口计量设备应与当地计量鉴定部门联系，由专门计量鉴定人员进行检验。

2．验收程序

（1）开箱。开箱时箱体要正立，注意不要猛力敲击，防止震坏部件。开箱后检查内包装是否有破损，如有残损，要及时拍照，检查包装是否符合设备质量要求。

（2）清点。数量验收应当以发票、装箱单、合同明细单为依据逐项核对，核对时不要只核对数量，还要逐项核对编号。如出现数量或实物与单据编号不符．应当做好记录并保留好原包装便于与厂方联系补发；设备包装箱内应有下列文件：制造厂的技术说明书及鉴定证书、检验合格证（合格证应有的标志：制造厂名称、产品名称和型号、检验日期、检验员代号），维修线路图纸（或单独订购）。

（3）查验外形。开箱清点数量后，要对主机及附件进行外形检查，外壳铭牌应当标明制造厂名称，产品名称、型号、使用电源电压、频率，额定功率。产品出厂编号、出厂日期、标准号；要查看仪器外形是否完整，有无变形、磨损、锈蚀；设备面板开关是否完好，固定螺丝是否松动。

（4）检查机内组件。机内组件要打开外壳进行检查，看线路板是否新的；机器编号、出厂日期与合同要求是否符合；有无漏装插件的情况。

（5）重点检查精密易碎部件。对于精密、易碎部件如仪表、监视器、镜头、球管等，要仔细检查有无裂痕、擦伤、霉斑、漏油、漏气、污染、破碎等情况。

（6）在验收过程中，所有与合同要求不符的情况都应当做好有关记录并拍照、录像以备索赔。

3．验收管理制度

（1）购进的各种医用电气设备必须严格按照验收手续、程序进行，严格把关。验收合格以后方可入库。不符合要求或质量有问题的应及时退货或换货索赔。一般验收程序为：外包装检查、开箱验收、数量验收、质量验收。

（2）验收工作必须及时，尤其是进口设备，必须掌握合同验收与索赔期限，以免因验收不及时造成损失。

（3）医用电气设备验收应由使用科室、医用电气设备管理部门及厂商代表共同参加，如要申请进口商检的设备，必须有当地商检部门的商检人员参加。验收结果必须有记录并由参加验收各方共同签字。

（4）对验收情况必须详细记录并出具验收报告，严格按合同的品名、规格、型号、数量逐项验收。对所有与合同发票不符的情况，均应记录，以便及时与厂商交涉或报商检部门索赔。

（5）质量验收应按生产厂商提供的各项技术指标或按招标文件中承诺的技术指标、功能和检测方法，逐项验收。对大型医用电气设备的技术质量验收，应由省、自治区、直辖市卫生厅（局）授权的机构进行。验收结果应作详细记录，并作为技术档案保存。

（6）对于紧急或急救购置的不能够按常规程序验收的设备，可以简化手续，或者按先使用事后补办验收手续的程序进行，但必须由医用电气设备管理部门负责人签字同意。

（7）验收合格的设备应由经手人办理入库手续。入库单一式三联，一联交会计作记账凭证，一联交库房保管作入账凭证，一联交采购部门存查。

（8）对违反验收管理制度造成经济损失或医疗伤害事故的，应追究有关责任人的责任。

9.3　临床使用管理

医用电气设备的临床使用管理是设备生命周期一个主要的管理阶段。《医疗器械临床使用管理办法》第二十二条规定，医疗机构及其医务人员临床使用医疗器械，应当遵循安全、有效、经济的原则，采用与患者疾病相适应的医疗器械进行诊疗活动。相应地，医用电气设备的临床使用管理主要包含日常安全管理和报废管理等内容。

9.3.1　医用电气设备的日常安全管理

医用电气设备在运输、贮存中应当符合医用电气设备说明书和标签标示的要求；对温度、湿度等环境条件有特殊要求的，应当采取相应措施，保证医用电气设备的安全、有效。医用电气设备使用单位应当有与在用医用电气设备品种、数量相适应的贮存场所和条件。医用电气设备使用单位应当加强对工作人员的技术培训，按照产品说明书、技术操作规范等要求使用医用电气设备；医疗机构应当遵照医用电气设备技术指南和有关国家标准与规程，定期对医用电气设备使用环境进行测试、评估和维护。医疗机构应当设置与医用电气设备种类、数量相适应，适宜医用电气设备分类保管的贮存场所。有特殊要求的医用电气设备，应当配备相应的设施，保证使用环境与条件。对于这些特殊设备、环境的定期检测、评估，医疗机构应当积极创造条件，按不同设备的特点，配置不同的环境、设施，诸如射线防护设施、警示标志、温度计、湿度计、除湿机等；存在安全隐患的，医用电气设备使用单位应当立即停止使用，并通知生产企业或者其他负责产品质量的机构进行检修；经检修仍不能达到使用安全标准的医用电气设备，不得继续使用。发生电气设备临床使用安全事件或者医用电气设备出现故障，医疗机构应当立即停止使用，并通知医疗器械保障部门按规定进行检修；经检修达不到临床使用安全标准的医用电气设备，不得再用于临床。

医用电气设备临床使用安全事件是指，获准上市的质量合格的医用电气设备在医疗机构的使用中，由于人为、性能不达标或者设计不足等因素造成的可能导致人体伤害的各种有害事件；对重复使用的医用电气设备，应当按照相关主管部门制定的消毒和管理规定进行处理。

对于按规定可以重复使用的医用电气设备，应当严格按照要求清洗、消毒或者灭菌，并进行效果监测。医护人员在使用各类医用耗材时，应当认真核对其规格、型号、消毒或者有效日期等，并进行登记。对使用后的医用耗材等，属医疗废物的，应当按照《医疗器械废物管理条例》等有关规定处理。

《医疗器械临床使用管理办法》第三十五条规定医疗机构应当真实记录医疗器械保障情况并存入医疗器械信息档案，档案保存期限不得少于医疗器械规定使用期限终止后五年。使用单位对需要定期检查、检验、校准、保养、维护的医用电气设备，应当按照产品说明书的要求进行检查、检验、校准、保养、维护并予以记录，及时进行分析、评估，确保医用电气设备处于良好状态，保障使用质量；对使用期限长的大型医用电气设备，应当逐台建立使用档案，记录其使用、维护、转让、实际使用时间等事项。医疗机构临床使用医用电气设备应当严格遵照产品使用说明书、技术操作规范和规程，

医疗机构应当建立医用电气设备临床使用安全事件的日常管理制度、监测制度和应急预案，并主动或者定期向县级以上卫生行政部门、药品监督管理部门上报临床使用安全事件监测信息。医疗机构应当定期对本机构医用电气设备使用安全情况进行考核和评估，形成记录并存档。

9.3.2　医用电气设备的报废管理

医用电气设备凡符合报废条件的，不能临床使用，而应予以报废。报废医用电气设备，先由使用部门提出，经设备管理部门填写"报废医用电气设备申请表"进行登记造册，再由相关技术部门进行技术鉴定，报设备主管提出调剂报废意见，最后由财务部门办理相关手续。对于价值较大医用电气设备的报废，按《行政事业单位国有资产处置管理实施办法》的规定程序申报。凡减免税进口的医用电气设备，除按以上规定处理外，还应按海关有关规定办理。待报废医用电气设备在未批复前应妥善保管，已批准报废的大型医用电气设备应将其可利用部分拆下，折价入账，入库保管，合理利用。经批准报废的医用电气设备，使用单位和个人不得自行处理，一律交回设备主管部门统一处理，处理后应及时办理手续，进行医用电气设备更新。

1. 报废及报损工作流程

报损业务包括在库报损、在用报损、附件报损。

（1）在库报损：物资在库房时发生的报损。

（2）在用报损：物资在科室使用时发生的报损。

（3）附件报损：物资附件的报损。

报废及报损管理流程如图 9-2 所示。

2. 报废及报损处理规范

（1）报废的条件。

凡符合下列条件之一的固定资产应按报废处理：

① 严重损坏无法修复的；

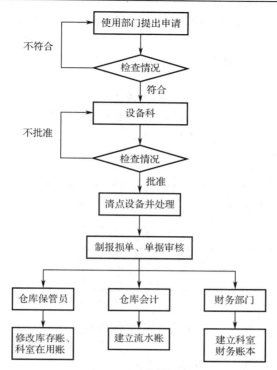

图 9-2　报废及报损流程图

② 超过使用寿命，基础部件已严重损坏或性能低劣，虽经修理仍不能达到技术指标的；

③ 技术严重落后，耗能过高（超过国家有关标准 20%）、效率甚低、经济效益差的；

④ 机型已淘汰，主要零部件无法补充而又年久失修的；

⑤ 原设计不合理，工艺不过关，质量极差又无法改装利用的；

⑥ 维修费用过高（一次大修超过其原价值 50%），继续使用在经济上不合算的；

⑦ 严重污染环境或不能安全运转可能危害人身安全与健康的；

⑧ 计量检测或应用质量检测不合格应强制报废的。

（2）报损的条件。

固定资产由于人为或自然灾害等原因造成毁损，丧失其使用功能的，按报损处理。

需要报废报损的物资均由仓库或使用科室提出，填写报损单，并由维修部门认定，再由设备管理部门审核，做报损业务。

报废报损时，仓库保管员应该根据物资名称、规格型号、价格、数量登账报损，减少库存账或科室账。

在仓库管理员确认报废报损后，仓库财务人员应该根据报损物资的数量、金额、日期、科室等信息建立报损流水明细账，进行账户调整处理。

报损后，档案管理员应该对需要在用管理的物资修改其档案资料、登记报损记录。

对于报废报损业务，需要明确以下信息：当前会计期间、报损单编号、账簿名称、核算科目、报损方式、报损日期、科室、原始单据号、经办人、备注、物资名称、规格型号、产地、单位、单价、数量、金额、合计、制单人、制单日期、审核人、审核日期、记账人、记账日期等。所有报损业务的账务都记录在当前会计期间内。

　　在库报损、在用报损、附件报损不可以进行冲红操作。其中在库报损在会计账簿上都是借方。

3. 医院常用资产报损单据格式（见图9-3）

（医院名称）
固定资产报损单

〖按核算类别小计〗　　　　　　　　　　　　　　　　总计：￥

报损方式：

科室名称：　　日期：YYYY 年 MM 月 DD 日　〖核算名称〗　　No：单据号码　　页码

物资名称	规格	产地	单位	数量	单价	金额	入库日期
合计		大写金额				￥小写金额	
备注							

负责：　　　　记账：　　　　复核：　　　　报损：　　　　制单：

图 9-3　医院常用资产报损单据格式

9.3.3　医用电气设备信息记录与档案管理

1. 医用电气设备信息记录

　　医用电气设备使用单位应当妥善保存购入第三类医疗器械的原始资料，并确保信息具有可追溯性。使用大型医用电气设备以及植入和介入类医用电气设备的，应当将名称、关键性技术参数等信息以及与使用质量安全密切相关的必要信息记载到病历等相关记录中。规范规定，临床使用的大型医用电气设备、植入与介入类医用电气设备名称、关键性技术参数及唯一性标识信息应当记录到病历中，并妥善保存高风险医用电气设备购入时的包装标识、标签、说明书、合格证明等原始资料，以确保这些信息具有可追溯性。

　　医疗机构应当按照国家分类编码的要求，对医用电气设备进行唯一性标识。医疗机构应当对医用电气设备采购、评价、验收等过程中形成的报告、合同、评价记录等文件进行建档和妥善保存，保存期限为使用周期结束后 5 年以上。医用电气设备保障技术服务全过程及其结果均应当真实地记录并存入档案。考虑到将来需要存档的信息量是相当大的，为确保档案工作的科学、有效管理，设置专职或兼职的档案管理人员也是非常必要的。

　　为了正确地掌握设备的情况，使它经常处于最完善的状态，定期检查、保养和维修是设备保管时安全管理业务的最重要内容。对开机检查、定期检查等所发现的异常现象，需要迅速修理、调整，鉴别安全性，使仪器处于可供使用的状态。

　　此外，如果设备经常发生故障，维修费很高，在市场已有性能较好的设备、该设备已无使用价值等情况下，与事先规定的仪器报废标准相对照，可进行必要的报废更新。

　　安全管理的各种业务，都是日常进行的工作。这些虽然包括在日常的业务工作中，但把它们有机地结合起来，作为工作体系来实施则很重要。把安全管理业务归纳起来，如图 9-4 所示。

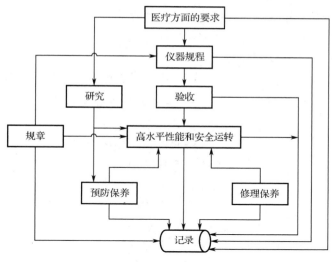

图 9-4　安全管理业务

2．医用电气设备档案管理

1）医用电气设备管理原则与流程

档案管理是医用电气设备的保管管理的一个重要组成部分。医用电气设备档案在医疗、科研、教学以及医院管理中均起到重要的作用，是重要的法律文件，也是处理医用电气设备引起的各种纠纷的法律依据。根据《中华人民共和国国家档案法》的规定，属档案管理范畴的文件、原始资料，必须以档案方式保存、管理。医用电气设备从计划采购、安装验收、临床使用、维修维护直至淘汰报废的整个过程会产生大量的文书、资料，如购买设备申请报告、论证报告、标书、中标通知、内外贸易合同、海关报关文件复印件、商检报告、各类检测报告、到货验收单、设备验收安装登记表、技术资料、维修情况登记、使用情况登记、报废报损申请报告等都需要建立完整的设备档案。

进行安全管理时，健全安全记录并进行保存是很重要的环节。建立医用电气设备档案的最终目的是开发利用设备一生中的信息资源，发挥档案的深层次效能，更好地为医院现代化建设服务，为临床、教学、科研活动服务，为决策提供各种信息资源。因此，设备技术档案管理十分重要。

目前，我国医用电气设备档案管理在医院实行"主管院长总负责，专职档案员督导，兼职档案员具体实施，设备使用、维修人员参与"的共同管理模式。医用电气设备兼职技术档案管理人员行政上归设备管理部门，业务上由院技术档案管理部（如院综合档案室）负责指导。与此同时，根据《科技档案工作条例》《工业企业技术档案管理暂行规定》《科学技术档案案卷构成的一般要求》等，编制医用电气设备档案归档范围及分类编号、归档办法及案卷质量要求，建立医用电气设备档案管理规定，完善医用电气设备档案的收集、整理、立卷归档、保管、保密、借阅、统计、鉴定、销毁等制度，实现医用电气设备档案管理的制度化、程序化、标准化、科学化，保证医用电气设备档案的规范管理。

一个完整的档案管理，必须合理地设置设备管理类目体系。医用电气设备档案是医院档案类目体系中的一级类目之一，必须参照国家档案分类的有关规定，结合医用电气设备管理的特性设置档案类目，达到组卷规范的目的。类目设置必须保证类目清楚，避免不同类目文件交叉立卷，避免割裂文件材料的有机联系。不少单位在组卷时，是按照文书档案的整理要求把同一问题的文件组成一个案卷，如将不同型号的设备购置合同书组成一卷，这样就使一台设备的文件材料人为地分散在其他门类的案卷中，给设备管理带来不便和麻烦。

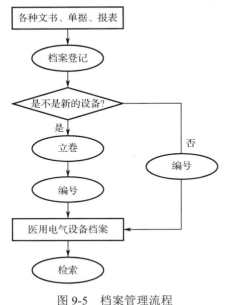

图 9-5　档案管理流程

医用电气设备的档案管理流程如图 9-5 所示。

2）医用电气设备档案管理的要求

（1）真实性。

档案资料收集的应是原始资料。在医用电气设备管理的各个环节中，应随时收集各种原始资料。如因客观原因只能得到复印件时，则必须验证复印件的真实性和注明复印件的提供者，以备查证。

（2）完整性。

档案资料必须根据内容要求进行收集、整理并装订成完整的档案资料。档案目录与实际档案资料内容、数量页数必须相符，不能缺少。一般情况下原始资料不能外借，而应以复印件方式借出。当原始资料必须借出时，应严格手续，限期归还，防止流失。

（3）动态管理。

医用电气设备在整个应用周期中，随时会有新的资料产生，如设备维修、检测、计量等结果记录、各种保修合同等。因此应该注意档案内容动态更新，每年档案文件目录中的内容均要求及时更新。

3）医用电气设备档案内容

下列项目的原始资料应列入医用电气设备档案内容。

（1）筹购资料：申请报告（表）、论证表、审批报告与批复文件；招标、评标记录或采购谈判记录、产品生产和注册证书、销售商品的经营许可证、订货合同、到货验收报告、商检、索赔记录、安装报告等。

（2）设备技术资料：产品样本、使用和维修手册、线路图及其他有关资料。

（3）管理资料：操作规程、维护保养制度、应用质量检测、计量信息、使用维修记录、可疑不良事件的报告及调剂、报废处理记录等。

4）档案资料收集与建档

《医疗器械临床使用管理办法》第十六条规定医疗机构应当加强医疗器械信息管理，建立医疗器械及其使用信息档案。医用电气设备档案的建立过程，往往要经过若干个环节和不同的部门人员。为保证档案的真实、完整，各医疗机构应设立专（兼）职设备档案管理人员，由他们负责收集、汇总有关医用电气设备的各类原始凭证、报告，以及其他管理部门所产生的有关单据、报表，逐项登记编号。其他管理部门的相关人员应及时将有关资料转交到档案管理人员手中，使资料有明确的去向。医用电气设备档案管理要求将每台医用电气设备档案单独立卷，一旦购置新的医用电气设备，即生成新的案卷号，有关该医用电气设备的所有资料均成为该案卷中的目录文件。

现在大部分医用电气设备档案采用计算机管理，不仅可以准确、快捷地查阅所需资料，节约人力和时间，大大提高工作效率，而且对于更新管理观念和管理手段、提高医用电气设备管理人员的素质和技术档案管理的质量将起到十分积极的促进作用。因此，医用电气设备档案的计算机管理，是现代医用电气设备管理发展的必然方向。

医用电气设备的技术档案计算机管理内容：科室申请报告、安装调试及验收资料、设备的中英文技术资料、运行过程中的维修记录、计量测试记录、重大故障及处理记录，报废报告及报废的技术鉴定资料、报废后的设备处理结果等。

安全管理档案以每台仪器或机组为准，是每台仪器从购入开始到报废为止全部期间内的履历表，表 9-2 是安全管理档案示例，建立安全管理档案便于查阅仪器的使用过程。详细项目和定期检查报告书、修理报告书等一起归档。将这些档案保管好，运用贮存的记录数据，对购入更好的、更安全的仪器，发展安全程序都是很重要的。

表 9-2　安全管理档案示例

仪器名称：				管理编号：			
生产单位：			型号：			出厂号：	
购入单位：			价格：				
验收日期：				保修期：			
主管科室：				使用负责人：			
使用场所：							
重大事项					定期检查负责人		
归还时间（年/月/日）				处理、报废、其他（年/月/日）			
记　录							
日期				故障日期	简单记录	T.B.F	有关报告记录	经费
申请	设备出仓	预定归还	归还					

9.3.4　安全管理技术人员

在医疗机构从事医疗器械相关工作的技术人员，应当具备相应的专业学历、技术职称或者经过相关技术培训，并获得国家认可的执业技术水平资格。但是由于我国对医疗机构临床工程师的培养一直没有引起重视，这些规定在实践中要得到落实，还需要一个逐步推进的过程。医疗机构应当对医疗器械临床使用技术人员和从事医疗器械保障的医学工程技术人员建立培训、考核制度。组织开展新产品、新技术应用前规范化培训，开展医疗器械临床使用过程中的质量控制、操作规程等相关培训，建立培训档案，定期检查与评价。在实践中，临床使用技术人员的培训问题，通常有以下三个方法加以解决：一是新设备应用前的使用和维护培训，由生产厂家或经销商授权的技术人员执行；二是设备投入使用后的生产厂家的维修技术培训，这项工作必须在招标采购时提出，并明确写入合同中；三是每年对新进人员的通用设备使用技术培训，由器械管理部门的医学工程技术人员执行。

为了提高涉及面很广的安全管理业务水平，需要有广泛的知识和技能。除了要有电机工程学、电子学、医用电子工程学、安全性和可靠性的工程学等知识外，还要求具备质量管理、基础医学、临床医学以及与医用电气设备有关的规则等一定的知识。概括来说，临床工程师应该成为：

（1）执法和护法者：应该严格按法规和标准办事。

（2）检查员：把安全隐患消除在萌芽状态。

（3）教育者：做好使用人员的培训。

（4）示范员：带头贯彻好安全防范措施。

在美国，临床工程师资格的确定是以 AAMI（Association for the Advance of Medical Instrumentation）为中心来进行的。考试的内容有解剖学、生理学、安全性、仪器的适用范围、仪器的规格、仪器的评价、测试仪器，教育能力、咨询能力等也是考试的内容。美国确定临床工程师委员会对临床工程师的定义是在医疗设施技术上具有高度的教育、经验和技能，并能够有效、安全地负责管理患者和医用电气设备装置间的关系及使用医用电气设备。

在日本，也有类似的机构来进行临床医学技师的认证。在我国，各个方面对确认医用电气设备技术工作者或医用电气设备安全管理技术工作者的呼声渐高，可认为将要求他们具有与美国临床工程师类似的知识结构。

9.4　临床保障管理

9.4.1　医用电气设备的安装验收保障

医疗机构应当制定设备安装、验收（包括商务、技术、临床）使用中的管理制度与技术规范。对于大型设备的安装，实践中一般是由生产厂家或经销商授权的技术人员进行的。医疗器械的验收工作，应该注重商务、整机、附件的完整性及功能、安全有效性能的检测验收，确保规范和验收工作的科学性。

1．安装使用环境的技术要求

医用电气设备的使用环境主要是指医用电气设备安装场地、机房要求、供电、接地，使用地点的温度、湿度、空气的净度和磁场、电场和电磁波的干扰等。在医用电气设备安装前，必须做好安装使用环境的准备。

（1）温度、湿度。

根据医用电气设备技术要求，对温度、湿度的限制条件，事先设计好使用环境的温、湿度。

应根据设备运行的温度允许范围、本身发热功率、机房空间大小，选择空调的功率大小、温控精度及安装位置。根据当地的湿度变化，选择配置合适的除湿机。

（2）机房场地。

应根据厂方提供的要求，结合实际情况做好机房设计与施工准备，必须考虑的有：机房面积、尺寸和高度，候诊面积与患者输送通道；大型、笨重的医用电气设备应设计好运输通道，包括宽度、高度与转弯角度；机房的平整度要求、承重能力（包括地面与吊架顶）要求；特种设备的放射线防护、屏蔽、空气净化要求；需设地缆或固定地脚装置的医用电气设备，应设计好安装位置图，地缆沟的尺寸、走向及位置，并做好安装前的准备。

（3）供电。

计算好电源消耗功率，设计好电源线路和开关的容量，供电线直径、内阻，选择配置专用变压器；根据供电电压的稳定性和停电情况。考虑配置专用变压器和不间断电源（UPS），及其功率大小、精度要求等；电源插座的容量、安装位置的数量；照明要求，如采用何种灯光、亮度大小、灯光位置等。

（4）地线。

地线设置是保证医用电气设备使用安全的重要措施，应按厂方提供的要求，设置有效的接地系统，确保接地电阻达到医用电气设备的技术要求。

（5）水源、气源、制冷。

对于有水、气源等要求的医用电气设备，在安装之前，应要求厂方提供相关的技术参数，用户应认真做好准备。并考虑其流量、接口、安全性等因素。

（6）网络要求。

如果医用电气设备要求与其他设备联网或数据远程传输，如 PACS 系统、LIS 系统、HIS 系统等，则应事先布置网络线路，接口数量及其位置与传输速率等。

（7）电磁干扰。

医用电气设备（有源设备）一般会产生电磁场干扰，从而干扰邻近设备或受其他设备干扰。为此，安装设备前选择位置时，应考虑设备技术要求中电磁兼容性参数，保证与相邻设备的最小距离大于规定要求。

2. 安装验收保障

验收工作应该注重商务、整机、附件的完整性及功能、安全有效性能的检测验收，确保规范和验收工作的科学性。一般来说医用电气设备安装调试有以下步骤。

（1）按照说明书对调试的医用电气设备的各项技术功能（包括软件功能）逐一调试。必要时应作临床实际操作，有些参数能验证的，应进行量化检查。

（2）对大型医用电气设备，如大型 X 线机、X-CT 机、磁共振、直线加速器等，由于价格较昂贵，在进行安装调试前应当组成专门班子。按合同规定，厂方应派合格的技术人员进行安装调试，并对使用和维修人员进行技术培训。

（3）参加安装调试的人员要先熟悉设备的安装、使用说明书，了解医用电气设备的性能，掌握安装调试的基本要求。首先检查电压、地线是否符合要求；有水源要求的医用电气设备要事先检查水压和流量，必要时查验水质。有放射源的医用电气设备要按照要求测试防护性能。安装调试工作应尽量在索赔期前完成。

（4）调试过程中，操作人员应尽快熟悉和掌握关键的技术。根据不同的医用电气设备及要求，可以安排专题技术讲座，使设备的功能得到充分的开发。连续开机以验证设备的可靠性。

（5）安装调试完成，医用电气设备正常运转后，有关人员要做好安装调试记录；同时制定使用操作规程及管理制度。操作规程及管理制度应包括以下内容：使用人员应具备的技术条件，开机前注意事项及程序，对患者的安全处理，操作程序，日志文档，设备发生意外时的处理措施，维修保养记录更换人员的交接手续等。

（6）设备的保修。设备的保修是指设备经过安装调试投入使用后，在保修期内，非人为原因，由于设备本身设计或部件等方面出现质量问题，造成设备不能正常运行，厂家应当给予无偿维修或更换。医用电气设备的类型比较多，保修期的时间也不同。保修期的计算一般是从设备安装调试运行正常，双方签署验收的时间开始计算。

9.4.2　医用电气设备的风险评估及维护

医疗机构应当对在用设备类医疗器械的预防性维护、检测与校准、临床应用效果等信息进行分析与风险评估，以保证在用设备类医疗器械处于完好与待用状态、保障所获临床信息的质量，《医疗器械临床使用管理办法》第十三条规定医疗器械使用科室负责医疗器械日常管理工作，做好医疗器械的登记、定期核对、日常使用维护保养等工作。在用设备类医疗器械的预防性维护、检测与校准、临床应用效果等信息进行分析与风险评估工作，有其重要意义。但如何科学、有效地实施，涉及设备、设施、技术、人力等多方面的条件。为了消除危险的起因，保障的安全，最重要问题就是对仪器、设备进行检查和保养。检查和保养工作包括四项：预防性维护，开关机检查，定期检查，故障检查。预防性维护方案的内容与程序、技术与方法、时间间隔与频率，应按照相关规范和医疗机构实际情况制定。

1．预防性维护

为保持医用电气设备的高度安全性，要对仪器进行预防性维护（Prevent Maintenance，PM），以便早期发现故障隐患。现在，很多生产部门，都实行了预防性维护制度；而大部分医院，对于医用电气设备的预防性维护发展还不平衡。但预防性维护在欧美国家已比较普及，这是一种在事故发生前就掌握医用电气设备的故障、性能和安全性的降低情况，早期进行处理，事先防止事故的发生。这比过去"出故障后才检查修理"的做法要进步很多。

预防性维护工作具有极其重要的意义，它能早期发现故障隐患，避免意外事故，发现临床不注意的故障，确保设备性能和准确度，确认所需的备件，延长设备的使用寿命。

进行预防性维护工作的基础是调查医院的仪器现状及编号，然后编制 PM 工作计划表，按不同重要等级，不同科室分别安排 PM 周期，每次按不同级别要求进行工作。一般说来，PM 的分级如下：D 为外观检查；C 为外观+性能检查；B 为外观+性能+电安全检查；A 为外观+性能+电安全+校准检查。编好计划表之后，再对 PM 工作步骤进行编号，最后做好标记及记录。

2．开机（关机）检查

为防止医用电气设备发生事故，在应用设备进行诊疗工作前，需要进行安全的基本检查。因为这是每次使用时都必须做的，叫开机检查。在诊疗工作后进行检查时发现有安全性降低或故障问题等，叫关机检查。

实际开机检查和关机检查，对不同仪器的项目有所不同，不能一概而论。我们只讨论其基本项目和应注意的问题。开机检查实际上是由操纵设备的使用者来进行的，不必太复杂，只要检查安全的基本项目即可，最基本的是确定以下两点：关于安全的必备条件的处理和有关设备可靠性的重要性能的检查。

关于安全的必备条件处理的基本项目如下。

（1）确认接地（接地线有无断线，组合使用时的一点接地，设备接地端钮的连接，与墙接地端钮之间的连接等）；

（2）确认导联线、传感器、特殊电极（电手术刀对极板等）和仪器主机间的连接正常；

（3）确认气体管道和药液管道等的连接正常（防止误接或未连接等）；

（4）各种引线、插头、连接器等有无破损；

（5）漏电流（患者漏电流、机壳漏电流、接地漏电流）在容许限度内；

（6）绝缘电阻在容许值以上；

（7）接地线电阻在容许限度内。

除此之外，还要确定是否正常工作（如心电图机的校准信号，化验用仪器用标准试药的校正等），治疗仪器有无输出（除颤器，电手术刀等的输出）；确认输出显示器的工作（输出指示灯或指示仪表等）；确认报警器正常工作（心搏计、血压计的上下限报警，电手术刀对极板回路的断线报警等）；有无其他异常（意外的火花、烟、臭气、振动、异常音、气体漏出、液体漏出等）等重要性能的基本项目。

其他的重要项目，如设备的配套性（有无接地设备，管道连接器的型式等）及设备的容量（电源插座的容量，气体、压强和吸引压的大小等）等也应预先确认。

在开机检查中发现异常时，应立即停用此设备，使用备用设备，而对损坏的仪器进行及时修理。在紧急情况下，经应急处理继续使用时，应该充分考虑到至少要保证对患者绝对无危险。

关机检查发现的问题有时很有用。这时除检查仪器外，观察使用该仪器的患者状态（发红、烫伤、外伤等）也很重要。这将防止事故波及下一个患者。特别是对于治疗用仪器尤其重要。

对于医用电气设备的开机和关机检查的基本项目。不同设备的检查项目不同，检查程序也须考虑不同仪器的特点。一般先按仪器类别准备开机（关机）检查的明细表，按一定方式进行检查。

3．定期检查

为保持医用电气设备的高度安全性，在开机和关机检查基础上还需要进行仔细检查，以便早期发现不良现象。这种检查应当是有计划定期进行的。很多生产部门，已经实行了工业用（检查用）测量仪器的定期检查制度。随着临床工程学的发展，医用电气设备定期检查的思想正在普及起来。相信不远的将来，各大小医院会采取措施，执行定期检查。

定期检查的内容大致可分为安全和性能两个方面。后者可以说是关于仪器可靠性的检查。在现代医疗中，医用电气设备担负的任务不断增加，而且它对医疗的可靠性具有很大影响，目前设备的可靠性已成为和患者的安全直接有关的重要因素。从这个意义上来说，设备性能检查可认为是安全检查的一部分。

定期检查的项目也和开机、关机检查一样，因设备而异，不能一概而论。基本的检查项目包括安全和性能的检查。

关于安全的项目有：

（1）插头、接线栓等的检查（破损、接触不良等）；

（2）对各种引线的检查（绝缘层的破损、断线等）；

（3）面板的检查（旋钮的破损，刻度盘的破损、沾污、裂纹等）；

（4）电极的检查（沾污、弯曲、破损、表面凹凸不平等）；

（5）保险丝的检查（保护患者保险丝，防止大电流通过保险丝等）；

（6）地线电阻的测量；

（7）各绝缘处的耐电压测量；

（8）各绝缘处的绝缘电阻的测量；

（9）市用交流电源的漏电流测量（接地漏电流，机壳漏电流，患者漏电流）；

（10）通过患者的电流的测量（如阻抗容积描记法等）；

（11）患者功能电流的漏电流的测量（如电手术刀，除颤器的输出漏电流等）；

（12）气压、液压及其漏出的测量；

（13）仪器各部分温升的测量；

（14）安全保护装置，安全报警装置的工作极限值的测量。

对同一项目进行定期测量，可及时掌握仪器性能，降低故障情况，也能预先估计更换零件或更新仪器的时间。

关于性能的项目有：

（1）可动部分的检查（旋转性、固定性，以及旋钮所指示刻度的可靠性）；

（2）输出显示器的检查（输出指示灯、仪表等）；

（3）灵敏度、放大倍数的测量（校准电压、标准试药等）；

（4）直线性的测量；

（5）频率特性的测量（低频、高频截止频率，阻尼因数，交流声滤波器等）；

（6）共模抑制比的测量；

（7）输入阻抗的测量；

（8）噪声测量（等效输入噪声、信噪比等）；

（9）记录器，指示器速度的测量；

（10）速率指示器的校准（心搏计、呼吸率计、转速计等）；

（11）输出测量（电手术刀、除颤器、起搏器等）；

（12）内部电源电压的测量（起搏器等）；

（13）传感器的校准（如压力计、流量计、温度计等）。

根据仪器的用途不同，其主要性能也不同，应当对每类仪器进行深入的研究后决定检查项目。各种仪器的这些检查项目的标准或规格，由国际 IEC 标准和国内国标规格来决定。定期检查的容许值可参照标准来确定。因此，充分理解标准和规格是非常必要的。

这些项目的检查由谁来做是个很大的问题，现在我国的大医院，由医生、护士以及设备维修人员等共同承担。最理想的应当由医院的医用电气设备工程师（临床工程师）来做，但是，目前就人力、设备和组织等情况来说，要求所有医院都这样做是有困难的，因此适当增加临床工程师非常有必要。

和开机关机检查一样，定期检查也要准备一个检查明细表，则效果较好，表 9-3 为电手术刀定期检查明细表一例。

表 9-3　电手术刀定期检查明细表一例

检查者：_____

仪器名称		检查年月日		
仪器编号		下次预定年月日		
使用场所		这次检查的处理		
检查对象	检查项目	OK	要修理（内容）	修理完成日期
电源插头	破损			
	接触性能下降			

电源线	绝缘层破损			
	插头接线柱断线			
电源保险丝	断线			
脚踏开关线	绝缘层破损			
	断线			
手术刀前端电极线	绝缘层破损			
	断线			
	附有血液或污物等			
对极板线	绝缘层破损			
	断线（测量电阻）			
对极板	严重的伤痕，裂纹			
	弯曲			
	表面的凹凸程度			
	烧焦的痕迹			
手术刀前端电极架	破损（金属部分露出）			
	电极支持力下降			
控制面板	旋钮破损			
	刻度破损			
	严重污浊，伤痕			
背面	空气过滤器污浊			
	风扇污浊			
支架	可动性			
	固定功能			
指示灯	开灯试验			
声音指示器	音量			
接地端钮	极端污浊、生锈和机壳导通			
接地线	断线（测量电阻）			
脚踏开关接地	和地导通			
患者安全回路	无关极板取掉报警			
	地线脱落报警			
漏电流*	接地漏电流			
	机壳漏电流			
	通过患者漏电流			
	额定负荷时的输出电功率			
高频漏电流*	手术刀前端电极高频波泄漏			
	无关极板高频波泄漏			

波形观测*	切开波形			
	凝固波形			
	混合波形			
* 在使用者认为不合适时，由厂家来测量				
备注（特殊发现的问题）				

以上内容仅对医用电气设备的定期检查作了说明，而医院的其他配套电气设备的定期检查也很必要。例如，电源设备（电源电压、电闸、插座的配备、布线、漏电等），备用电源（动用时间、持续时间、供电插座的情况、运转试验等），接地设备（接地电阻、接地端钮间的电阻、接地端钮的配备），管道（气体成分、气压、漏泄情况等），细菌（细菌污染、空气过滤器的配备等），空调（温度和湿度测量、温度分布测量等）。这些项目定期检查，至少一年进行一次。

对所有医用电气设备的定期检查、安全性检查一般应该一年进行四次以上，性能检查应该一年进行两次以上，重要的治疗仪器一年进行四次以上。

4．故障检查

在仪器开始使用时或使用中，有时会发现某些异常故障现象。这时的检查叫作故障检查。故障检查的目的是发现故障和异常的原因，并加以排除和修理。目前，排除这方面的故障大部分是医用电气设备制造厂维护人员的工作。但是，有些查明原因和应急处理的工作，使用者也能做，这样可以缩短医用电气设备功能的停止时间。这里仅就使用者应该进行的故障检查内容和顺序进行说明。

仪器发生异常时，首先应分清是由于使用上的错误，还是由于仪器的故障引起的。一般说来属于使用上的差错如下。

（1）忘记连接电极或传感器等接触不良，连接错误。

（2）导联转换器选择错误。

（3）灵敏度和输出旋钮选定错误（过小或过大）。

（4）报警装置选定错误。

（5）忘记连接地线或地线脱落和无效接地（接窗框等）。

（6）电池极性接反。

（7）电子射线管的基线位置未调整好（偏向上下或左右），电子射线管的辉度过小。

检查的第一步就是要发现上述使用上的错误。判明不是使用上的错误后，才进一步考虑仪器故障。发现故障的顺序，因仪器的不同而不同，但通常是如下简单故障。

（1）电源电池的电压下降。

（2）电源保险丝断开。

（3）电源线断线。

（4）导联线或传感器引线断线（特别是插塞部分）。

（5）仪器外部连接线断线。

（6）接地线断线。

（7）指示灯断线。

（8）热笔断线。

（9）保护患者的保险丝断线。

对于这些简单故障，使用者可以进行检查，用备用品代替或作应急处理等就可复原。但像（2）、（9）那样的保险丝断线，仅仅更换一下保险丝是危险的，必须查明保险丝断线的原因。而主机内部的故障、传感器的故障、电极等手按开关的故障、仪表的故障、仪器零件的故障，需要请有关厂家维护人员来检查。不过，只要作了定期检查，就能在一定程度上推测原因，也能帮助厂家提高检查效率。而且，由于可以事先准备代替的零件，因而能够缩短功能停止时间。

这些检查都应当留有记录。多查阅记录，对将来故障的检查、为制造厂改进仪器等都是有利的，同时对下一次检查与处理也是有用的。

5．修理

根据以上检查，如果发现仪器故障，则需要进行修理，使仪器恢复正常状态。修理，分为在医院内进行的内修和依靠生产厂家进行的外修两种。美国和欧洲的大医院，院内设有大规模的工程部门，在那里，很多仪器都能修理。但我国的医院，一般只设设备科，没有充足人员，内部修理自然受到限制。

原则上，仪器内部故障或传感器等的修理不应当在院内进行，即便院内能够简单修理的，但只要在安全上没有把握的也不应在院内进行。

送到院外修理结束的仪器，要和接收新的仪器一样，鉴定安全性，并应向生产厂索取详细的报告书。表 9-4 为外修委托书一例。

以上就仪器使用和操作者应当担负的仪器管理工作，即检查、保养作了具体说明，如能认真执行，对事先防止医用电气设备发生事故将是非常有效的。

为了进行检查和保养，在使用设备时，对设备的原理、构造和特性必须具有足够的知识。所以，医院配备医用电气设备工程师那样的专家很有必要。但是，目前把这作为一项制度还有困难。在配备专家以前，实际从事设备操作的人员必须主要承担检查和保养工作。所以需要对这些人员进行培训。

表 9-4　外修委托书一例

使用者登记栏	仪器名		单位	
	购入时间（年/月/日）		管理负责人	
	发现故障时间（年/月/日）		故障发现人	
	故障的情况 登记人签字			
	交制造厂日期		制造厂接收负责人	
制造厂登记栏	故障原因 　　　　　　　　　　　登记人签字			
	修理内容 　　　　　　　　　　　登记人签字			
	安全性能试验结果 　　　　　　　　　　　登记人签字			
	修理完毕交货日		交货负责人	仪器领取人签字

9.4.3　医用电气设备的应急管理

对于生命支持设备和重要的相关设备，医疗机构应当制定应急备用方案。对于应急预案，为了确保急救与生命支持设备处于待用状态，应当建立严格的"急救与生命支持设备使用人员的交接班制度"、快速的"急救与生命支持设备维修响应制度"、适宜频度的"急救与生命支持设备预防性维护制度"及有效的"急救与生命支持设备应急调剂制度"，确保危、急、重患者抢救、治疗行为的畅通无阻。

为全面提高医疗救援保障体系，有效地应对突发性公共卫生事件，建立健全快速反应应急管理机制意义重大，医疗系统的医用电气设备的应急管理包含以下方面。

1．机制应急管理

结合医院实际情况设立应急指挥机构，预防为主统一领导分级负责加强管理，医院应急医疗保障中心发挥核心机构的职能，负责医院应急保障工作的开展，统一部署快速反应协同应对。设备主管部门规范管理组织协调，按照职责分工和相关预案指导和协同保障中心完成突发事件中应急保障措施的执行。

（1）鉴于突发事件都具有不确定的复杂性和危害性，因此要有快速有效的应对处理预案，通过网络互联信息共享建立有效的防范保障体系，依靠科学技术整合现有突发公共事件的监测、预测、预警等信息资源，完善医疗设备的应急管理系统，在工作中充分发挥职能机制的作用是突发事件应急处理正常进行的保障。

（2）贯彻统一领导分级负责制做到分工明确责任落实，各科室使用的设备产权归属要明确，管理责任要具体落实到保管人使用人，使用者要严格执行操作规程和安全防护制度，并要求在使用中对设备运行状况及调配情况有相关的详细记录。维修技术人员需要每周到使用科室检查设备运行情况，每台设备应备有操作规程、维修和维护保养记录。

2．过程应急管理

全面实时最佳的设备维护，确保最优的设备性能。建立一支专业技术全面的团队，平时对重要设备做好预防性检修和保养工作，使之处于良好的状态防患于未然。对于有计量要求的设备要定期检测和校正，并接受计量检测部门和卫生防疫部门的强检，确保设备使用的安全性和可靠性。

（1）专业工程师定期对大型医用电气设备进行保养和技术性能测试，做到医疗设备维护与保养计划的落实，将医用电气设备防尘、防潮、防蚀工作落到实处，建立三级维修日常维护体系，日常维护到位、季度维护及时、年度维护与技术性能测试达标，使各种设备处于运行良好备用状态，作为能在突发事件中随时启用的应急设备。

（2）根据应急处置工作的需要，建立突发设备事件的信息通报协调渠道，一旦出现突发大型设备事件，通过组织调度各方面资源和力量，采取必要的措施对突发设备事件进行先期处置，并及时联络协调通报现场动态信息，向使用科室及应急保障中心通报处置进度，根据实际情况采取不同措施给予解决。

3．保障应急管理

为提高医护人员使用救援医用电气设备的能力，定期开展应急设备工作流程的培训，组织和帮助医务人员熟练掌握使用应急设备的方法和要领，提高医务人员相关医学工程技术方面的知识。

（1）专业技术人员切实做好应对突发设备事件的保障工作，常规工作中对重要设备上使用的易损易耗零配件要建立备件库，定期查看和更新物资储备情况，满足维修时及时更换配件的需求。对配有充电电源的设备要经常检查充电情况，及时充电保证停电时能立即启用备用电源，另外配有 UPS 电源的设备也要经常检查 UPS 工作情况，在发生断电故障时设备运行不间断，确保设备在应急处置工作中发挥效力工作正常。

（2）科学规划合作协调机制，由设备科协调提供备用或调用相关设备，平时分开管理用时统一调度的应急物资储备保障体系，根据资源共享特殊急救设备共用的原则按需进行调配。科室之间要相互配合，被调用急救类设备所在科室需提供操作技术支持，并按照正确的操作规程指导、协助调用科室正确操作使用，同时设备科工作人员要重点做好调用设备的维护保养工作，以保障应急工作的顺利进行。

（3）加强应急抢修队伍的业务培训和演练，用于突发设备事件应急管理工作机制日常运作和保障。当设备出现故障时，专业工程师应第一时间到达现场参与应急抢修，同时向负责人报告设备状况，设备主管部门根据故障性质程度，及时制定并组织实施抢修和替代方案，决定是否由其他相关科室调拨或院外借用装备保证医疗救治，避免因设备故障对救治过程造成影响。

（4）医院保卫部门按照有关规定对突发设备事件明确程序，规范管理组织协调有关单位和部门，参与调度各方应急资源的治安维护工作，部署做好维护现场治安秩序和其他部门的稳定工作，加强对重要物资和设备的安全保护，依法采取有效管制措施应对工作需要，保障突发公共卫生事件的安全医疗救援工作。

思考题

1. 简述医用电气设备使用单位对在用设备的管理义务。
2. 简述医用电气设备临床准入管理的基本内容。
3. 简述医用电气设备临床保障管理的基本内容。
4. 简述医用电气设备应急管理的基本内容。

附录 A GB 9706.1—2020

医用电气设备 第 1 部分：基本安全和基本性能的通用要求（部分）

1 范围、目的和相关标准

1.1 *范围

本标准适用于医用电气设备和医用电气系统的基本安全和基本性能。

本系列标准不适用于：

——由 IEC 61010 系列标准覆盖的不满足 ME 设备定义的体外诊断设备；

——由 ISO 14708 系列标准覆盖的有源医疗植入装置的植入部分；

——由 ISO 7396-1 标准覆盖的医用气体管道系统。

对于某些监测和报警信号，YY 0709 的要求适用于 ISO 7396-1 标准。

1.2 目的

本标准的目的是规定通用要求并作为专用标准的基础。

1.3 *并列标准

在本系列标准中，并列标准规定基本安全和基本性能的通用要求适用于：

——一组 ME 设备（如放射设备）；

——在本标准中未充分陈述的，所有 ME 设备的某一特定的特性。

适用的并列标准在发布时成为规范并应和本标准一起使用。

若 ME 设备适用并列标准的同时也有专用标准存在，那么专用标准优于并列标准。

1.4 *专用标准

在 IEC 60601 系列标准中，对于所考虑的专用 ME 设备，专用标准可能修改、替代或删除本标准中的适用要求，并可能增加其他基本安全和基本性能的要求。

专用标准的要求优于本标准。

2 规范性引用文件

（略）

3 *术语和定义

本标准中使用的术语"电压"和"电流"，除非另有说明，是指交流、直流或复合的电压或电流的有效值。术语"电气设备"用来指 ME 设备或其他电气设备。

3.1 调节孔盖 access cover

外壳或防护件上的部件，通过它才可能接触到电气设备的某些部件，以达到调整、检查、更换或修理目的。

3.2 可触及部分 accessible part

可通过标准试验触及的除应用部分外的电气设备的部分。

3.3 附件 accessory

与设备一起使用的附加部分，用来：

——达到预期用途；

——使设备适合一些特定用途；

——便于设备的使用；

——增强设备的性能；

——启用某些功能，以便与其他设备的某些功能集成。

3.4　随机文件 accompanying document

随 ME 设备、ME 系统或附件所带的文件，其内容包含了为责任方或操作者提供的信息，特别是关于基本安全和基本性能。

3.5　电气间隙 air clearance

两个导体部件之间在空气中的最短路径。

3.6　器具耦合器 appliance coupler

不使用工具即可将软电线与电气设备进行连接的装置，由两个部件组成：网电源连接器和器具输入插座。

3.7　器具输入插座 appliance inlet

器具耦合器中与电气设备合成一体或固定的部分，见图 1 和图 2。

3.8　*应用部分 applied part

ME 设备上为了实现 ME 设备或者 ME 系统的功能，在正常使用时需要与患者有身体接触的部分，见图 3 和图 4。

3.9　*基本绝缘 basic insulation

对于电击提供基本防护的绝缘。

3.10　*基本安全 basic safety

当 ME 设备在正常状态和单一故障状态下使用时，不产生由于物理危险（源）而直接导致的不可接受的风险。

3.11　AP 型 category AP

为避免在与空气混合的易燃麻醉气（使用）中形成点燃源，对 ME 设备或其部件在结构、标记及文档上都能符合规定要求的评级。

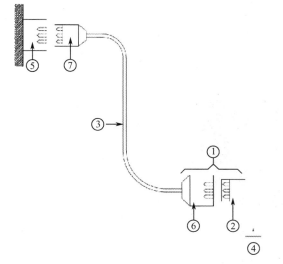

说明：
① 器具耦合器
② 设备电源输入插口
③ 可拆卸电源软电线
④ ME 设备
⑤ 固定的网电源插座/多孔插座（MSO）
⑥ 网电源连接器
⑦ 网电源插头

图 1　可拆卸的网电源连接

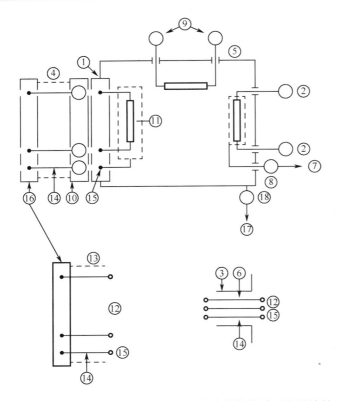

说明:
① 器具输入插座（参见图1）
② 患者连接
③ 电线管
④ 可拆卸电源软电线
⑤ 外壳
⑥ 固定的布线
⑦ 功能接地导线
⑧ 功能接地端子
⑨ 信号输入/输出部分
⑩ 网电源连接器
⑪ 网电源部分
⑫ 网电源端子装置
⑬ 电源软电线
⑭ 保护接地导线
⑮ 保护接地端子
⑯ 网电源插头
⑰ 电位均衡导线
⑱ 电位均衡导线用的连接端子

图2　定义的接线端子和导线的示例

3.12　APG 型 category APG

为避免在与氧或氧化亚氮混合的易燃麻醉气（使用）中形成点燃源，对 ME 设备或其部件在结构、标记及文档上都能符合规定要求的评级。

3.13　I 类 class I

对电击防护不仅依靠基本绝缘，还提供了对金属可触及部分或内部金属部分保护接地的附加安全预防措施的电气设备，见图3。

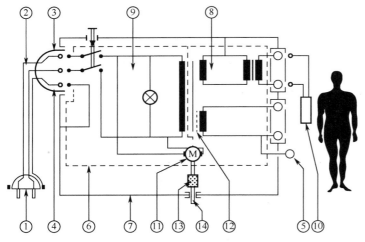

说明:
① 带保护接地的网电源插头
② 可拆卸电源软电线
③ 器具耦合器
④ 保护接地用接点和插脚
⑤ 功能接地端子
⑥ 基本绝缘
⑦ 外壳
⑧ 次级电路
⑨ 网电源部分
⑩ 应用部分
⑪ 电动机
⑫ 保护接地屏蔽
⑬ 辅助绝缘
⑭ 轴，可触及部分

图3　I 类 ME 设备的示例

3.14 Ⅱ类 class Ⅱ

对电击防护不仅依靠基本绝缘，还提供了如双重绝缘或加强绝缘的附加安全预防措施的电气设备，但没有保护接地措施也不依赖于安装条件。见图 4，Ⅱ类设备能提供功能接地端子或功能接地导线。

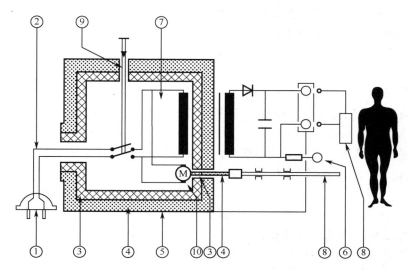

① 网电源插头
② 电源软电线
③ 基本绝缘
④ 辅助绝缘
⑤ 外壳
⑥ 功能接地端子
⑦ 网电源部分
⑧ 应用部分
⑨ 加强绝缘
⑩ 电动机

图 4　金属包裹的Ⅱ类 ME 设备的示例

3.18 *连续运行 continuous operation

正常使用下不超过规定温度限值的无时间限制的运行。

3.19 爬电距离 creepage distance

两个导体部件之间沿绝缘材料表面的最短距离。

3.20 *防除颤应用部分 defibrillation-proof applied part

具有防护心脏除颤器对患者的放电效应的应用部分。

3.21 *可拆卸电源软电线 detachable power supply cord

为获得网电源供电，预期通过适当的设备连接装置与电气设备相连的软电线。

3.22 *直接用于心脏 direct cardiac application

应用部分可与患者心脏做直接接触的使用。

3.23 *双重绝缘 double insulation

由基本绝缘和辅助绝缘组成的绝缘。

注：双重绝缘提供两重防护措施。

3.24 *持续周期 duty cycle

为了 ME 设备安全运行所必需的最长激励（开）时间和之后最短非激励（关）时间。

3.25 对地漏电流 earth leakage current

由网电源部分通过或跨过绝缘流入保护接地导线或Ⅱ类 ME 设备只能用作内部屏蔽的功能接地导线的电流。

3.26 *外壳 enclosure

电气设备或部件的外表面。

注：为了本标准试验目的而紧贴在低电导率材料或绝缘材料制成的部件外表面上有规定

尺寸的金属箔被作为外壳部分考虑（见图 2、图 3、图 4）。

3.27　*基本性能 essential performance

与基本安全不相关的临床功能的性能，其丧失或降低到超过制造商规定的限值会导致不可接受的风险。

注：基本性能较容易理解的方式是考虑其缺失或降级是否会导致不可接受的风险。

3.28　预期使用寿命 expected service life

由制造商规定的 ME 设备或 ME 系统期望保持安全使用的时间（即保证基本安全和基本性能）。

注：在预期使用寿命期间保养可能是必要的。

3.29　F 型隔离（浮动）应用部分（以下简称 F 型应用部分）F-type isolated（floating）applied part

其患者连接与 ME 设备其他部分相隔离的应用部分，其隔离程度达到，当来自外部的非预期电压与患者相连，并因此施加于患者连接与地之间时，流过其间的电流不超过患者漏电流的容许值。

注：F 型应用部分不是 BF 型应用部分就是 CF 型应用部分。

3.31　与空气混合的易燃麻醉气 flammable anaesthetic mixture with air

在规定条件下，可能达到引燃浓度的易燃麻醉气与空气的混合气。

3.32　与氧或氧化亚氮混合的易燃麻醉气 flammable anaesthetic mixture with oxygen or nitrous oxide

在规定条件下，可能达到引燃浓度的易燃麻醉气与氧或氧化亚氮的混合气。

3.33　*功能连接 functional connection

电气或其他方式的连接，包括预期传输信号、数据、能量或物质的连接。

注：连接固定的供电网插座，无论是一个或多个，都不作为功能连接考虑。

3.34　功能接地导线 functional earth conductor

接至功能接地端子的导线（见图 2）。

3.35　*功能接地端子 functional earth terminal

直接与电路或屏蔽部分相连的以功能为目的而接地的端子。

注：见图 2、图 3 和图 4。

3.36　防护件 guard

通过物理屏障措施专门用来提供防护的设备部件。

注：依据其结构，防护件可被称作套管、罩盖、屏、门、外壳防护等。

防护件可以用下述方式起作用：

——单独，只有当其在位时才能起作用；

——与一个具有或不具有防护锁的联锁装置一起作用，在该情况下，无论防护件在不在位，保护都能够得到保证。

3.37　手持式 hand-held

设备安装和放置投入使用后，预期由手握持的。

注：设备可以是附件或设备部件。

3.38　*伤害 harm

对于人或动物健康的生理损伤或损害，或对于财产或环境的损害。

3.39 危险（源）hazard

可能导致伤害的潜在根源。

3.40 *危险状况 hazardous situation

人员、财产或环境暴露于一个或多个危险（源）的情形。

3.41 高电压 high voltage

超过 1000V 交流或 1500V 直流或 1500V 峰值的电压。

3.45 内部电源 internal electrical power source

设备的一部分，将其他形式的能量转化成电流，提供设备运转所必需的电源。

示例：化学能、机械能、太阳能或核能。

注：内部电源可以是设备内部的一个重要组成部分，延伸到外部，或包含在一个独立的外壳内。

3.46 内部供电 internally powered

能以内部电源运行的电气设备。

3.47 漏电流 leakage current

非功能性电流。

注：下列漏电流已定义：对地漏电流、接触电流和患者漏电流。

3.48 网电源连接器 mains connector

器具耦合器中的部件，它与供电网相连的软电线合成一体或与其连接。

注：网电源连接器被用来插进电气设备上的器具输入插座之中。

3.49 *网电源部分 mains part

预期与供电网相连的电气设备的电路部分。

注 1：网电源部分包括所有与供电网未达到至少一重防护措施隔离的导体部件。

注 2：就本定义而言，不认为保护接地导线是网电源部分的一个部分（见图 2 和图 3）

3.50 *网电源插头 mains plug

与电气设备的电源软电线组成一体或固定连接的部件，用它插入网电源插座（见图 1）。

3.51 网电源变压器 mains supply transformer

具有两个或以上绕组的设备固有部分，通过电磁感应把供电网的交流电压和电流转换成通常是同频率不同数值的电压和电流。

3.52 网电源接线端子装置 mains terminal device

与供电网实现电气连接用的接线端子装置（见图 2）。

3.53 网电源瞬变电压 mains transient voltage

由供电网外部瞬变产生的预期出现在电气设备的电源输入的最高峰值电压。

3.54 网电源电压 mains voltage

多相供电网系统中两相线之间或单相系统中相线与中性线之间的电压。

3.55 制造商 manufacturer

对 ME 设备的设计、制造、包装或标记，对 ME 系统的组装，或者对 ME 设备或 ME 系统的改动负责的自然人或法人，不论这些活动是由其还是代表其的第三方执行。

——粘贴在医疗器械包装箱或包装物上；

——随附于医疗器械。

这些材料包括医疗器械的铭牌、技术说明书和使用说明书，但与运输文件无关。在本标准中，该材料被描述为标记与随机文件。

3.58 *对操作者的防护措施（MOOP）means of operator protection

为了降低电击对非患者的人员带来的风险的防护措施。

3.59 *对患者的防护措施（MOPP）means of patient protection

为了降低电击对患者带来的风险的防护措施。

3.60 *防护措施 means of protection

为了符合本标准的要求降低电击风险的措施。

注：防护措施包括绝缘、电气间隙、爬电距离、阻抗和保护接地连接。

3.61 机械危险 mechanical hazard

与物理力相关或由其产生的危险（源）。

3.62 机械保护装置 mechanical protective device

在单一故障状态下，能消除或降低机械风险到可接受的水平的装置。

3.63 *医用电气设备（ME 设备）medical electrical equipment

具有应用部分或向患者传送或取得能量或检测这些所传送或取得能量的电气设备。这样的电气设备：

（1）与某一指定供电网有不多于一个的连接；

（2）其制造商旨在将它用于：

① 对患者的诊断、治疗或监护；

② 消除或减轻疾病、伤害或残疾。

注 1：ME 设备包括那些由制造商定义的 ME 设备在正常使用时所必需的附件。

注 2：并非所有在医疗实践中使用的电气设备都符合本定义（如某些体外诊断设备）。

注 3：有源植入式医疗器械的植入部分能符合本定义，但依据第 1 章的相应说明它们不在本标准适用的范围内。

注 4：本标准使用术语"电气设备"来指 ME 设备或其他电气设备。

3.66 *型式标记 model or type reference

数字组合、文字组合或两者兼用的组合，用以识别设备或附件的某种型式。

3.70 正常状态 normal condition

所有提供的对危险（源）防护的措施都处于完好的状态。

3.73 *操作者 operator

操作设备的人。

3.76 患者 patient

接受内科、外科或牙科检查的生物（人或动物）。

注：患者可以是操作者。

3.77 *患者辅助电流 patient auxiliary current

在正常使用时，流经患者的任一患者连接和其他所有患者连接之间预期不产生生理效应的电流。

3.78 *患者连接 patient connection

应用部分中的独立部分，在正常状态和单一故障状态下，电流能通过它在患者与 ME 设备之间流动。

3.79 *患者环境 patient environment

患者与 ME 设备或 ME 系统中部件或患者与触及 ME 设备或 ME 系统中部件的其他人之间可能发生有意或无意接触的任何空间。

3.80 患者漏电流 patient leakage current

——从患者连接经过患者流入地的电流;

——在患者身上出现一个来自外部电源的非预期电压而从患者通过患者连接中 F 型应用部分流入地的电流。

3.81 *峰值工作电压 peak working voltage

工作电压的最高峰值或直流值,包括电气设备产生的重复脉冲峰值,但不包括外部的瞬变值。

3.82 PEMS 开发生命周期 PEMS development life-cycle

从项目概念设计阶段开始至 PEMS 的确认完成期间进行的必要的活动。

3.84 永久性安装 permanently installed

与供电网用永久性连接的方式做电气的连接,该连接只有使用工具才能将其断开。

3.85 可携带的 portable

可移动的设备安装和放置投入使用后,可由一个人或几个人携带着从一个地方移到另一个地方。

注:设备可以是附件或设备部件。

3.86 电位均衡导线 potential equalization conductor

电气设备与电气装置电位均衡汇流排直接连接的导线,该导线不是保护接地导线或中性线(见图 2)。

3.87 电源软电线 power supply cord

为连接供电网而固定或装在电气设备上的软电线。

注:见图 1~图 4。

3.93 保护接地导线 protective earth conductor

保护接地端子与外部保护接地系统相连的导线。

3.94 保护接地连接 protective earth connection

为保护的目的以及为符合本标准的要求而提供的与保护接地端子的连接。

3.95 保护接地端子 protective earth terminal

为安全目的与 I 类设备导电部分相连接的端子。该端子预期通过保护接地导线与外部保护接地系统相连接(见图 2)。

3.96 保护接地 protectively earthed

为保护目的用符合本标准的方法与保护接地端子相连接。

3.97 额定(值)rated(value)

制造商为规定运行状态指定的值。

3.98 记录 record

阐明所取得的结果或提供所完成活动的证据的文件。

3.99 *加强绝缘 reinforced insulation

提供两重防护措施的单一绝缘系统。

3.100 剩余风险 residual risk

采取风险控制措施后余下的风险。

3.102　风险 risk
伤害的发生概率与该伤害严重程度的结合。

3.103　风险分析 risk analysis
系统地运用可用的信息来判定危险并估计风险。

3.104　风险评定 risk assessment
包括风险分析和风险评价的全部过程。

3.105　风险控制 risk control
做出决策并实施措施，以便降低风险或把风险维持在规定水平的过程。

3.106　风险评价 risk evaluation
将估计的风险和给定的风险准则进行比较，以决定风险可接受性的过程。

3.107　风险管理 risk management
用于分析、评价和控制风险的管理方针、程序及其实践的系统运用。

注：为了本标准的目的，风险管理不包括生产计划或监控生产，以及生产后的信息。

3.108　风险管理文档 risk management file
由风险管理产生的一组记录和其他文件。

注：包括制造商计算、检测数据等在内的所有安全相关的资料都被认为是风险管理文档的一个部分。

3.109　安全工作载荷 safe working load
设备或设备部件在正常使用时所容许的最大外部机械载荷（质量）。

3.110　*次级电路 secondary circuit
与网电源部分至少有一重防护措施隔离，从变压器、转换器或等效的隔离装置，或从内部电源派生出能源的电路。

3.112　*隔离装置 separation device
出于安全原因，以防止 ME 系统部件之间传输不需要的电压或电流，且带有输入和输出部分的部件或部件组合。

3.114　严重度 severity
危险（源）可能后果的度量。

3.115　*信号输入/输出部分（SIP/SOP）signal input/output part
ME 设备的一个部分，但不是应用部分，用来与其他电气设备传送或接收信号（见图 2）。例如：显示、记录或数据处理之用。

3.116　单一故障状态 single fault condition
ME 设备只有一个降低风险的措施失效，或只出现一种非正常状态。

3.119　附加绝缘 supplementary insulation
附加于基本绝缘的独立绝缘，当基本绝缘失效时由它来提供对电击的防护。

注：辅助绝缘提供一重防护措施。

3.120　*供电网 supply mains
电能的来源，其不作为 ME 设备或 ME 系统的一部分。

注：这也包括救护车及类似环境中的电池系统和换能系统。

3.129 接触电流 touch current

从除患者连接以外的在正常使用时患者或操作者可触及的外壳或部件，经外部路径而非保护接地导线流入地或流到外壳的另一部分的漏电流。

3.132 *B 型应用部分 type B applied part

符合本标准对于电击防护程度规定的要求，尤其是关于患者漏电流和患者辅助电流容许要求的应用部分。

注 1：B 型应用部分不适合直接用于心脏。

注 2：通过应用风险管理过程的结果需要被作为应用部分的却不满足应用部分定义的部分。

3.133 *BF 型应用部分 type BF applied part

符合本标准对于电击防护程度高于 B 型应用部分规定的要求的 F 型应用部分。

注 1：BF 型应用部分不适合直接用于心脏。

注 2：通过应用风险管理过程的结果需要被作为应用部分的却不满足应用部分定义的部分。

3.134 *CF 型应用部分 type CF applied part

符合本标准对于电击防护程度高于 BF 型应用部分规定的要求的 F 型应用部分。

注 1：通过应用风险管理过程的结果需要被作为应用部分的却不满足应用部分定义的部分。

注 2：参见关于直接用于心脏的应用部分需要是 CF 型应用部分的定义说明。

3.135 型式试验 type test

对设备中有代表性的样品所进行试验，其目的是确定所设计和制造的设备是否能满足本标准的要求。

3.139 工作电压 working voltage

当电气设备在正常使用的条件下运行时，所考虑的绝缘或元器件上会出现的或能得到的最高电压。

4 通用要求

4.2 *ME 设备或 ME 系统的风险管理过程

规定风险管理过程是为了符合本标准需要。风险管理过程目的如下：

（1）确定本标准的规范性要求以及适用的并列和专用标准中的要求是否考虑到了特定的 ME 设备或 ME 系统的所有相关危险（源）。

（2）确定本部分规定的某些特定试验宜用何种方式应用到特定的 ME 设备或 ME 系统。

（3）在一个特定的 ME 设备或 ME 系统产生风险时，要确定本部分是否有针对特定危险（源）或危险情况提供具体的可接受准则。如果没有，要建立可接受风险水平，并评估剩余风险。

（4）通过比较替代的风险控制策略得到的剩余风险与应用本标准所有要求得到的剩余风险，来评价替代的风险控制策略的可接受性。

4.2.2 风险管理的通用要求

为了符合本标准，应执行符合 YY/T 0316 的风险管理过程。

4.2.3 评价风险

当评价风险时，制造商应用下述方法来应用本标准的要求：

（1）本标准或其并列或专用标准针对某些特定的危险（源）或危险情况提出了要求及其可接受准则，符合这些要求可推定剩余风险已经降低到可接受水平，除非有相反的客观证据。

通过检查是否满足本标准及其并列和专用标准相关要求来检验是否符合要求。

（2）本部分或其并列或专用标准针对某些特定的危险（源）或危险情况提出了要求，但不提供具体的可接受准则，制造商应提供定义在风险管理计划中的可接受准则。依据风险管理计划中记录的风险可接受准则，这些可接受准则应确保剩余风险是可接受的。

通过检查风险管理文档中的记录来确认符合性，采用本标准规定的要求，制造商确定的可接受准则是满意的，仅风险管理文档中相关的部分需要被审查。例如：制造商的计算或试验结果或风险可接受性的判定。

（3）本标准或其并列或专用标准定义的特定危险（源）或危险情况，通过调查不能提供特殊技术要求：

——制造商应确定特定的 ME 设备或 ME 系统是否存在这些危险或危险情况；

——特定的 ME 设备或 ME 系统存在这些危险（源）或危险情况，制造商应评价和通过风险管理过程来控制这些风险（若需要）。

4.3 *基本性能

在风险分析中，除了与基本安全相关的性能，制造商还应识别 ME 设备或系统临床功能的性能，这对于实现预期用途是必需的，或者能够影响 ME 设备或 ME 系统的安全性。

在正常状态和单一故障状态下，从完整的功能到丧失全部确定的性能，制造商应规定性能限值。

在确定的性能丧失或低于制造商规定限值后，制造商应评估由此产生的风险。如果导致的风险是不可接受的，那么此性能即可确定为 ME 设备或 ME 系统的基本性能。

制造商应实施风险控制措施以减少因基本性能丧失或降低而导致的风险，使其达到可接受水平。

通过检查风险管理文档来检验是否符合要求。

当本标准要求在特定试验后保持基本性能时，需通过检查来检验是否符合要求，必要时，通过功能试验来证明保持在制造商规定的限值之内或 ME 设备（或 ME 系统）转换到制造商定义的安全状态。

4.4 *预期使用寿命

制造商应在风险管理文档中声明 ME 设备或 ME 系统的预期使用寿命。

通过检查风险管理文档来检验是否符合要求。

4.7 *ME 设备的单一故障状态

ME 设备应被设计和制造成保持单一故障安全，确定风险仍然可接受。

ME 设备被认为是单一故障安全的，若：

① 采用一个故障可以忽略不计的单一措施来降低风险（例如，加强绝缘、采用 8 倍拉伸安全系数且没有机械保护装置的悬挂物、高完善性元器件），或者

② 一个单一故障发生，但：

——最初的故障在 ME 设备预期使用寿命期内和降低风险的第二重措施失效前将被发现（例如，有机械保护装置的悬挂件）；

——ME 设备预期使用寿命内降低风险的第二重措施不可能失效。

当一个单一故障状态引发另外一个单一故障状态时，两个故障被认为是一个单一故障状态。

4.10 *电源供应

4.10.1 ME 设备的电源

ME 设备与供电网应有合适的连接，规定连接到一个独立的电源或由内部电源供电。另

外，这些电源可能被组合使用。通过检查随机文件来检验是否符合要求。

4.10.2　ME 设备和 ME 系统的供电网

预期与供电网连接的 ME 设备，以下的额定电压值不应超过：

——手持式 ME 设备，250V；

——额定输入≤4kVA 的 ME 设备或 ME 系统，250V 直流或单相交流，或者多相交流 500V；

——所有其他 ME 设备和 ME 系统，500V。

本部分的供电网应假定具有下述特征：

——除非制造商规定要更高的类别，电源瞬变属于过压类别Ⅱ；

——系统的任何导线之间或任何导线与地之间，不能超过标称电压的 110%或低于 90%；

——电压波形实质上是正弦波，且构成实质上是对称电源系统的多相电源；

——频率≤1kHz；

——标称频率≤100Hz 的频率误差≤1Hz，标称频率在 100Hz～1kHz 时的频率误差≤1%；

——按 GB 16895.21 所述的保护措施；

（如果 ME 设备或 ME 系统预期运行在供电网特征不同于本条款中描述的供电网上，可能需要附加的安全措施。）

——一个峰峰纹波不超过平均值 10%的直流电压（通过动圈式仪表或等效方法测量），当峰峰纹波超过平均值 10%，采用峰值电压。

4.11　输入功率

ME 设备或 ME 系统在额定电压和使用说明书指示的运行设定下测量稳态输入，不应超过标识额定值的 110%，通过检查和试验来检验是否符合要求。

5　*ME 设备试验的通用要求

5.1　*型式试验

本标部分中描述的试验都是型式试验。

如果分析表明试验条件在其他试验或方法中已得到充分评价，则不需要进行该试验。

同时发生的独立故障组合可能导致危险情况的应记录在风险管理文档中。独立故障同时发生时仍能保持基本安全和基本性能需通过型式试验进行证明，应在最恶劣的情况下进行相关试验。

5.2　*样品数量

型式试验用一个代表被测项的样品来进行试验。

注：若不显著影响结果的有效性，则多个样品可被同时使用。

5.3　环境温度、湿度、大气压

（1）被测 ME 设备按照正常使用准备好之后，按技术说明书中指出的环境条件范围进行试验。

（2）ME 设备应该避免其他可能影响试验有效性的干扰（如气流）。

（3）在环境温度不能被保持的情况下，试验条件要随之改变，试验结果要相应地修正。

5.7　*潮湿预处理

在进行电介质强度的试验之前，所有 ME 设备或其部件应进行潮湿预处理。

ME 设备或其部件应完整地装好（或必要时分成部件），运输和贮存时用的罩盖要拆除。

仅对那些受该试验所模拟的气候条件有影响的 ME 设备部件才适用这一处理。

不用工具即可拆卸的部件应拆下，但要与主部件一同处理。

不用工具即可打开或拆卸的调节孔盖要打开和拆下。

潮湿预处理要在 ME 设备或其部件所在位置的空气相对湿度为 93%±3% 的潮湿箱中进行试验。箱内其他位置的湿度条件可以有 ±6% 的变化。箱内能放置 ME 设备或其部件的所有空间里的空气温度，都要保持在 20～30℃ 这一范围内任何适当的温度值 (T±2)℃ 之内。ME 设备或其部件在放入潮湿箱之前，置于温度 T～(T+4)℃ 之间的环境里，并在开始潮湿预处理前至少保持此温度 4h。

当外壳的分类为 IPX0 时，保持 ME 设备和其部件在潮湿箱里 48h。

当外壳设计提供较高的进液防护时，保持 ME 设备和其部件在潮湿箱里 168h。

如果需要，则处理后的 ME 设备可重新组装起来。

6 *ME 设备和 ME 系统的分类

（略）

7 医用电气设备的标识、标记和文件

为避免语言文字上的差异和便于理解有时标记在有限面积内的标记或指示，ME 设备上往往优先采用符号而不采用文字。新增和改进的标记和安全符号已经在 IEC 60601-1 第二版中被引入，这些应用于 ME 设备上的被认可的标记和安全符号的更改是必要的。

在这些修改中最主要的是表 1 中符号 24 用法的修改，这种符号形式上既可以作为一种警告又可以作为告知性标记（例如，在这里是高电压连接处）。表 1 符号 10 用法的修改与其相似，原来使用的指示是"注意：查阅随机文件"，现在的符号用于警告，表 1 增加了新的符号（11）"操作说明"。

在表 2 中给出新的安全符号（3）"警告：有电"。在这版标准当中，表 2 的标记符号在有警告处必须使用，而表 1 中的标记符号用作单独告知。

另外，表 2 中新增加到 ME 设备上的安全符号（10）指出按照使用说明打开不会对患者和操作者产生风险。

在所有应用领域（医学领域、消费领域、运输领域）一致使用这些标记和安全符号将会帮助 ME 设备的操作者熟悉标记的含义。相反，任何不一致的使用都会导致混乱、错误和安全危险。

表 1 通用符号

序　号	符　　号	参　　考	名　　称
1	$\sim$	GB/T 5465.2 中 5032	交流电
2	3$\sim$	GB/T 5465.2 中 5032-1	三相交流电
3	3N$\sim$	GB/T 5465.2 中 5032-2	带中性线的三相交流电
4	$===$	GB/T 5465.2 中 5031	直流电
5	$\overline{\sim}$	GB/T 5465.2 中 5033	交流电

序 号	符 号	参 考	名 称
6		GB/T 5465.2 中 5019	保护接地（大地）
7		GB/T 5465.2 中 5017	接地（大地）
8		GB/T 5465.2 中 5021	电位均衡
9		GB/T 5465.2 中 5172	Ⅱ类设备
10		ISO 7000 中 0434A	警告 注：如果作为安全符号则要根据 ISO 3864-1 的要求，见安全符号 ISO 7010-W001（表 2，安全符号 2）
11		ISO 7000 中 1641	操作说明
12		GB/T 5465.2 中 5007	接通（电源）
13		GB/T 5465.2 中 5008	断开（电源）
14		GB/T 5465.2 中 5010	开/关（推一推） 注：每个位置（开/关是稳定的位置）
15		GB/T 5465.2 中 5011	开/关（推按钮） 注：关是个稳定不变的情况，而开仅是在按钮被按下的情况
16		GB/T 5465.2 中 5264	接通（仅用在设备的一个部分）
17		GB/T 5465.2 中 5265	断开（仅用在设备的一个部分）
18		GB/T 5465.2 中 5638	紧急停用
19		GB/T 5465.2 中 5840	B 型应用部分 注：条款 7.2.10 要求，为了清晰地区别与符号 20 的不同，符号 19 没有被一个方框框住
20		GB/T 5465.2 中 5333	BF 型应用部分
21		GB/T 5465.2 中 5335	CF 型应用部分

序　号	符　号	参　考	名　称
22		GB/T 5465.2 中 5331	AP 型设备
23		GB/T 5465.2 中 5332	APG 型设备
24		GB/T 5465.2 中 5036	危险电压
25		GB/T 5465.2 中 5841	防除颤 B 型应用部分
26		GB/T 5465.2 中 5334	防除颤 BF 型应用部分
27		GB/T 5465.2 中 5336	防除颤 CF 型应用部分
28		ISO 7000 中 1051	不可重新再使用
29		GB/T 5465.2 中 5009	待机

表 2　安全符号

序　号	符　号	参　考	名　称
1		ISO 3864-1：2002 的图 3	警告符号创建的模板 注： 背景颜色：黄色 三角形边：黑色 符号或正文：黑色
2		ISO 7010-W001	通用警告符号
3		ISO 7010-W012	警告：有电
4		ISO 7010-P001 和 GB/T 2893.1，图 1	通用禁止符号和禁止符号创建模板 注： 背景颜色：白色 圆形边和斜线：红色 符号和正文：黑色
5		ISO 7010-P017	禁止推

续表

序 号	符 号	参 考	名 称
6		ISO 7010-P018	禁止座
7		ISO 7010-P019	禁止踩踏
8		ISO 3864-1：2002 的图 2	强制行为符号创建模板 注： 背景颜色：蓝色 符号和正文：白色
9		ISO 7010-M001	普通的命令符号
10		ISO 7010-M002	遵循操作说明书 注：在设备上"按照使用说明书"

8 *ME 设备对电击危险的防护

8.1 电击防护的基本要求

在正常状态或单一故障状态下，可触及部分和应用部分不应超过交流 42.4V 峰值或直流 60V。60V 的直流限值适用于纹波峰峰值不超过 10%的直流，如果纹波超过该值，则交流 42.4V 峰值的限值适用。能量超过 240VA 的时间应不超过 60s 或者在电压大于或等于 2V 时存储的能量应不超过 20J。

（1）*正常状态同时包括下列所有情况：

——在任何信号输入/输出部分出现的任何电压或电流，它们是规定的随机文件所允许连接的其他电气设备传导来的，或如果随机文件对这些其他电气设备没有限制，出现的就是规定的最大网电源电压；

——对预期通过网电源插头与供电网连接的 ME 设备，供电连接换相；

——不符合要求的任何或所有绝缘的短路；

——不符合要求的任何或所有爬电距离或电气间隙的短路；

——不符合要求的任何或所有接地连接的开路，其中包括任何功能接地连接。

（2）*单一故障状态包括：

——任何一处符合规定的一重防护措施要求的绝缘的短路；

——任何一处符规定的一重防护措施的爬电距离或电气间隙的短路；

——除高完善性元器件外，任何与绝缘、爬电距离或电气间隙并联的元器件的短路和开路，除非能表明短路不是该元器件的失效模式；

——任何一根符合要求的保护接地导线或内部保护接地连接的开路，不适用于永久性安装的 ME 设备的保护接地导线，其被认为是不太可能断开的。

——除多相 ME 设备或永久性安装的 ME 设备的中性导线外，任何一根供电导线的中断；

——具有分立外壳的 ME 设备各部件之间的任何一根电源导线中断，如果该状态可能会导致允许的限值被超过；

——元器件的非预期移动；

——在自由脱落后可能会导致危险状况的地方，导线和连接器的意外脱落。

8.4.2 可触及部分和应用部分

测量时，流出或流入患者连接或在患者连接之间流过的电流，不应超过规定的患者漏电流和患者辅助电流的限值。

8.4.4 *内部电容电路

在 ME 设备断电后立即打开在正常使用时用的调节孔盖就可触及的电容电路的导电部件，其剩余电压不应超过 60V，若电压超过此值，存储电荷应不超过 45μC。

8.5 部件的隔离

8.5.1 *防护措施（MOP）

ME 设备应有两重防护措施来防止应用部分和其他可触及部分超过规定的限值。

每一重防护措施应归类为对患者的防护措施或对操作者的防护措施。

8.5.1.2 *对患者的防护措施（MOPP）

构成对患者的防护措施的固体绝缘应在符合表 4 规定的试验电压下进行电介质强度试验。

构成对患者的防护措施的爬电距离和电气间隙应符合表 7 规定的限值。

构成对患者的防护措施的保护接地连接应符要求和试验。

8.5.1.3 对操作者的防护措施（MOOP）

构成对操作者防护措施的固体绝缘应：

——符合在规定的试验电压下的电介质强度试验；

——符合 GB 4943.1 对绝缘配合的要求。

构成对操作者的防护措施的爬电距离和电气间隙应：

——符合表规定的限值；

——符合 GB 4943.1 对绝缘配合的要求。

8.5.5 防除颤应用部分

8.5.5.1 *除颤防护

防除颤应用部分这一分类应适用于整个应用部分。

对防除颤应用部分爬电距离和电气间隙的满足要求。

用于将防除颤应用部分的患者连接与 ME 设备其他部分隔离的布置应设计成：

（1）在对与防除颤应用部分连接的患者进行心脏除颤放电期间，能使图 5 和图 6 中 Y1 与 Y2 两点间测得的峰值电压超过 1V 的危险电能不得出现在：

——外壳，包括与 ME 设备连接时，患者导联和电缆上的连接器（当防除颤应用部分的连接导联与 ME 设备断开时，该连接导联和它的连接器不适用本条要求）；

——任何信号输入/输出部分；

——试验用金属箔，ME 设备置于其上，其面积至少等于 ME 设备底部的面积；

——任何其他应用部分的患者连接（无论是否被分类为防除颤应用部分）；

——任何未使用的或断开的被测应用部分连接，或同一应用部分的任何功能。完全可穿戴的 ME 设备（如动态心电记录器监护仪）免除本要求。

（2）施加除颤电压后，再经过随机文件中规定的任何必要的恢复时间，ME 设备应符合本标准的相关要求并应继续提供基本安全和基本性能。

对每个防除颤应用部分轮流用以下试验来检验其是否符合要求。

共模试验：

ME 设备接至如图 5 所示的试验电路。试验电压施加于在所有连接在一起的防除颤应用部分的患者连接，已保护接地或功能接地的患者连接除外。如果一个应用部分有多个功能，试验电压每次施加在一个功能的所有患者连接上，其他功能被断开。

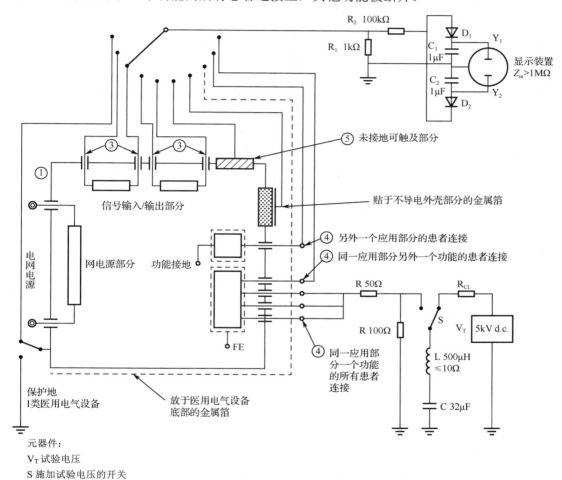

元器件：

V_T 试验电压

S 施加试验电压的开关

R_1、R_2 误差±2%，不低于 2kV

R_{CL} 限流电阻

D_1、D_2 小信号硅二极管

其他元器件误差±5%

图 5 试验电压施加于桥接的防除颤应用部分的患者连接

差模试验：

ME 设备接至如图 6 所示的试验电路。试验电压轮流施加于防除颤应用部分的每一个患者连接，该应用部分的所有其他患者连接接地。

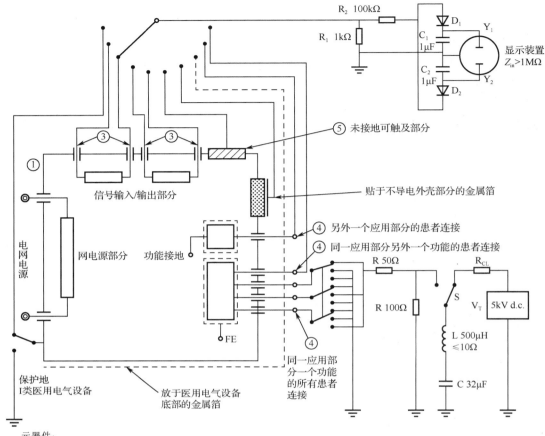

元器件：

V_T 试验电压

S 施加试验电压的开关

R_1、R_2 误差±2%，不低于 2kV

R_{CL} 限流电阻

D_1、D_2 小信号硅二极管

其他元器件误差±5%

图 6　试验电压施加于防除颤应用部分的单个患者连接 8.5.5.2 能量减少试验

注：当应用部分只有一个患者连接时，不采用差模试验。

在上述试验期间：

——除永久性安装的 ME 设备外，在保护接地导线连接与断开两种情况下分别对 ME 设备进行测试（也就是两个独立的试验）；

——应用部分的绝缘表面用金属箔覆盖，或如果适合，浸在 0.9% 的盐溶液中；

——断开任何与功能接地端子的外部连接；

——防除颤应用部分中规定的未保护接地的部分轮流接至显示装置；

——ME 设备连接到供电网且按使用说明书操作。

在开关 S 动作后，测量 Y1 和 Y2 两点之间的峰值电压。改变 V_T 极性，重复进行每项试验。

经过随机文件规定的任何恢复时间后，确定 ME 设备能继续提供基本安全和基本性能。

防除颤应用部分或其患者连接应具备一种措施，使释放到 100Ω 负载上的除颤器能量至少是 ME 设备断开后释放到该负载上能量的 90%。

通过下列试验来检验是否符合要求：

试验电路如图 7 所示，对于这项测试，采用使用说明书中推荐的附件，如电缆、电极和换能器。试验电压轮流施加在每一个患者连接或应用部分，该应用部分的所有其他患者连接接地（差模）。其他防除颤应用部分，如果有，则分开测试，轮流进行。

程序如下：

（1）连接应用部分或患者连接到试验电路，防除颤应用部分中描述的部分连接到地；

（2）开关 S 拨到位置 A 对电容 C 充电到直流 5kV；

（3）开关 S 拨到位置 B 使电容 C 放电，并测量释放到 100Ω 负载的能量 E_1；

（4）从试验电路中移走被测 ME 设备，重复上述步骤（2）和（3），测量释放到 100Ω 负载上的能量 E_2；

（5）验证能量 E_1 至少为 E_2 的 90%；

（6）改变 V_T 极性，重复试验。

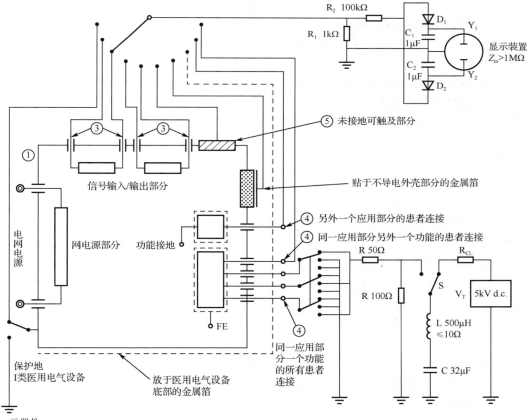

元器件：

S 施加试验电压的开关

A、B 开关位置

R_{CL} 限流电阻

元器件误差±5%

图 7   施加试验电压来测试释放的除颤器能量

8.6 *ME 设备的保护接地、功能接地和电位均衡

8.6.1 *要求的适用性

除非所考虑的部分符合 GB 4943.1 对保护接地的要求和试验且是作为对操作者的防护措施而不是对患者的防护措施。

8.6.2 *保护接地端子

ME 设备的保护接地端子应适合于经电源软电线的保护接地导线，以及合适时经适当插头，或经固定式保护接地导线，与外部保护接地系统相连。

ME 设备固定式电源导线或电源软电线的保护接地端子的紧固件，应符合要求不借助工具也不可能将它松动。

内部保护接地连接用的螺钉应完全被盖住或防止从 ME 设备外部意外地使它松动。

如果用器具输入插座作 ME 设备的电源连接，则器具输入插座中的接地脚应被看作保护接地端子。

保护接地端子不应用来作 ME 设备不同部分之间的机械连接，或用来固定与保护接地或功能接地无关的任何元件。

通过检查材料和结构、手动试验和相应试验来检验是否符合要求。

8.6.3 *运动部件的保护接地

任何保护接地连接不能用于运动部件，除非制造商证明该连接在 ME 设备预期使用寿命内能保持可靠连接。

通过对 ME 设备的检查及必要时检查风险管理文件来检验是否符合要求。

8.6.4 阻抗及载流能力

（1）*保护接地连接应能可靠承载故障电流，且不会产生过大的压降。

对于永久性安装的 ME 设备，保护接地端子与任何已保护接地部件之间的阻抗，不应超过 100mΩ。

带有设备电源输入插口的 ME 设备，在插口中的保护接地脚与任何已保护接地部件之间的阻抗，不应超过 100mΩ。

带有不可拆卸电源软电线的 ME 设备，网电源插头中的保护接地脚与任何已保护接地部件之间的阻抗，不得超过 200mΩ。

另外，制造商提供或规定的任何可拆卸电源软电线连接到 ME 设备上时，其网电源插头中的保护接地脚与任何已保护接地部件之间的阻抗，不应超过 200mΩ 的要求。

以上阻抗及载流能力除非满足：在相关绝缘短路的情况下，如果相关电路具有限制电流的能力，使得单一故障状态下的接触电流和患者漏电流不超过容许值，则保护接地连接的阻抗允许超过上述规定值。通过检查和必要时测量相关单一故障状态下的漏电流来检验是否符合要求。忽略短路之后 50ms 内产生的瞬态电流。

在既没有提供也没有规定可拆卸电源软电线的情况下，应使用适当截面积的长度为 3m 的电线进行测试（见表 3）。

表 3　电源软电线导线的名义截面积

ME 设备的额定电流（I）/A	标称截面积（铜）/mm^2
$I \leqslant 6$	0.75
$6 < I \leqslant 10$	1.0

续表

ME 设备的额定电流（I）/A	标称截面积（铜）/mm²
10<I≤16	1.5
16<I≤25	2.5
25<I≤32	4
32<I≤40	6
40<I≤63	10

通过下列试验来检验是否符合要求：

用频率为 50Hz 或 60Hz、空载电压不超过 6V 的电流源，产生 25A 或 1.5 倍于相关电路最高额定电流，两者取较大的一个（±10%），在 5～10s 的时间里，在保护接地端子或设备电源输入插口的保护接地点或网电源插头的保护接地脚和每个保护接地的部件之间流通。

作为选择，可使用直流进行这项测试。

测量上述部件之间的电压降，根据电流和电压降确定阻抗。

当上述试验电流与总阻抗（也就是被测阻抗加上测试导线阻抗和接触阻抗）的乘积超过 6V 时，则首先在空载电压不超过 6V 的电源上进行阻抗测量。

如果测量到的阻抗在允许限值内，则用一个空载电压足够大的能在总阻抗中注入规定电流的电流源重复阻抗测量，或是通过检查相关保护接地导线和保护接地连接的截面积至少等于相关载流导体的截面积，来确定它们的载流能力。

（2）*在相关绝缘短路的情况下，如果相关电路具有限制电流的能力，使得单一故障状态下的接触电流和患者漏电流不超过容许值，则保护接地连接的阻抗允许超过上述规定值。

通过检查和必要时测量相关单一故障状态下的漏电流来检验是否符合要求。忽略短路之后 50ms 内产生的瞬态电流。

8.8.3　*电介质强度

ME 设备的固体电气绝缘的电介质强度，应能承受表 4 规定的试验电压。仅对具有安全功能的绝缘进行试验。

按照表 4 规定的试验电压加载 1min，检验是否符合要求：

——在潮湿预处理之后立即进行，试验时断开 ME 设备的电源；

——ME 设备断电并完成要求的消毒程序后；

——在工作温度达到试验中的稳态运行温度后。

开始，应施加不超过一半规定的试验电压，然后应用 10s 时间将电压逐渐增加到满值，并保持此值达 1min，之后应用 10s 时间将电压逐渐降至满值的一半以下。

试验条件如下：

（1）*试验电压的波形和频率应使得绝缘体上受的电介质应力至少等于在正常使用时产生的电介质应力。如果可以证明被试验的绝缘体上受的电介质应力不会减少，试验电压的波形和频率可以与正常使用中的电压不同。

当有关绝缘在正常使用中所承受的电压不是正弦交流时，试验可使用正弦 50Hz 或 60Hz 的试验电压。

或者，可使用相当于交流试验电压峰值的直流试验电压。

试验电压应大于或等于加在绝缘上的工作电压所对应的表 4 的规定值。

（2）在试验过程中，击穿则构成失败。施加的试验电压导致电流不受控制地迅速增大，也就是说绝缘不能限制电流，此时，就发生了绝缘击穿。电晕放电或单个瞬时闪络不认为是绝缘击穿。

（3）如果不可能对单独的固态绝缘进行试验，则需要对 ME 设备的大部分甚至是整台 ME 设备进行试验。在这种情况下，注意不使不同类型和等级的绝缘承受过多的应力，并要考虑下列因素：

——当外壳或外壳的部分包含有非导电平面时，应使用金属箔。注意要适当放置金属箔，以免绝缘内衬边缘产生闪络。若有可能，移动金属箔以对表面的各个部位都进行试验。

——试验中绝缘两侧的电路都应各自被连接或短接，以使电路中的元器件在试验中不会受到应力。

例如，网电源部分，信号输入/输出部分和患者连接（若适用）的接线端子，在试验时要各自短接。

——如有电容器跨接在绝缘两边（如射频滤波电容器），如果它们符合 IEC 60384-14 的要求，可在试验中断开。

表4　构成防护措施的固态绝缘的试验电压

峰值工作电压（U）/V（峰值）	峰值工作电压（U）/V（d.c.）	a.c.试验电压/V（r.m.s.）							
		对操作者的防护措施				对患者的防护措施			
		网电源部分防护		次级电路防护		网电源部分防护		次级电路防护	
		一重 MOOP	两重 MOOP	一重 MOOP	两重 MOOP	一重 MOPP	两重 MOPP	一重 MOPP	两重 MOPP
$U \leqslant 42.4$	$U \leqslant 60$	1000	2000	无须试验	无须试验	1500	3000	500	1000
$42.4 < U \leqslant 71$	$60 < U \leqslant 71$	1000	2000	见表5	见表5	1500	3000	750	1500
$71 < U \leqslant 184$	$71 < U \leqslant 184$	1000	2000	见表5	见表5	1500	3000	1000	2000
$184 < U \leqslant 212$	$184 < U \leqslant 212$	1500	3000	见表5	见表5	1500	3000	1000	2000
$212 < U \leqslant 354$	$212 < U \leqslant 354$	1500	3000	见表5	见表5	1500	4000	1500	3000
$354 < U \leqslant 848$	$354 < U \leqslant 848$	见表5	3000	见表5	见表5	$\sqrt{2}\,U + 1000$	$2 \times (\sqrt{2}\,U + 1500)$	$\sqrt{2}\,U + 1000$	$2 \times (\sqrt{2}\,U + 1500)$
$848 < U \leqslant 1414$	$848 < U \leqslant 1414$	见表5	3000	见表5	见表5	$\sqrt{2}\,U + 1000$	$2 \times (\sqrt{2}\,U + 1500)$	$\sqrt{2}\,U + 1000$	$2 \times (\sqrt{2}\,U + 1500)$
$1414 < U \leqslant 10000$	$1414 < U \leqslant 10000$	见表5	*	见表5	见表5	$U/\sqrt{2} + 2000$	$\sqrt{2}\,U + 5000$	$U/\sqrt{2} + 2000$	$\sqrt{2}\,U + 5000$
$10000 < U \leqslant 14140$	$10000 < U \leqslant 14140$	$1.06 \times U$	$1.06 \times U$	$1.06 \times U$	$1.06 \times U$	$U/\sqrt{2} + 2000$	$\sqrt{2}\,U + 5000$	$U/\sqrt{2} + 2000$	$\sqrt{2}\,U + 5000$
$U > 14140$	$U > 14140$	如有必要，由专用标准规定							

表 5 对操作者的防护措施的试验电压

峰值工作电压（U）/ V（峰值或d.c.）	一重 MOOP/ V（r.m.s.）	两重 MOOP/ V（r.m.s.）	峰值工作电压（U）/ V（峰值或d.c.）	一重 MOOP/ V（r.m.s.）	两重 MOOP/ V（r.m.s.）	峰值工作电压（U）/ V（峰值或d.c.）	一重 MOOP/ V（r.m.s.）	两重 MOOP/ V（r.m.s.）
34	500	800	125	915	1463	380	1532	2451
35	507	811	130	931	1490	400	1569	2510
36	513	821	135	948	1517	420	1605	2567
38	526	842	140	964	1542	440	1640	2623
40	539	863	145	980	1568	460	1674	2678
42	551	882	150	995	1593	480	1707	2731
44	564	902	152	1000	1600	500	1740	2784
46	575	920	155	1000	1617	520	1772	2835
48	587	939	160	1000	1641	540	1803	2885
50	598	957	165	1000	1664	560	1834	2934
52	609	974	170	1000	1688	580	1864	2982
54	620	991	175	1000	1711	588	1875	3000
56	630	1008	180	1000	1733	600	1893	3000
58	641	1025	184	1000	1751	620	1922	3000
60	651	1041	185	1097	1755	640	1951	3000
62	661	1057	190	1111	1777	660	1979	3000
64	670	1073	200	1137	182	680	2006	3000
66	680	1088	210	1163	1861	700	2034	3000
68	690	1103	220	1189	1902	720	2060	3000
70	699	1118	230	1214	1942	740	2087	3000
72	708	1133	240	1238	1980	760	2113	3000
74	717	1147	250	1261	2018	780	2138	3000
76	726	1162	260	1285	2055	800	2164	3000
78	735	1176	270	1307	2092	850	2225	3000
80	744	1190	280	1330	2127	900	2285	3000
85	765	1224	290	1351	2162	950	2343	3000
90	785	1257	300	1373	2196	1000	2399	3000
95	805	1288	310	1394	2230	1050	2454	3000
100	825	1319	320	1414	2263	1100	2508	3000
105	844	1350	330	1435	2296	1150	2560	3000
110	862	1379	340	1455	2328	1200	2611	3000
115	880	1408	250	1474	2359	1250	2661	3000
120	897	1436	360	1494	2390	1300	2710	3000

续表

峰值工作电压（U）/ V（峰值或 d.c.）	一重 MOOP/ V（r.m.s.）	两重 MOOP/ V（r.m.s.）	峰值工作电压（U）/ V（峰值或 d.c.）	一重 MOOP/ V（r.m.s.）	两重 MOOP/ V（r.m.s.）	峰值工作电压（U）/ V（峰值或 d.c.）	一重 MOOP/ V（r.m.s.）	两重 MOOP/ V（r.m.s.）
1350	2758	3000	2900	4586	4586	6400	7840	7840
1400	2805	3000	3000	4693	4693	6600	8005	8005
1410	2814	3000	3100	4798	4798	6800	8168	8168
1450	2868	3000	3200	4902	4902	7000	8330	8330
1500	2934	3000	3300	5006	5006	7200	8491	8491
1550	3000	3000	3400	5108	5108	7400	8650	8650
1600	3065	3065	3500	5209	5209	7600	8807	8807
1650	3130	3130	3600	5309	5309	7800	8964	8964
1700	3194	3194	3800	5507	5507	8000	9119	9119
1750	3257	3257	4000	5702	5702	8200	9273	9273
1800	3320	3320	4200	5894	5894	8400	9425	9425
1900	3444	3444	4400	6082	6082	8600	9577	9577
2000	3566	3566	4600	6268	6268	8800	9727	9727
2100	3685	3685	4800	6452	6452	9000	9876	9876
2200	3803	3803	5000	6633	6633	9200	10024	10024
2300	3920	3920	5200	6811	6811	9400	10171	10171
2400	4034	4034	5400	6987	6987	9600	10317	10317
2500	4147	4147	5600	7162	7162	9800	10463	10463
2600	4259	4259	5800	7334	7334	10000	10607	10607
2700	4369	4369	6000	7504	7504			
2800	4478	4478	6200	7673	7673			

8.9.1.11　供电网过电压

本部分涉及供电网过电压为 GB/T 16935.1 中过电压 Ⅱ 类。如果 ME 设备拟用于过电压分类为Ⅲ类的供电网内，表 8～表 10 规定的数值不足以作为间隙。所以应使用表 6 网电源瞬变电压表中的值。同时患者防护（见表 7）预计不会用于供电网的过电压分类为Ⅲ类的 ME 设备上。

表 6　网电源瞬变电压表

标称交流供电网电压/ V（r.m.s）　相线至中线　小于或等于	网电源瞬变电压/ V（峰值）			
	过压类别			
	I	II	III	IV
50	330	500	800	1500
100	500	800	1500	2500
150[a]	800	1500	2500	4000

续表

标称交流供电网电压/ V（r.m.s） 相线至中线 小于或等于	网电源瞬变电压/ V（峰值）			
	过压类别			
	Ⅰ	Ⅱ	Ⅲ	Ⅳ
300[b]	1500	2500	4000	6000
600[c]	2500	4000	6000	8000

[a] 包括 120/208V 或 120/240V

[b] 包括 230/400V 或 277/480V

[c] 包括 400/690V

表 7　提供对患者的防护措施的最小爬电距离和电气间隙

工作电压/V（d.c.) 小于或等于	工作电压 /V（r.m.s）. 小于或等于	一重对患者的防护措施的间隙		两重对患者的防护措施的间隙	
		爬电距离 /mm	电气间隙 /mm	爬电距离 /mm	电气间隙 /mm
17	12	1.7	0.8	3.4	1.6
43	30	2	1	4	2
85	60	2.3	1.2	4.6	2.4
177	125	3	1.6	6	3.2
354	250	4	2.5	8	5
566	400	6	3.5	12	7
707	500	8	4.5	16	9
934	660	10.5	6	21	12
1061	750	12	6.5	24	13
1414	1000	16	9	32	18
1768	1250	20	11.4	40	22.8
2263	1600	25	14.3	50	28.6
2828	2000	32	18.3	64	36.6
3535	2500	40	22.9	80	45.8
4525	3200	50	28.6	100	57.2
5656	4000	63	36	126	72
7070	5000	80	45.7	160	91.4
8909	6300	100	57.1	200	114.2
11312	8000	125	71.4	250	142.8
14140	10000	160	91.4	320	182.8

8.9.1.14　两重对操作者的防护措施的最小爬电距离

两重对操作者的防护措施的最小爬电距离，等于两倍于如表 11 所示的一重对操作者的防护措施的数值。

8.9.1.15　*防除颤应用部分的爬电距离和电气间隙

需要满足 8.5.5.1 防除颤应用部分要求的爬电距离和电气间隙，应不得少于 4mm。

注：表 7 详细说明了患者防护的间隔距离，其中的爬电距离和电气间隙都与直流工作电压或其电压有效值有关。表 8～表 10 详细说明了操作者防护的间隔距离，其中电气间隙与峰值或直流工作电压有关、爬电距离与直流工作电压或其电压有效值有关。

表8　网电源部分提供对操作者的防护措施的最小电气间隙　　　（电气间隙单位：mm）

工作电压 小于或等于		标称网电源电压≤150V（网电源瞬态电压1500V）				150V<标称网电源电压≤300V（网电源瞬变电压2500V）		300V<标称网电源电压≤600V（网电源瞬变电压4000V）	
		污染等级1、2		污染等级3		污染等级1、2、3		污染等级1、2、3	
电压峰值或直流电压/V	电压有效值（正弦）/V	一重MOOP	两重MOOP	一重MOOP	两重MOOP	一重MOOP	两重MOOP	一重MOOP	两重MOOP
210	150	1.0	2.0	1.3	2.6	2.0	4.0	3.2	6.4
420	300	一重MOOP：2.0　两重MOOP：4.0						3.2	6.4
840	600	一重MOOP：3.2　两重MOOP：6.4							
1400	1000	一重MOOP：4.2　两重MOOP：6.4							
2800	2000	一重或者两重MOOP：8.4							
7000	5000	一重或者两重MOOP：17.5							
9800	7000	一重或者两重MOOP：25							
14000	10000	一重或者两重MOOP：37							
28000	20000	一重或者两重MOOP：80							

在需要时，超过20kV有效值或28kV直流电压值的工作电压的电气间隙可以通过专用标准加以描述

注：电气间隙是电路中关于峰值电压的功能。电压有效值一栏是针对在电压为正弦波形的特殊情况列出的

表9　峰值工作电压超过名义网电源电压峰值时，电源绝缘的附加电气间隙[a]（见8.9.1.10）

标称网电源电压≤150V（r.m.s.）或210V（d.c.）		150V（r.m.s）或210V（d.c.）<标称网电源电压≤300V（r.m.s）或420V（d.c.）	附加电气间隙/mm	
污染等级1、2	污染等级3	污染等级1、2、3	一重MOOP	两重MOOP
峰值工作电压/V	峰值工作电压/V	峰值工作电压/V		
210	210	420	0	0
298	294	493	0.1	0.2
386	379	567	0.2	0.4
474	463	640	0.3	0.6
562	547	713	0.4	0.8
650	632	787	0.5	1.0
738	715	860	0.6	1.2
826	800	933	0.7	1.4
914		1006	0.8	1.6
1002		1080	0.9	1.8
1090		1153	1.0	2.0
		1226	1.1	2.2
		1300	1.2	2.4

注：对于电压值大于表中所列的峰值工作电压值的情况，允许采用线性外推

[a] 使用此表时，选择合适的标称网电源电压一栏和污染等级，选择包含实际峰值工作电压的所在行中的对应列。读取有关右栏所需的额外的电气间隙（对于一重或者两重对操作者的防护措施，将此数值加入表8中的最小电气间隙作为总的最小电气间隙。）

表 10　次级电路内对操作者的防护措施的最小电气间隙（见 8.9.1.12）　（电气间隙单位：mm）

工作电压小于或等于		次级电路瞬时值≤800V（标称网电源电压≤150V）				次级电路瞬时值≤1500V（150V<标称网电源电压≤300V）				次级电路瞬时值≤2500V（300V<标称网电源电压≤600V）		不包含瞬变过电压的电路	
电压峰值或直流电压/V	电压有效值（正弦）/V	污染等级1、2		污染等级3		污染等级1、2		污染等级3		污染等级1、2、3		污染等级1、2	
		一重 MOOP	两重 MOOP	一重 MOOP	两重 MOOP	一重 MOOP	两重 MOOP	一重 MOOP	两重 MOOP	一重 MOOP	两重 MOOP	一重 MOOP	两重 MOOP
71	50	0.7	1.4	1.3	2.6	1.0	2.0	1.3	2.6	2.0	4.0	0.4	0.8
140	100	0.7	1.4	1.3	2.6	1.0	2.0	1.3	2.6	2.0	4.0	0.7	1.4
210	150	0.9	1.8	1.3	2.6	1.0	2.0	1.3	2.6	2.0	4.0	0.7	1.4
280	200	一重 MOOP：1.4　两重 MOOP：2.8								2.0	4.0	1.1	2.2
420	300	一重 MOOP：1.9；两重 MOOP：3.8								2.0	4.0	1.4	2.8
700	500	一重 MOOP：2.5；两重 MOOP：5.0											
840	600	一重 MOOP：3.2；两重 MOOP：5.0											
1400	1000	一重 MOOP：4.2；两重 MOOP：5.0											
2800	2000	一重或两重 MOOP：8.4，还要见 8.9.1.13											
7000	5000	一重或两重 MOOP：17.5，还要见 8.9.1.13											
9800	7000	一重或两重 MOOP：25，还要见 8.9.1.13											
14000	10000	一重或两重 MOOP：37，还要见 8.9.1.13											
28000	20000	一重或两重 MOOP：80，还要见 8.9.1.13											
42000	30000	一重或两重 MOOP：130，还要见 8.9.1.13											
注：电气间隙是电路中关于峰值电压的功能。电压有效值一栏是针对在电压为正弦波形的特殊情况列出的。													

9　ME 设备和 ME 系统对机械危险的防护

具有运动部件的 ME 设备，其设计、构造和布置应满足，当正确安装并按照随机文件指示使用或在合理可预见的误用时，那些与运动部件相关的风险降低到可接受的水平。

应利用风险控制措施将接触运动部件所带来的风险降低到可接受水平，要考虑到易于接近、ME 设备的功能、部件的形状、运动的能量和速度以及患者受益。

如果运动部件敞露是 ME 设备实现其预期功能的需要，而且已经实施了风险控制措施（如警告），则认为与运动部件相关的剩余风险是可接受的。

表 11　对操作者的防护措施的最小爬电距离　　　　　爬电距离单位：mm

工作电压/ V（r.m.s） 或 V（d.c.）	一重对操作者的防护措施间隙						
	污染等级 1	污染等级 2			污染等级 3		
	材料组	材料组			材料组		
	Ⅰ，Ⅱ，Ⅲa，Ⅲb	Ⅰ	Ⅱ	Ⅲa 或 Ⅲb	Ⅰ	Ⅱ	Ⅲa 或 Ⅲb
25		0.5	0.5	0.5	1.3	1.3	1.3
50		0.6	0.9	1.2	1.5	1.7	1.9
100		0.7	1.0	1.4	1.8	2.0	2.2
125		0.8	1.1	1.5	1.9	2.1	2.4
150		0.8	1.1	1.6	2.0	2.2	2.5
200	选用合适表格 中的电气间隙	1.0	1.4	2.0	2.5	2.8	3.2
250		1.3	1.8	2.5	3.2	3.6	4.0
300		1.6	2.2	3.2	4.0	4.5	5.0
400		2.0	2.8	4.0	5.0	5.6	6.3
600		3.2	4.5	6.3	8.0	9.6	10.0
800		4.0	5.6	8.0	10.0	11.0	12.5
1000		5.0	7.1	10.0	12.5	14.0	16.0

注 1：两重对操作者的防护措施的最小爬电距离值通过将本表中的数值加倍得到。

注 2：爬电距离不得小于要求的电气间隙。

注 3：工作电压值大于 1000V，参见原标准的表 A.2

本表中的爬电距离适用于所有状况

9.2.2.4.3　可移动防护件

不使用工具即可打开的可移动防护件：

——当防护件处于打开状态时，应与 ME 设备保持连接；

——应带有一个联锁装置，用以在俘获区域可触及的情况下阻止相关运动部件起动，并且在防护件打开时停止相关运动部件的运动；

——应设计成其中的一个元器件的缺失或故障要阻止部件起动并且停止部件的运动。

通过检查 ME 设备及进行适用的试验来检验是否符合要求。

9.2.2.4.4　其他风险控制措施

保护措施应设计并集成于控制系统内，以使：

——运动部件在处于人员可触及范围内时不能起动。

其他风险控制措施（例如：机电措施）应设计并集成于控制系统内，以使：

——一旦 ME 设备已经开始运动，如果到达俘获区域，则系统的运动应停止；

——如果风险控制措施在单一故障状态下失效，应提供另一个风险控制措施，如一个或多个急停装置，否则 ME 设备应是单一故障安全的设备。

必要时通过以下内容来检验是否符合要求：

——检查 ME 设备；

——检查结构和电路；

——进行任何适用的试验，如果有必要，包括在单一故障状态下的试验。

9.2.2.5 *连续开动

在无法使俘获区域不可触及的地方，连续开动可作为一种风险控制措施。

如果满足以下内容，则认为俘获区域不会出现机械危险：

（1）运动是在操作者视野内的；

通过检查来检验是否符合要求。

（2）ME 设备或其部件的运动仅能由操作者控制连续开动，只要能依赖操作者解除开动的反应来避免伤害。

——进行任何适用的试验，如果有必要，包括在单一故障条件下的试验。

9.2.2.6 *运动的速度

用来对 ME 设备的部件或患者定位的运动，如果接触该 ME 设备能导致不可接受风险，则应限制该运动速度，以便操作者对该运动有足够的控制。

在做了停止运动的控制操作之后，此运动的过冲（制动距离）不应导致不可接受的风险。

必要时通过以下内容来检验是否符合要求：

——检查过冲（制动距离）的计算和评估。

——任何功能试验。

注：过冲（制动距离）的计算和评估是风险管理文件的一部分。

9.2.3 *与运动部件相关的其他机械危险

9.2.3.1 非预期的运动

除非对于预期的患者，通过可用性工程过程得出不同结论（如有特殊需求的患者）或该启动不会导致不可接受的风险，控制器应妥善放置、凹进或以其他方式进行保护，使其不会意外启动。

通过检查 ME 设备，以及如果控制器作为主要操作功能的一部分，则通过检查可用性工程文件来检验是否符合要求。

9.2.3.2 过冲终端限位

应防止 ME 设备部件有超出范围限定的过冲。应提供终端限位或其他限位方式作为最终的行程限位措施。

在正常使用和可合理预见的误用下，这些措施应具有承受预期载荷的机械强度。

通过检查 ME 设备和以下试验来检验是否符合要求。

ME 设备：

——加载安全工作载荷；

——空载；

——加载到可能产生最严重试验结果的任何中间水平的载荷。

按表 12 中规定的循环次数、运行速度和试验条件驱动运动部件撞击每个终端限位或其他机械装置。

试验完成后，终端限位或其他机械装置应能实现其预期功能。

通过检查风险管理文档来检验是否符合要求。

表 12　过冲终端限位试验的试验条件

结　　构	循环次数/次	测　试　条　件
电动机驱动：不提供行程限位系统	6000	以最大速度运行
电动机驱动：提供一个或多个非独立的行程限位系统 [a, b]	50	使所有开关同时失效，并以最大速度运行
电动机驱动：两个或两个以上独立的行程限位系统 [a, b]	1	使所有开关同时失效，并以最大速度运行
手动驱动或电力辅助手动驱动	50	以任何速度运行，包括可合理预见的误用

[a] 行程限位系统包括所有停止运动所需的元器件。例如，它可包括①限位开关；②感知电路；③相关的机械驱动机构。

[b] 要认定为独立的行程限位系统，除上角 a 规定的准则外，每个系统应符合以下两项内容：

（1）系统能直接使电动机断电；也就是说，开关或电动机控制器电路切断了电动机的转子或定子电流，或两者都被切断；

（2）系统为操作者提供可明显识别行程限位系统故障的方式。该方式可以是听觉的、视觉的或其他可辨别的指示器

9.2.4　*急停装置

在考虑有必要安装一个或多个急停装置的地方，急停装置应满足以下所有要求：

（1）急停装置应把风险降低到一个可接受的水平。

（2）操作者启动急停装置的距离和反应足以保证避免伤害。

（3）急停装置的启动器应便于操作者触及。

（4）急停装置不应是 ME 设备正常操作的一部分。

（5）紧急切换或停止措施的动作既不应引入一个其他的机械危险，也不应干扰到消除原始危险（源）所必需的全部操作。

（6）急停装置应能切断相关电路的满载电流，包括可能堵转的电机电流和类似的情况。

（7）制动措施应仅由一个动作完成。

（8）急停装置的启动器应为红色，其设计要能区别于其他控制器的颜色并易于识别。

10　*对不需要的或过量的辐射危险（源）的防护

10.1　X 射线辐射

10.1.1　*预期产生非诊断或治疗目的 X 射线辐射的 ME 设备

预期产生非诊断或治疗目的的 X 射线辐射的 ME 设备，若可能产生电离辐射，则在考虑背景辐射的情况下，距 ME 设备表面 5cm 处的空气比释动能率不应超过 $5\mu Gy/h$。

如果 ME 设备的预期用途中需要永久性接近患者，考虑到辐照的身体部位和国家的规定和/或国际的推荐，由此而产生的年均曝光量应可接受。

通过以下试验来验证是否符合要求：

辐射量用有效面积为 $10cm^2$ 的电离室型的辐射探测器测量，或者使用能测出相同结果的其他类型的测量设备。

ME 设备在最不利的额定网电源电压下运行，同时 ME 设备保持正常使用并调节所有控制器以得到最大辐射。

在 ME 设备预期使用寿命期间不打算调节的内部预置控制器不做考虑。

距任何表面 5cm 处进行测量是针对操作者而言，而非维修人员：

——不使用工具即可触及的；

——被有意提供了可接近的方法；

——无论是否需要工具，设备说明如何触及的。

在修正背景噪声辐射水平后，任何超过 5μGy/ 的测量结果，都是试验不通过。

注 3：本测试程序与 GB 4943.1—2011 附录 H 中的测试程序等效。

10.1.2　产生诊断或治疗目的 X 射线辐射的 ME 设备

用于产生诊断和治疗目的 X 射线辐射的 ME 设备的非预期 X 射线辐射，应通过适用的专用和并列标准，或没有这些标准情况下应用风险管理过程来尽可能地减少。

对于预期的 X 射线辐射，符合 GB 9706.3。

通过检查适用的专用和并列标准的应用或检查风险管理文档来验证是否符合要求。

10.2　α、β、γ 中子和其他粒子辐射

适用时，制造商应在风险管理程序中考虑 α、β、γ 中子和其他粒子辐射相关的风险。

通过检查风险管理文档验证是否符合要求。

10.3　微波辐射

在参考试验条件下距离 ME 设备表面 50mm 的任意点处，频率在 1～100GHz 的非预期微波辐射的功率密度应不超过 $10W/m^2$。这个要求不适用于用来传输微波的设备部件，如波导输出口。

注：这个要求等同于 IEC 61010-1:2010 中 12.4。

通过审查制造商的计算和下述的试验（若适用）来检验是否符合要求：

ME 设备在最不利的额定网电源电压下运行，同时 ME 设备保持正常使用并调节所有控制器以得到最大微波辐射。

在 ME 设备预期使用寿命期间不打算调节的内部预置控制器不做考虑。

距任何表面 50mm 处进行测量是针对操作者而言，而非维修人员：

——不使用工具即可触及的；

——被有意提供了可接近的方法；

——无论是否需要工具，设备说明如何触及的。

在参考试验条件下任何测量超过 $10W/m^2$ 认为是不合格的。

10.4　*激光器

波长范围在 180nm～1mm 内且能产生或放大电磁辐射的激光器，GB 7247.1—2012 的相关要求应适用。如果在设备内使用激光挡板或类似产品，应符合 GB 7247.1—2012 的要求。

依据 GB 7247.1—2012 中的相关程序来检验是否符合要求。

10.5　其他可见电磁辐射

适用时，制造商应在风险管理过程中提到除由激光器发出的辐射外的可见电磁辐射相关的风险。通过检查风险管理文档来检验是否符合要求。

10.6　红外线辐射

适用时，制造商应在风险管理过程中提到除由激光器发出的辐射之外的红外线辐射相关的风险。通过检查风险管理文档来检验是否符合要求。

10.7　紫外线辐射

适用时，制造商应在风险管理过程中考虑除由激光和发光二极管发出的辐射之外的紫外线辐射相关的风险。

通过检查风险管理文档来检验是否符合要求。

11　对超温和其他危险的防护

11.1　ME 设备的超温

几乎所有 ME 设备都要求温度限制，以防产生危险状况。目的是防止绝缘的加速老化、触及或操作 ME 设备产生的不适感或避免患者由于接触 ME 部件而导致伤害。

ME 设备部件可能会被插入人体腔内，通常是暂时性的，但有时是永久性的。对于患者接触，设置了特殊的温度限值。

11.1.1　正常使用时的最高温度

ME 设备在正常使用的最不利条件下运行时，包括技术说明书中规定的工作环境最高温度：

——ME 设备部件的温度不应升到超过表 13 和表 14 中规定的值；

——ME 设备不应导致试验角表面温度超过 90℃；

——在正常状态下热断路器不应动作。

表 13 说明了通常影响 ME 设备符合本标准的部件的限值（如电气基本安全）。

无须测试 ME 设备部件正常使用时每个可能配置，只要制造商可以确定最不利情况。"最不利情况"几乎总包括允许的最高环境温度和 ME 设备在最大持续率下运行，但 ME 设备的其他特殊配置（如附件配属）。

应由制造商根据对 ME 设备设计的理解来确定。

表 13　部件允许的最高温度

部　件	最高温度/℃
绝缘，包括绕组绝缘 [a]	
——A 级材料	105
——E 级材料	120
——B 级材料	130
——F 级材料	155
——H 级材料	180
有 T 标记的部件	T [b]
其他元器件和材料	[c]
与燃点为 T ℃的易燃液体接触的部件	T-25
木材	90

[a] 绝缘材料依据 GB/T 11021 进行分类。应考虑绝缘系统中的任何不一致的材料都会将系统的最高温度限值降低到单种材料限值之下的情况。

[b] T 标记用来标记最高工作温度。

[c] 对每种材料和元器件，应考虑每种材料或元器件的温度额定值来确定适当的最高温度，每个元器件的使用都应与额定温度一致，当存在疑问时，宜进行球压试验

表 14   ME 设备可能被触及部件允许的最高温度

ME 设备及其部件		最高温度 ^{a}/℃		
		金属和液体	玻璃、瓷器、玻璃质材料	模制材料、塑料、橡胶、木材
ME 设备外表面可能接触的时间（t）	$t<1s$	74	80	86
	$1s\leqslant t<10s$	56	66	71
	$10s\leqslant t<1min$	51	56	60
	$1min\leqslant t$	48	48	48
^{a} 这些温度限值适用于触及成人的健康皮肤。其不适用于当大面积皮肤（全身表面的 10% 或更大）可能与热表面接触，也不适用于头部表面 10% 以上皮肤接触的情况。如果是这种情况，应确定适当的限值并记录在风险管理文档中				

11.1.2   *应用部分的温度

11.1.2.1   用于向患者提供热量的应用部分

温度（热或冷表面）或临床影响（适用时）应确定并记录在风险管理文档中。温度和临床影响应在使用说明中明示。

11.1.2.2   *不用于向患者提供热量的应用部分

表 15 的限值应适用于正常状态和单一故障状态，如果应用部分的表面温度超过 41℃ 时：

——在使用说明书中应公开最高温度；

——应明示安全接触的条件，如持续的时间和患者条件；

——应确定体表、患者发育程度、药物治疗或表面压力这些特征的临床影响，并记录在风险管理文档中。

若未超过 41℃，不需要理由。

如果记录在分析风险管理文档中的分析证明应用部分的温度不受包括单一故障状态下设备运行的影响，那么不需要测量应用部分的温度。

冷却到环境温度以下的应用部分的表面也会导致不可接受的风险，应作为风险管理程序的一部分进行评价。

表 15   与皮肤接触的 ME 设备的应用部分允许的最高温度

ME 设备及其部件		最高温度 ^{a,b}/℃		
		金属和液体	玻璃、瓷器、玻璃质材料	模制材料、塑料、橡胶、木材
应用部分与患者接触的时间（t）	$t<1min$	51	56	60
	$1min\leqslant t<10min$	48	48	48
	$10min\leqslant t$	43	43	43
^{a} 这些温度限值适用于触及成人的健康皮肤。其不适用于当大面积皮肤（全身表面的 10% 或更大）可能与热表面接触。也不适用于头部表面 10% 以上皮肤接触的情况。如果是这种情况，应确定适当的限值并记录在风险管理文档中。				
^{b} 当为达到临床受益应用部分需要超过表中的温度限值时，风险管理文档应包含说明由此而来的受益优于任何风险增加的理由				

主要参考文献